FADIANJI

QIXI PIANXIN GUZHANG FENXI

发电机

气隙偏心故障分析

何玉灵　徐明星　著

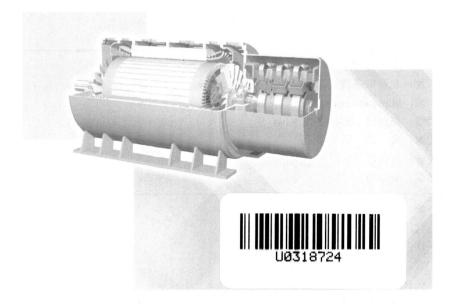

U0318724

中国电力出版社

CHINA ELECTRIC POWER PRESS

内 容 提 要

发电机是电站核心设备之一,其安全稳定运行对于保障社会电力供应至关重要。气隙偏心是发电机常见的机械故障,对发电机气隙偏心故障进行监测与诊断对保障发电机健康运行意义重大。常见的气隙偏心故障除了径向偏心故障外,还有轴向偏心及轴-径向三维复合偏心故障。现有成果对于发电机三维气隙偏心故障的机电特性研究较少。本书以同步发电机为对象,对正常运行、气隙径向静偏心、气隙径向动偏心、气隙径向动静混合偏心、气隙轴向静偏心、轴-径向三维复合偏心这6种工况下的相电流特性、定子并联支路环流特性、电磁转矩波动特性、定子振动特性、转子振动特性、定子绕组振动和损耗特性进行了系统地理论解析、有限元仿真计算和部分实验验证。书中推导得到了各类气隙偏心故障下相电流、并联支路环流、电磁转矩、定转子受力、定子绕组受力及发电机损耗的详细解析表达式,通过仿真和实验数据确定完善了气隙偏心各类故障的诊断判据,为现场大型同步发电机的状态监测和故障诊断精度提升提供了新的思路和参考。

本书为研究生、科研人员和现场技术人员提供了实用的技术参考,也可以帮助广大读者理解发电机状态监测与故障诊断的要点。

图书在版编目(CIP)数据

发电机气隙偏心故障分析/何玉灵,徐明星著. —北京:中国电力出版社,2024.2
ISBN 978-7-5198-8310-2

Ⅰ. ①发… Ⅱ. ①何… ②徐… Ⅲ. ①发电机-气隙-故障诊断 Ⅳ. ①TM310.35

中国国家版本馆 CIP 数据核字(2024)第 023841 号

出版发行:中国电力出版社
地　　址:北京市东城区北京站西街 19 号(邮政编码 100005)
网　　址:http://www.cepp.sgcc.com.cn
责任编辑:周巧玲(010-63412539)
责任校对:黄　蓓　马　宁
装帧设计:赵丽媛
责任印制:吴　迪

印　　刷:北京锦鸿盛世印刷科技有限公司
版　　次:2024 年 2 月第一版
印　　次:2024 年 2 月北京第一次印刷
开　　本:787 毫米×1092 毫米　16 开本
印　　张:18.75
字　　数:298 千字
定　　价:78.00 元

前　　言

本书是对编者近十年来所做工作内容的总结，书中研究内容受国家自然科学基金（51777074，52177042），河北省自然科学基金（E2022502003、E2021502038），中央高校基本科研业务费专项基金（2023MS128），河北省第三批青年拔尖人才支持计划（［2018］-27），河北省高层次人才资助项目（B20231006），苏州市社会发展科技创新项目（SS202134），河北省重点研发计划专项（21312102D），河北省高等学校科学技术研究重点项目（ZD2022162）和河北省研究生创新能力培养资助项目（CXZZBS2023149）资助。

本书主要针对发电机气隙偏心在径向、轴向、轴径向三维复合方向的形成机理、不同种类气隙偏心对磁势与磁导的作用机制、不同偏心类别下发电机典型机电特性参量变化、单向及多向气隙偏心的有限元仿真计算和实验模拟方法、三维气隙偏心故障的检测及定位方法进行系统性分析和梳理。专著核心内容较全面地对气隙偏心的类别、作用机制、方法识别等问题进行了由浅入深的论述，尤其是对相对少见的气隙轴向偏心和气隙轴-径向三维复合偏心的研究成果进行了补充。作者力求使全书内容更丰富、更全面，让读者更易理解与掌握。

不同于以往关于气隙偏心故障的研究，本书中将气隙偏心的含义从二维扩展至三维，除了传统的径向气隙偏心外，还补充新增了轴向气隙偏心和轴-径向三维复合气隙偏心类型的研究成果。同时，根据编者的实际研究经历和研究成果详细介绍了不同类别气隙偏心故障的实验设置模拟方法和有限元仿真计算方法，并对相关结果进行了展示与分析，相信本书会对相关领域的研究人员具有较高的借鉴参考与工程应用价值。

书中对每种故障类型下发电机机电特性的理论推导都分别通过有限元

仿真和实验进行了验证，并得出了各机电特性在不同故障类型及故障程度下的变化趋势。基于此，提出了利用机电特性变化进行偏心故障类型诊断的方法。值得注意的是，通过本书中提到的方法可以快速评估发电机运行状况并对故障发展趋势进行预测，有利于保障发电机组的安全稳定运行。因此，本书也可为发电机组的故障诊断提供借鉴。

本书正文部分的结构如下：第Ⅰ篇为气隙偏心综述，主要讲解了气隙偏心的含义及表现形式，并对相应的检测手段及研究现状进行介绍；第Ⅱ篇研究了气隙偏心作用机制及对关键机电特性参量的影响，全书中的理论推导也在本部分完成；第Ⅲ篇介绍了不同气隙偏心类型的有限元仿真模型建立过程，并详细分析了各机电特性参量的有限元仿真计算结果；第Ⅳ篇分别介绍了不同气隙偏心类型的实验模拟设置及检测方法，并对实验结果进行了对比分析。

由于编者水平有限，加之时间仓促，书中难免存在疏漏，还望广大读者批评指正。

何玉灵、徐明星

华北电力大学机械工程系/河北省电力机械装备健康维护
与失效预防重点实验室

河北省振动工程学会

2023.11

目　　录

第Ⅲ篇 气隙偏心的有限元仿真计算

第Ⅳ篇　气隙偏心的实验模拟及检测

第 I 篇　气隙偏心综述

能源电力作为国家经济社会发展的命脉，是世界多国争先抢占的科技制高点。为了争夺国际能源电力产业的主导权，增强国家核心竞争力，我国科研人员在基础科技领域进行了创新，在关键核心技术领域取得了重大突破。电厂是能源电力的起点，而发电机作为电厂的"心脏"至关重要。为了确保发电机能够长久、高效、稳定地运行，必须对发电机的各种故障进行充分研究，并针对各种故障提出多种检测手段。

同步发电机作为电网发电端为数不多的一个整体，其呈现出来的故障类型通常并不单一，绝大多数是多种故障类型的组合形式，可能存在连带关系，也有可能同时发生故障。例如发生机械故障会加剧绕组的机械振动、位移和绝缘磨损，从而导致电气故障，而发生转子或定子绕组短路的电气故障时，也会使得电磁场分布不均匀，进而导致机械弯曲、松动、转子不平衡等机械故障[1]。

在发电机的诸多故障中，气隙偏心故障是最典型的一种机械故障，广泛存在于发电机的早期故障中。安装不当、螺栓不牢或丢失、轴心未对准、转子不平衡等，都会导致气隙偏心故障[2]。如果电机长期处于偏心状态，会引发一系列后续故障，例如端部绕组的振动增大，加剧绝缘层磨损，进而导致匝间短路甚至击穿绝缘层等故障，最终影响发电机的发电效率，严重者会对电机造成不可逆的损伤[3, 4]。因此在发电机的早期故障中，需要重点关注并加防范气隙偏心，进而维护国家能源电力供应的安全性、稳定性。

在这一篇中，首先对发电机的气隙偏心进行必要的说明，其次对现阶段存在的检测手段进行详细分析，并附加实际应用案例，帮助读者进一步理解气隙偏心故障及其检测手段。

第 1 章

发电机气隙偏心含义

在本章中，我们将详细探讨发电机气隙偏心的定义、分类、表现形式及危害。

1.1 气隙偏心的定义

发电机稳定运行的核心要素之一是维持定子内表面与转子外表面之间存在一定长度的气隙不变。气隙偏心是在转子和定子之间的气隙距离不均匀时就会出现的一种状态。

气隙偏心故障是发电机主要的机械故障之一，几乎所有发电机都存在着不同程度的气隙偏心故障。出现气隙偏心故障的原因有很多。例如，加工精度不足，导致发电机部件尺寸存在较大误差；转子配合精度不足，导致定转子存在位置偏差；转子毛坯缺陷或热处理工艺缺陷引起材质分布不均，导致转子运转时因质量偏心力而产生弯曲变形等；定转子配合位置不准确，轴承损坏，定子铁芯移动和变形，以及转子弯曲变形等，都会导致发电机形成气隙偏心故障。

为了让读者更精确地理解气隙偏心的概念，提前对气隙进行一定的说明。气隙过大会增加气隙的磁阻，若要保持定子输出电压不变，需要增大转子励磁电流，但励磁损耗也随之大幅增大，电机功率因数也会显著下降，使电机的性能恶化。为了减小励磁电流并改善功率因数，必须尽量减小气隙。然而，气隙过小又会导致气隙谐波磁场增加，增加发电机的杂散损耗和振动噪声，此外，气隙过小还会降低电机的可靠性。在旋转的过程中，转子所产生的振动可能会导致转子与定子相互接触，发生扫膛故障，甚至卡死以致电机损坏[5]。综上所述，气隙大小必须精确控制，以在维持发电机性能和可靠性的同时尽量减小励磁电流，改善功率因数，并降低噪声和杂散损耗。

定转子有三个中心：定子中心（或称定子铁芯中心），转子中心（也称转子几何中心），转子旋转中心（由机组导轴承位置确定）。理想情况下，发电机定转子截面图应呈现为一对同心圆，如图 1-1 所示，其中定子中心、转子中心和转子旋转中心完全重合，此时发电机的气隙均匀分布。

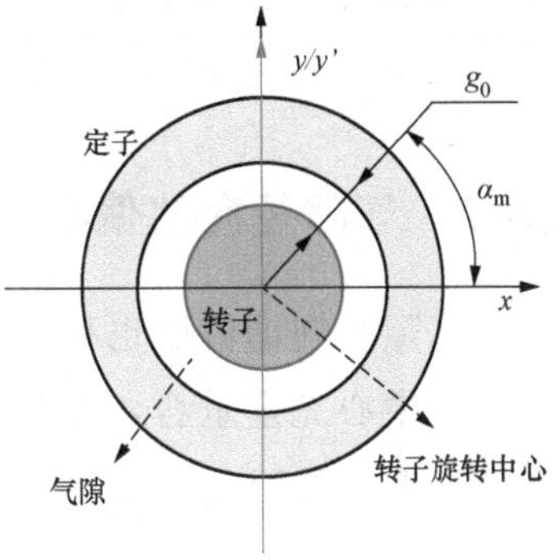

图 1-1　发电机正常情况下的气隙

在实际工作中，由于加工精度、配合精度、轴承磨损、定子铁芯偏移及转子铁芯弯曲等因素的影响，使得定转子间的气隙分布不均，称为发电机气隙偏心[6, 7]。发生气隙偏心故障时，气隙磁场产生畸变，定转子受到不平衡磁拉力作用产生振动与形变，从而使发电机的各项性能指标降低。严重的气隙偏心可能导致定转子相互摩擦，加剧发电机的振动，甚至引发电机失效，极端情况下可能导致机毁人亡[8,9]。因此，对于发电机气隙偏心故障的研究、监测和诊断具有重要的意义。

气隙径向静偏心、径向动偏心和轴向偏心是三种典型的故障类型。在实际工作中，电机往往发生的是混合偏心故障。

1.2　气隙偏心的分类

气隙偏心故障是在旋转机械中常见的问题，它可以分为五大类：径向静偏心、径向动偏心、径向动静混合偏心、轴向静偏心及三维复合静偏心[10]。本节以隐极式同步发电机作为研究对象，对气隙偏心进行说明。

1.2.1　气隙径向静偏心

气隙径向静偏心也称转子不对中故障，是指发电机转子的旋转中心与定子中心不重合但转子的旋转中心与转子中心重合的偏心故障，此时转子系统在径向上偏离定子中心，如图 1-2 所示。值得注意的是，气隙径向静偏心通常表现为最小气隙的位置在某个固定的位置上，不会随着转子的旋转而发生改变。因此，气隙径向静偏心会导致定子与转子之间的径向气隙长度不均匀，一侧增大，另一侧减小，而且这些气隙长度在短时间内不会随时间而发生变化，这种不均匀的气隙长度分布对发电机的性能和稳定性产生不利影响[11-15]。

1.2.2　气隙径向动偏心

气隙径向动偏心也称转子质量不平衡故障，是指发电机转子旋转中心与定子中心完全重合，但与转子中心不重合的偏心故障，如图1-3所示。这种动偏心导致径向最小气隙位置会随着转子的旋转发生周期性变化，这种变化是时间和空间的函数。发生动态偏心故障后，发电机气隙的分布不再是均匀的，而且由于转子中心绕着定子中心旋转，因此气隙磁密的分布也会发生周期性变化。气隙动偏心故障会改变气隙长度分布，进而影响发电机机械和电磁特性，会对发电机的性能和稳定性产生重要的影响[16,17]。因此，为确保发电机的可靠运行，对于气隙径向动偏心的监测和诊断非常重要。

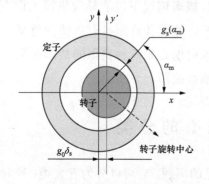
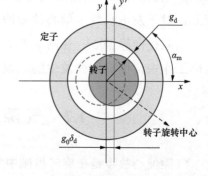

图1-2　发电机气隙径向静偏心下气隙　　图1-3　发电机气隙径向动偏心下气隙

1.2.3　气隙径向动静混合偏心

气隙径向动静混合偏心是指发电机同时存在气隙径向静偏心和气隙径向动偏心的情况。在这种情况下，发电机转子旋转中心与定子中心不重合，且转子的旋转中心与转子中心也不重合，此时转子系统在径向上偏离定子中心，如图1-4所示。发电机在运行中可能会受到多种因素的影响，从而产生不同类型的偏心故障，气隙径向动静混合偏心实际上是静偏心故障和动偏心故障相互叠加的结果，它代表了一种更接近真实发电机偏心故障的情况。发电机在气隙径向动静混合偏心故障下，同时受到静偏心和动偏心的影响，使得其气隙长度的分布变得更加复杂和不均匀。气隙径向动静混合偏心故障通常表现为气隙的最大和最小长度位置会不断发生变化[18-23]。因此，这种情况要求更复杂的分析和监测方法，以应对多种因素导致的气隙复合偏心问题。

1.2.4　气隙轴向静偏心

由于各种原因，发电机转子在轴向方向上会产生一定的位移，导致定转子间磁感线有效切割区域的气隙在一侧较多而在另一侧较少，这便是发电机气隙轴向静偏心，如图 1-5 所示。气隙轴向静偏心故障导致了发电机在轴向方向上磁场分布得不均匀，转子在轴向方向上的偏移减小了磁场与导体之间的有效交互长度。同时由于漏磁场的存在，部分磁场线不再完全被气隙内的铁芯所包围，这减小了磁势的效用，会对发电机的性能和稳定性产生一定的影响[24, 25]。因此，为了确保发电机的可靠性和性能，对气隙轴向静偏心的监测和诊断具有重要意义。

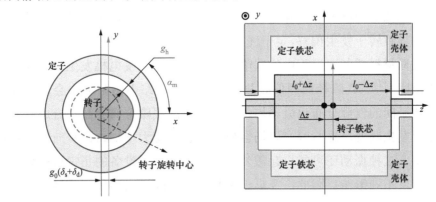

图 1-4　发电机气隙径向动静混合偏心下气隙　图 1-5　气隙轴向静偏心的发电机气隙

1.2.5　气隙三维复合静偏心

气隙三维复合静偏心是指同时存在气隙径向静偏心和气隙轴向静偏心的情况。在这种情况下，发电机转子旋转中心与定子中心不完全对齐，导致转子系统在径向上偏离了定子的中心，但转子旋转中心还是与转子中心重合，同时在轴向方向上产生了位移[26]，如图 1-6 所示。因此，定子和转子之间的径向气隙长度分布不均匀但气隙的最大和最小长度位置保持不变；而定转子之间的磁感线在轴向方向的有效切割区域也出现不均匀，一侧较多，另一侧较少。这种三维复合偏心情况涉及多个维度的偏心，磁场特性和气隙

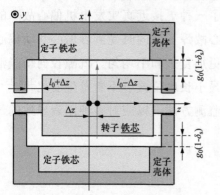

图 1-6　气隙三维复合静偏心下发电机气隙

的不均匀分布会在多个方向上引起变化，对发电机的性能和运行产生复杂的影响。

1.3　不同类别气隙偏心的成因及案例

1.3.1　气隙径向静偏心

气隙径向静偏心故障通常是由多种原因引起的，例如轴承安装位置不准确导致转子发生偏移，定子壳体由于受热不均匀而导致局部和整体形变，以及原材料或制造过程中的缺陷等，都可能导致发电机发生气隙径向静偏心故障[12]。气隙径向静偏心故障后发电机磁路中磁阻大小会发生改变，定转子间的气隙分布也会不均匀，不均匀的气隙分布会导致合成磁势在气隙中发生畸变，这些畸变磁场会导致定转子受力不均匀，从而引发定转子振动。这种振动还可能引起额外的听觉噪声，对设备的正常运行和操作环境产生不利影响。因此，及早识别和诊断气隙径向静偏心故障，对于维护发电机性能和操作环境的稳定性至关重要，这就要求对发电机进行详细的检测和维护，以消除或减轻气隙径向静偏心所带来的不利影响。

1.3.2　气隙径向动偏心

与气隙静偏心故障类似，发电机通常也会存在一定程度的气隙动偏心故障。该故障通常是由于两种原因引起的：一种是由于转子受热变形造成

的，如转子挠度的形变；另一种是转子铁芯本身没有变形，但在装配的时候，转子旋转中心与定转子轴心就不重合[16]。这两种情况均会导致发电机中气隙磁场随时间变化，并在转子上产生不平衡磁拉力。但与气隙径向静偏心故障不同的是，气隙径向动偏心故障下的气隙大小会随着转子的旋转而变化，因此造成的不平衡磁拉力的方向将会随着转子的周期性旋转而变化。这种故障会在转子上引起周期性的强迫振动，对转子铁芯、轴承座等发电机部件产生影响。发电机在受到气隙径向动偏心故障引起的不平衡磁拉力的长期作用下，可能会导致机组部件的疲劳损耗，在严重情况下，可能会导致转子断条、扫膛等重大生产事故。因此，及早检测和诊断这种故障对于维护发电机的性能和安全至关重要。

1.3.3　气隙径向动静混合偏心

气隙径向动静混合偏心故障是一种混合性故障，此时发电机同时存在气隙径向静偏心和气隙径向动偏心故障。这种故障可能是由于转子的表面不整齐或发电机转子在运行的过程中造成的振动及热不平衡引起的挠曲导致转子的偏移，也可能是由于定子壳体因受热不均匀而发生局部或整体形变。此外，转子的受热形变，如挠度形变，或者转子铁芯本身没有发生变形，但转子的旋转中心与定子轴心不对齐，也可能导致这种混合偏心故障的出现[18]。这种故障的表现形式包括发电机定转子特定频率和振幅的变化、发电机局部温升、发电机轴承的磨损和损耗、发电机机电能量转换效率的降低等，因此，及早检测和诊断气隙径向动静混合偏心故障至关重要。

1.3.4　气隙轴向偏心

水轮发电机由于长期水流冲击可能会导致转子产生轴向位移，从而在轴向上形成气隙一侧较大、另一侧较小的情况，即气隙轴向静偏心。对于风力发电机，强风对转子系统的作用可能会导致叶片和转子的轴向位移，进而影响气隙的均匀分布。类似地，汽轮发电机在受到蒸汽压力的作用下，发电机转子受到轴向推力的作用，在长期运行下也可能形成气隙轴向静偏心。尽管相对于水轮发电机而言，这种发电机的轴向力通常较小，但是也可能导致发电机转子产生轴向位移。这种轴向位移可能会严重影响发电机的性能和稳定性，甚至可能导致发电机组的轴向碰摩故障[24]。因此，对于发电机运行中的气隙轴向偏心问题，需要进行定期监测和维护，及早发现和诊断这种偏心故障对于避免严重的机组故障非常重要。

1.3.5　气隙三维复合静偏心

气隙三维复合静偏心相当于发电机定转子气隙在径向和轴向上都发生了气隙静偏心。故障原因有导轴承安装位置不准确导致转子发生偏移，定子壳体因受热不均匀导致局部或者整体发生变形，发电机定转子系统在轴向方向有某种推力的存在使转子在轴向上产生轴向位移等。长期的气隙三维复合静偏心会使磁势在不均匀的气隙中产生畸变，进而导致定转子在径向和轴向的磁拉力不平衡，对发电机组的正常运行造成严重影响[27]。发电机的实际工作环境复杂恶劣，单向气隙偏心往往不能代表在现场运行的发电机状态，气隙三维复合偏心故障更接近于实际工况，因此对气隙三维复合偏心故障下发电机特性研究是十分必要的。

1.3.6　气隙偏心实际案例

案例 1：

某电厂 300MW 汽轮机为东方汽轮机厂制造，型式为亚临界、一次中间再热、两缸两排汽凝汽式湿冷汽轮机，汽轮发电机轴系由高中压转子、低压转子、发电机转子及励磁机组成；另外，1、2 号轴瓦轴承箱为落地轴承，3、4 号轴瓦轴承箱坐落于低压缸为落缸式轴承。在某次 A 修时发现中—低、低—发联轴器中心偏差较大（发电机出现转子静偏心故障）。轴系中心示意如图 1-7 所示。

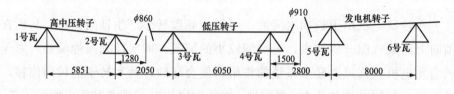

图 1-7　轴系中心示意

其中低—发联轴器：全缸状态，低压转子偏低 0.305mm，低压转子偏左 0.095mm，下张口 0.075mm，左张口 0.015mm；半缸状态，低压转子偏低 0.175 mm，低压转子偏左 0.025mm，下张口 0.1175 mm，左张口 0.0175mm（设计值低压转子偏低 0.10～0.14mm，左右偏差 0±0.02mm，下张口 0.01～0.02mm，左右张口≤0.03 mm）。

调整措施：5 号轴瓦左移 0.08mm，下降 0.32mm；6 号轴瓦左移 0.08mm，下降 0.98mm。调整后轴系扬度与设计中趋势保持一致，有利于机组后续安全、稳定运行。

案例 2：

北方联合电力有限责任公司包头第二热电厂 2 号机组采用的汽轮机为东方汽轮机有限公司生产的 C200/140-12.7/0.245/535/535-1 型单轴、三缸两排汽超高压一次中间再热，工业采暖抽汽、凝汽式两用汽轮机，发电机是东方电机股份有限公司生产的 QFSN-200-2 型 200MW 水氢冷汽轮发电机，轴系结构图如图 1-8 所示。

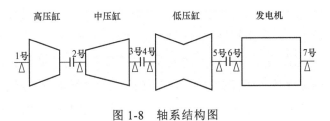

图 1-8 轴系结构图

北方联合电力有限责任公司包头第二热电厂 2 号机组于 2004 年 10 月投运，2013 年底发生电机短路事故，在此期间整个轴系振动一直处于较好的状态。2014 年 4 月中旬后，6、7 号轴承垂直瓦振开始逐步爬升，且振动增大趋势日趋明显，6 号轴承瓦振最大曾爬升到 75μm 以上。

结合两次诊断结果，将转子不对中、转子质量不平衡和轴承刚度不足列为引发 2 号机组异常振动的疑似原因，进一步地开机检查发现，2 号机组 6 号轴承工作位置倾斜、6 号与 7 号轴承钨金接触面磨损、发电机转子的洼窝中心间隙异常，表明原因分析正确。

调整措施：针对出现的问题，给出修刮 6、7 号轴承钨金接触面、调整轴承垫铁并调整发电机转子工作位置、对称加重发电机两端护环的维修方案。在按照给出检修方案完成检修后，机组进行启机测试，测试结果表明，在定速 3000r/min 及带初负荷后，2 号机组各轴承振动均小于 90μm，振动得到明显改善，检修取得了预期效果。

1.4 各种发电机的气隙偏心

本节将对四种典型发电机进行介绍，包括汽轮发电机、水轮发电机、双馈异步发电机和永磁同步发电机。

1.4.1 汽轮发电机

汽轮发电机是由汽轮机作原动机拖动转子旋转，利用电磁感应原理把机械能转换成电能的发电设备。汽轮发电机主要由转子与定子组成，定子由定子铁芯、定子绕组、机座、端盖、轴承等部件组成。定子铁芯是构成磁路并固定定子绕组的重要部件，通常由导磁性能良好的厚度为 0.5～3.5mm 不同规格的冷轧硅钢片叠压而成。大型汽轮发电机的定子铁芯尺寸很大，难以直接加工。一般先将硅钢片冲成扇形，再用多片拼装成圆形，最后叠压成整个定子。定子绕组嵌在定子铁芯内圆的定子槽中，三相对称分布互呈 120°，以保证在定子绕组中产生互呈 120°相位差的电动势。每个槽内放有上下两组绝缘导体（亦称线棒），每个线棒分为直线部分（置于铁芯槽内）和两端渐开线部分（端部）。直线部分是切割磁力线并产生感应电动势的有效部分，线棒渐开线部分则起到连接作用，把同相线棒按照一定的规律连接起来，共同构成发电机的定子三相绕组。中小型汽轮发电机的定子线棒均为实心线棒，而大型汽轮发电机由于散热的需要，多采用内部冷却的线棒，譬如由若干实心线棒和可通水的空心线棒并联组成[28]。汽轮发电机的转子主要由转子铁芯、励磁绕组（转子绕组）、护环和风扇等组成，是汽轮发电机最重要的部件之一。由于汽轮发电机转速高，转子受的离心力很大，所以转子都呈细长形，且制成隐极式的，以便更好地固定励磁绕组[29]。

如图 1-9 所示，由锅炉产生的过热蒸汽进入汽轮机内膨胀做功，使叶片转动而带动发电机发电，高温蒸汽的热能转换成机械能并最终转换为电能。发电机转子绕组内

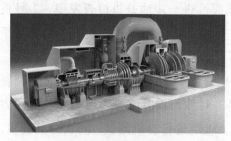

图 1-9 汽轮发电机组

通入直流电流后，便建立一个磁场，这个磁场称主磁极，它随着汽轮发电

机转子旋转，磁通自转子的一个磁极出来，经过定转子间气隙、定子铁芯、定转子间气隙，进入转子另一个磁极构成回路。根据电磁感应定律，发电机磁极旋转一周，主磁极的磁力线被装在定子铁芯内的 U、V、W 三相绕组依次切割，在定子绕组内感应的电动势正好变化一次，即感应电动势每秒钟变化的次数恰好等于磁极每秒钟的旋转次数。

假如汽轮发电机转子具有一对磁极（即 1 个 N 极、一个 S 极），转子旋转一周，定子绕组中的感应电动势正好交变一次（假如发电机转子为 P 对磁极时，转子旋转一周，定子绕组中感应电动势交变 P 次）。当汽轮机以 3000r/min 旋转时，发电机转子每秒钟要旋转 50 周，磁极也要变化 50 次，那么在发电机定子绕组内感应电动势也变化 50 次，在定子三相绕组内感应出相位互差 120°的三相交变电动势，即频率为 50Hz 的三相交变电动势。这时若将发电机定子三相绕组引出线的末端（即中性点）连在一起，而将发电机定子三相绕组的首端引出线与用电设备连接，就会有电流流过，这个过程即为汽轮机转子输入的机械能转换为电能的过程。

汽轮机在启动或停机过程中，偏心测量已成为必不可少的检测项目。偏心测量是在汽轮发电机低转速的情况下对轴弯曲程度的测量。这种弯曲可能由下列情况引起：原有的机械弯曲，临时温升导致的弯曲，在静态下自然向下弯曲（也称重力弯曲）[30]。转子的偏心位置，也称为轴的径向位置，经常用来指示轴承的磨损及预加的负荷大小，例如由不对中导致的那种情况。它同时也用来决定轴的方位角，方位角可以说明转子是否稳定。偏心检测系统中的偏心监控仪是精密测控仪表，具有报警与停机控制信号输出，设有电流输出通用接口，可与计算机等设备连接。

运行过程中汽轮发电机偏心故障的发生有以下几种原因[31,34]：

（1）测量装置本身有问题，造成测量值摆动大，无法读取，此时汽轮机需要检修检查处理，将机械测量与热工测量进行校对。

（2）汽轮对轮安装时原始张口不合格，导致盘车时偏心大于原始值，这种现象一般不易调校，要对对轮进行调整。

（3）运行中偏心变大，可能存在动静碰磨、油膜振荡、汽温突降或水击、汽流激振、电磁干扰、轴承油膜刚度不足、汽轮机转子部件脱落或松动等因素。

（4）汽轮机转子出现热弯曲或出现裂纹。

（5）机组启动过程中汽缸温差，特别是上、下缸温差和法兰内、外壁温差超标会引起偏心增大。

（6）机组冷态启动暖机不好，缸体膨胀受阻，会引起偏心增大。

（7）机组热态启动进汽参数选择不匹配，会引起机组偏心增大。

（8）机组运行中轴承紧力不足或油挡变形脱齿。

（9）轴封供汽不足也会导致偏心变大。

（10）汽轮机转子材质不均、应力释放不足，出现运行中热应力释放造成转子质量不平衡。

新建或大修后的机组，由于汽轮机动静间隙小，启动前轴偏心、汽缸温差、差胀等重要参数一定要控制在规程规定的范围内，在启动过程中要注意机组的振动情况，尽量维持参数稳定，防止发生偏心故障。若在冲转过程中存在偏心故障，则在过临界转速时振动会更加剧烈，甚至造成弯轴。由于转子所受到的轴向力相对较小，而自身重量和不对称冷却所引起的径向力相对较大，所以汽轮发电机中，气隙径向偏心故障是汽轮发电机最常见的偏心故障[35]，需要重点检测和预防。

为预防偏心故障的发生，常在汽轮发电机组启动前或停机后用轴系盘车装置来盘动汽轮机组[36]。盘车装置能够使汽轮机转子缓慢地旋转，将汽轮机部件由于不均匀冷却或者重力所引起的转子挠曲减到最低限度。它的使用将随汽轮机大小、型式及当地的运行条件而变化。一般在机组启动冲转前或停机后使用盘车装置。

如果转速在一阶临界转速以下且振动达到规定的数值，应该立即打闸停机，盘车一段时间正常后再启动；如果转速在一阶临界转速以上，则在振动可以控制的转速上多停留一段时间，磨合一定时间后再升速。

汽轮机在启动冲转前就要投入盘车装置，使轴系转动起来。检查汽轮机的动、静部分是否存在碰摩现象，检查转子轴系的平直度是否合格，并在暖机过程中使汽轮机转子温度场均匀，避免转子因受热不均而造成弯曲。对于每次启动，在汽轮机用蒸汽冲转之前，盘车装置应做短时间运行。

机组停机后，由于汽缸及通流部分上、下之间存在温差，转子在这种不均匀温度场中，将因受热不均匀而产生弯曲。为了避免这种现象的产生，在汽轮机停机时，必须自动投入盘车装置，让转子继续转动，使转子周围的温度场均匀，直到汽缸的金属温度降至 150℃ 以下为止。如果准备做长期停机，则盘车装置应运行足够长的时间，以防止转子在停转之前出现挠曲。

综上所述，汽轮机组盘车装置主要有以下几点作用[37-39]：

（1）防止转子受热不均匀产生热弯曲而影响再次启动后损坏设备，在启动或停机中启动盘车减少转子因温差大而产生的热弯曲。

（2）启动前盘动转子，可以用来检查汽轮机是否具备启动条件。

（3）盘车时启动油泵能使轴承均匀冷却。

（4）冲转时可以减小转子启动摩擦力叶片冲击力。

除此之外，盘车装置的驱动方式至少要备有自动和手动两种手段。不同的机组，自动盘车方式也不同，有电动盘车、液动盘车、气动盘车等方式。盘车转速随不同机组也各不相同，有采用高速盘车的，也有采用低速盘车的，最低盘车速度约为 2r/min，最高盘车速度约为 50r/min。

综上所述，汽轮发电机中常见的偏心故障是径向偏心，可以使用盘车机构在机组启动前和停转后进行盘车来减小径向偏心程度。

1.4.2　水轮发电机

水轮发电机是指以水轮机为原动机将水能转化为电能的发电机，是水电站生产电能的主要动力设备，如图 1-10 所示。水流经过水轮机时，将水能转换成机械能，水轮机的转轴又带动发电机的转子，将机械能转换成电能而输出。它的转子短粗，机组的启动、并网所需时间较短，运行调度灵活，除一般发电外，特别适宜作为调峰机组和事故备用机组[40]。水轮发电机的转速将决定发出的交流电的频率，为保证这个频率的稳定，就必须稳定转子的转速。为了稳定转速，可采用闭

图 1-10　立式水轮发电机纵剖面图

环控制的方式对原动机（水轮机）转速进行控制，即将发出的交流电频率信号采样，并将其反馈到控制水轮机导叶开合角度的控制系统中去控制水轮机的输出功率，通过反馈控制原理就可以稳定发电机的转速[41]。

水轮发电机按轴线位置可分为立式与卧式两类。大中型机组一般采用

立式布置，卧式布置通常用于小型机组和贯流式机组。

国产水轮发电机组广泛采用立式结构。立式水轮发电机组通常由混流式或轴流式水轮机驱动。立式水轮发电机按导轴承支持方式又分为悬式和伞式两种，如图 1-11 所示。发电机推力轴承位于转子上部的统称为悬式，位于转子下部的统称为伞式。伞式水轮发电机按导轴承位于上下机架的不同位置又分为普通伞式、半伞式和全伞式。悬式水轮发电机的稳定性比伞式好，推力轴承小，损耗小，安装维护方便，但钢材耗量多。伞式机组总高度低，可降低水电站厂房高度。

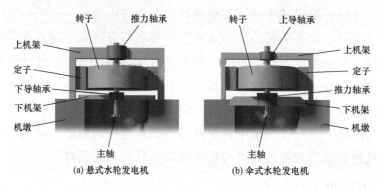

图 1-11　立式水轮发电机

卧式水轮发电机特殊的布置方式，使其在运转中受力特性与其他立式水轮发电机不同，如图 1-12 所示。由于重力场作用，发电机始终受交变载荷作用，导致发电机转子偏心增大，往往表现在下部气隙变小，上部气隙变大[42]。卧式水轮发电机组一般具有低转速、大流量的特点，故发电机结构尺寸比较大。卧式水轮发电机对水力因素的极为敏感，如水力脉动、振动。在实际运行过程中，发电机在外力作用下的振动，将导致磁场畸变。磁场畸变后形成的电磁力或磁拉力，将使发电机偏心

图 1-12　卧式水轮发电机

继续增大。中大型水轮发电机可以加装传感器对偏心进行实时监测，但小容量机组难以实现实时监测。这些问题都会影响发电机的可靠性。

水轮发电机转子安装偏心将导致气隙不均匀，从而产生径向不平衡磁拉力，使轴系发生振动。转子偏心引起水轮发电机振动具有强非线性特征，

研究发现不平衡磁拉力使系统的涡动频率下降，使运动的中心发生变化，并且会引起两倍转频的振动。根据不平衡磁拉力与转子偏心的非线性函数关系，通过简化的各向同性的单圆盘转子系统，能够建立水轮发电机转子电磁振动的非线性系统[43]。

卧式水轮发电机和汽轮发电机类似，都需要承受较大的径向力，但水轮机还要受到水流的冲击，因此水轮机受到的轴向力会比汽轮机大。立式水轮机在径向上由于水的冲刷，基本保持径向力的平衡，但轴向上，由于重力的作用，立式水轮发电机很容易出现轴向偏心故障[44, 45]。

1.4.3　双馈异步发电机

双馈异步发电机是一种绕线式感应发电机，其具备如下方面的优点：易于控制转矩和转速，能工作在恒频变速状态，可以超同步和超容量运行，驱动变流器的总额定功率可以降低到发电机容量的 1/4 [46]。在当今清洁能源快速发展的背景下，风能为主体的电力装机容量急剧增加。双馈异步风力发电机因其调速范围广、功率可独立调节、励磁容量小、转速高等特点，已成为陆上风力发电的主流机型。但由于其运行环境复杂多变，双馈异步风力发电机故障率较高。因此，对双馈异步风力发电机的故障机理和故障特征进行研究十分有必要。

双馈异步发电机是应用最为广泛的风力发电机，是变速恒频风力发电机组的核心部件，也是风力发电机组国产化的关键部件之一，其结构如图 1-13 所示。双馈异步发电机主要由定子、转子和气隙三部分组成。定子固定安装在机壳上，其中包括机座、定子铁芯、定子绕组、端盖等部件；转子通过轴承安装在基座上，其中包括转轴、转子铁芯和转子绕组等部件。该发电机除了发电机本体还有冷却系统，有水冷、空空冷和空水冷三种结构[47]。空空，第一个空指定子靠空气冷却，第二个空指转子也靠空气冷却，这一般是指定转子均有绕组的发电机。空水冷，空指定子绕组是空气冷却，水指转子绕组是"水冷"（冷却水在转子绕组内部流动冷却）。

双馈异步风力发电机组是一个复杂的机械电气系统。一般情况下，水平型风机主要由风轮、变桨距系统、机舱、发电系统、主传动系统、偏航系统、控制系统、液压系统、塔筒、基础等几部分构成。与其他风力发机相比，双馈异步发电机结构简单，运行可靠，制造成本较低，因而应用广泛，需求量大。

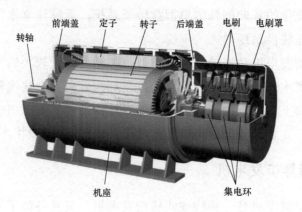

图 1-13   双馈异步发电机本体

双馈异步发电机的定子绕组直接与电网相连，转子绕组通过变流器与电网连接。转子绕组电源的频率、电压、幅值和相位按运行要求由变频器自动调节，机组可以在不同的转速下实现恒频发电[48]，满足用电负载和并网的要求。由于采用交流励磁，发电机和电力系统构成了柔性连接，即可以根据电网电压、电流和发电机的转速来调节励磁电流，精确调节发电机输出电流，使其能够满足要求[49]。

双馈发电机通过控制转子励磁使定子的输出频率保持在工频[50]。当发电机的转速低于气隙旋转磁场的转速时，发电机处于亚同步速运行，为了保证发电机发出的频率与电网频率一致，需要变频器向发电机转子提供正相序励磁，给转子绕组输入一个旋转磁场方向与转子机械方向相同的励磁电流，此时转子的制动转矩与转子的机械转向相反，转子的电流必须与转子的感应电动势反方向，转差率减小，定子向电网馈送电功率，而变频器向转子绕组输入功率；当发电机的转速高于气隙旋转磁场的转速时，发电机处于超同步运行状态，为了保证发电机发出的频率与电网频率一致，需要给转子绕组输入一个旋转磁场方向与转子机械方向相反的励磁电流，此时变频器向发电机转子提供负相序励磁，以加大转差率，变频器从转子绕组吸收功率；当发电机的转速等于气隙旋转磁场的转速时，发电机处于同步速运行，变频器应向转子提供直流励磁，此时转子的制动转矩与转子的机械转向相反，与转子感生电流产生的转矩方向相同，定子和转子都向电网馈送电功率。

为了实现风力机组最大能量的追踪和捕获，满足电网对输入电力的要求风力发电机必须变速恒频运行。为了控制发电机转速和输出的功率因数，必须对发电机有功功率、无功功率进行解耦控制。这一过程是采用磁场定向的矢量变换控制技术，通过对用于励磁的 PWM 变频器各分量电压、电流的调节来实现的[51]。

双馈异步风力发电机气隙偏心故障是一种常见的机械故障。无论是转子刚度不足，还是轴承磨损，或安装过程中产生误差，都会出现气隙偏心故障。当气隙偏心故障发生时，双馈异步风力发电机的气隙磁场会发生畸变，使发电机的性能指标下降，严重时会加重定子振动与转子弯曲，进一步导致定子绕组绝缘磨损，造成严重的经济损失，甚至危害人身安全。

定、转子之间存在气隙，为减小发电机磁阻，在制造工艺允许的情况下应尽量减小气隙长度。在正常情况下，气隙长度沿定子圆周均匀对称分布，但受限于现有的安装工艺、发电机复杂的内部结构及发电机可能的恶劣运行环境，在实际工程中经常出现气隙不均匀现象。在发电机的研究中，至少有 50% 的故障都会引发气隙不均匀，出现气隙偏心故障[52]。

双馈异步发电机在轴向上主要受到风所带来的轴向力，在径向上主要受到重力的作用。目前的风力发电机由于尺寸极大，因此重力所导致径向偏心为主要的易发故障类型，因此需要对径向偏心故障进行重点检测和预防[53, 54]。

1.4.4　永磁同步发电机

永磁同步发电机，也称无刷同步发电机，为转子采用永磁磁极励磁的同步发电机，由于转子没有电励磁绕组，无需直流励磁电源、集电环和电刷装置，如图 1-14 所示，其结构简单，且运行可靠，功率密度和效率高。永磁同步发电机用于航空航天高速发电机、大型汽轮发电机的副励磁机和可再生能源风力发电机等。

目前风电技术快速发展，直驱式永磁同步风发电机组由于具有发电效率高、可靠性高、运行及维护成本低和电网适应性能好等独特的优势，成为风电技术新的发展趋势，在风电场的装机比例逐渐提升。永磁同步风力发电机作为机组的核心部件，其运行性能影响着风发电机组、风电场乃至电网的安全稳定运行。

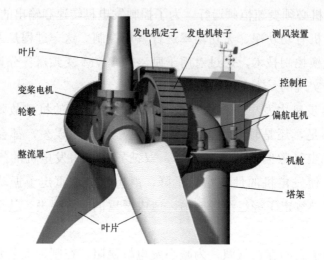

图 1-14　永磁风力发电机

永磁同步风力发电机组通过增加磁极对数使发电机额定转速下降，不采用齿轮箱增速，直接与风轮相连，通过全功率变换器调频，将电能传输给电网。相比目前市场占有率最高的双馈异步风力发电机组，直驱永磁同步风力发电机组具有如下几个方面特点[55]：

（1）发电效率高。直驱永磁同步风力发电机组没有齿轮箱，无传动损失、无励磁损失，风机变速范围更宽，具有较宽的最佳发电效率，并且实现就地无功补偿，上网发电量损失减小，提高了机组的发电效率。

（2）可靠性高。双馈风力发电机组的高速刹车会对发电机和齿轮箱带来冲击，并且齿轮箱本身就存在着较高的故障率。与双馈风力发电机组相比，直驱永磁风力发电机组通过减少零部件数量，特别是摒弃了容易发生故障的齿轮箱，实现了整体结构的简化。此外，其传动机构也得到了优化，轮毂直接与发电机连接，显著降低了故障发生概率，并且主轴承转速低，风力发电机组的运行可靠性得到了进一步的提升。

（3）运行及维护成本低。直驱永磁机组零部件相对较少，降低了一系列消耗品的数量，如齿轮箱、润滑系统、高速刹车和动力滑环等需要经常更换油品和零部件的器件，运行维护次数和成本得到了大幅度的降低。

（4）电网接入性能优异。直驱永磁风力发电机组良好的低电压穿越能力和有功调节功能，因此具有优越的并网性能，能够确保机组具有一定的不间断运行能力和风电系统的稳定运行。

永磁同步发电机是整个永磁同步风力发电机组的关键部分，负责将自然环境中的风能转化为电能，并为电力系统供电，其运行的优劣性直接关系到风发电机组乃至风电系统的安全运行及供电可靠性。由于风电场的工作环境相对恶劣，风力发电机组常在低温、暴晒等恶劣环境下运行，常年经受强风冲击和极端温差的影响，出现故障的现象难以完全避免。一旦发生不可预知的故障将可能对风电场造成巨大的经济损失，甚至危及人身安全和造成不良社会影响。

随着风力发电机容量的不断增大，发电机机身体积也不断增长，自身的密封性能受到一定挑战。由于风力发电机需要长期在较恶劣的环境中工作，发电机的故障不可避免。目前，永磁同步发电机常见的故障种类主要有三种，即电气故障、机械故障及永磁体故障，按故障部位可分为定子故障、转子故障、气隙偏心故障和轴承故障等。统计表明，发电机故障中，轴承故障占常见故障的 40%以上，定子故障占 30%～40%，转子断条故障超过了 5%[56-59]。

气隙偏心是永磁同步发电机常见的故障状态，偏心及其引起的故障所占发电机故障的比例很大，气隙偏心分为静偏心、动偏心及动静混合偏心。偏心将使发电机内部气隙磁通密度分布不均匀而产生不平衡磁拉力，加剧定转子振动，长期服役条件下气隙偏心状态不断加剧，严重时甚至引发转子扫膛，使发电机损坏失效。当偏心程度过高时，剧烈的不平衡磁拉力会导致定转子的剧烈振动和变形，当偏心程度达到 10%时，必须对发电机进行检修，避免故障恶化[60, 61]。大型永磁同步风力发电机的定、转子及其气隙分布不可能达到完全对称状态，安装不当、定子铁芯制作工艺不够精确、螺丝松动或者缺损、转子轴弯曲或者有轴心差、轴承磨损以及转子不平衡，都可能导致发电机出现气隙偏心故障。因此，绝大多数已投运的发电机，都存在着不同程度的气隙偏心现象。

开展气隙偏心状态下永磁风力发电机电磁振动特性分析，有助于优化永磁风发电机组的性能，为永磁风发电机组的故障诊断提供参考，保证风电系统的稳定运行，促进风电行业的发展。

永磁发电机目前有多种应用，既应用于大型的风力发电机，也应用于中小型的发电机。大型风力发电机故障类型与双馈异步电机类似，主要是径向偏心故障[62]。

1.5 气隙偏心的危害

气隙偏心故障是发电机重要的机械故障之一，几乎所有的发电机定转子之间气隙都存在不同程度的偏心状况。当转子的气隙偏移值与正常运行时的气隙值比例达到 1:10 时，即认为发电机发生转子偏心故障，此时会对发电机的正常运行造成重大影响[63]。在我国二滩水力发电机厂、凤滩水力发电机厂等大型水电站的生产中已经发生了因转子偏心造成发电机主保护动作的事件。

若发电机发生气隙偏心，偏心程度小时，气隙磁场会发生畸变，导致发电机在运行时各项性能指标下降；偏心程度大时，会使定转子之间相互摩擦，发电机将无法正常工作。本书重点研究偏心程度较小时的故障，其可能会导致以下问题：

（1）不平衡振动。在气隙偏心故障下，由于气隙分布不均使发电机磁场分布不再对称，进而定转子受到不平衡磁拉力，这可能导致设备振动异常，增加机械磨损，使发电机的轴承工作情况恶化，同时加剧机组定转子振动，造成定转子铁芯变形、绕组磨损和绝缘破坏等。在偏心故障引起的不平衡磁拉力的长久作用下将会造成机组部件的疲劳损耗，严重的会造成转子断条、扫膛等重大生产事故。

（2）温升过高。气隙偏心故障下定转子铁芯及绕组内部损耗增加会促使发电机温度上升，降低关键部件材料性能并造成定转子及绕组绝缘的热变形等。

（3）效率下降。气隙偏心会导致损耗的增加，而损耗的增加会产生更多的能量浪费，严重影响发电机的输出效率。

（4）噪声增加。不均匀的间隙和振动可能导致噪声水平升高，这可能对设备的正常运行和工作环境产生负面影响。

通常，发电机偏心故障需要及早检测和修复，以确保设备的正常运行和长期性能，这涉及维护和校准工作，以消除不均匀的偏心并修复任何受损的部件。所以对发电机气隙偏心故障进行研究、监测和诊断具有现实意义。

本　章　小　结

本章主要从气隙偏心的定义出发，介绍了发电机运行过程中常见气隙偏心故障的种类。根据转子偏心方向，气隙偏心可分为气隙径向偏心、气隙轴向偏心及气隙三维复合偏心。根据气隙偏心后转子旋转中心与定子中心和转子中心是否重合，气隙偏心又可分为静偏心、动偏心及动静混合偏心，实际生产工作中发电机的气隙偏心故障往往是多种单故障同时发生，后续章节将通过理论分析、有限元仿真及实验验证等多种手段对不同故障进行详细的讲解。

对于不同类别气隙偏心故障的产生原因，本章给出了详细的说明，具体可总结为以下几个方面：

（1）在发电机的制造过程中，可能会存在零件加工、装配等环节的误差，使发电机元件尺寸产生比较大的误差，从而导致气隙不均匀。

（2）水轮机等大型发电机安装时，由于安装精度不足使定转子间产生位置偏差。

（3）转子毛坯缺陷或热处理工艺上存在问题，导致材质分布不均匀，最终使转子旋转时由于质量偏心力而变形。

（4）在某些场合下，发电机经常输出较大的转矩，此时发电机的定子电流相当大，大电流会使定绕组的端部产生形变和振动，进一步导致铁芯的振动，最终发生转子偏心。

（5）转子系统长期受到流体带来的压力，使转子产生轴向偏移，导致发生轴向偏心故障。

对于气隙偏心带来的危害，主要体现为加剧定转子及绕组振动、使轴承工作环境恶化、定子铁芯变形、绕组磨损和绝缘破坏等不可逆的破坏，严重的气隙偏心故障甚至会造成重大的生产事故。因此，本书中对于发电机气隙偏心故障分析与监测的讲解极具现实意义与应用价值。

第 2 章

气隙偏心的监测手段

科学技术的迅猛发展，特别是计算机技术和传感器技术的迅速进步，极大地推动了发电机组故障检测技术的发展。从早期的百分表和应变应力传感器演化到现在的各式高精度传感器，信号分析技术也从最初的简单波形分析不断发展到现在利用计算机技术的支持进行更为复杂的软件分析。

气隙偏心是一种常见的发电机机械故障。随着传感器技术的高速发展，各种发电机机组故障检测技术不断涌现，专门针对气隙偏心故障的检测手段也层出不穷。本章重点介绍五种对于气隙偏心的监测手段与两个实际检测案例。

2.1 基于磁场变化的监测手段

2.1.1 基本原理

发电机在正常运行时，气隙中的磁场通常呈对称分布。这一磁场主要分布在转子的两极、定子以及定子与转子之间的气隙中。磁力线从转子的 N 极穿过气隙，然后经定子铁芯回到转子的 S 极，构成一个完整的磁场回路。然而，在发生气隙偏心故障后，气隙不再均匀分布，导致发电机内部本来对称的磁场变得不再对称。对于不同类型的气隙偏心，磁场分布的非对称性可能表现为不均匀的磁场强度，不同部位的磁场畸变，以及气隙中的磁力线不再均匀地通过定子、转子等。这些非对称性将影响发电机运行的稳定性和效率，可能导致噪声增加、温升过高、不平衡振动等问题[64]。

实际应用中，可以通过基于气隙磁通密度计算的解析法来建立气隙函数，以反映磁场的变化[65]。气隙磁通密度可以通过气隙磁势和气隙磁导相乘来得到，不同类型的气隙偏心故障会以不同方式改变气隙磁势或气隙磁导，从而导致磁场发生变化。

气隙磁通密度与气隙磁势和气隙磁导的关系可以用式（2-1）表示：

$$B(\alpha_{\mathrm{m}}, t) = f(\alpha_{\mathrm{m}}, t)\Lambda(\alpha_{\mathrm{m}}) \tag{2-1}$$

式中：B 为气隙磁通密度；f 为气隙磁势；Λ 为单位面积气隙磁导；α_{m} 为气隙周向位置的角度。

对于气隙径向偏心故障，它主要通过改变气隙磁导来使磁场发生变化，这种类型的偏心故障会导致磁场在径向方向上发生不均匀的变化；对于气隙轴向偏心故障，它主要通过改变气隙磁势来使磁场发生变化，这种类型的偏心故障会导致磁场在轴向方向上发生不均匀的变化；而气隙三维复合偏心故障则同时改变气隙磁势和气隙磁导，导致磁场的变化既具有径向偏心的特点，又具有轴向偏心的特点，这种类型的偏心故障会引起更复杂的磁场变化，包括径向和轴向方向上的不均匀性[66]。

在气隙径向偏心故障发生后，磁场分布不均匀，导致气隙内的磁通密度发生变化[67]。具体来说，气隙变小的一侧磁通密度会增大，而气隙变大的一侧磁通密度会减小，这种磁通密度的不均匀性会随着气隙偏心程度的增加而变得更加显著，整体磁场分布会更加倾向于气隙变小的一侧。磁通密度的变化主要是由于转子径向偏心引起了气隙长度的不均匀变化，当转子向一侧偏心时，导致该侧的径向气隙长度减小，从而使单位面积上的气隙磁导增加，相应的气隙磁通密度也会增大；相反另一侧的径向气隙长度增加，使单位面积上的气隙磁导减小，相应的气隙磁通密度也会减小。静偏心故障下气隙最小位置不发生改变，故气隙磁场分布相对稳定，且相对于正常情况不会出现新的频率成分；动偏心故障下最小气隙位置不断改变，磁通密度将出现与转子转频相关的特征频率成分。

气隙轴向偏心故障由于转子在轴向方向发生偏移，从而影响发电机内部的磁场分布[68]。具体而言，发生轴向偏心后，主磁势产生的转子切割导体的有效长度减小，部分主磁势会外漏到端部形成漏磁场，进而使整体气隙磁势的减小。在这个过程中，影响磁场分布的主要因素包括端部磁场情况，即发电机的转子抽空端和伸出端。在发电机的转子抽空端，由于转子和绕组的轴向偏移，使抽空端部形成较大的气隙，减小了抽空端部定子绕组所处位置的气隙磁势，导致抽空端部的气隙磁通密度较正常情况下减小。相反，在发电机的转子伸出端，转子和绕组的轴向偏移使伸出端部的气隙长度增加，有效作用于伸出端部定子绕组的长度也随之增加，导致伸出端部的气隙磁势较正常情况下增加，从而使伸出端的气隙磁通密度也较正常情况下增大[69]。这种轴向偏心引起的气隙磁势和磁通密度的不均匀分布对发电机的运行性能和稳定性都会产生不利影响。

气隙三维复合偏心是一种复杂的故障情况，它同时涉及径向偏心和轴向偏心两个方面。在气隙三维复合偏心故障中，首先，径向偏心会引起气隙的径向不均匀，气隙长度在转子周围不均匀分布，使气隙磁场在径向方向上出现变化，使磁场不再对称，导致气隙磁通密度的不均匀分布。同时，轴向偏心会使转子在轴向上偏移，改变主磁势切割导体的有效长度，导致气隙磁势整体减小，影响气隙磁场的轴向分布。这两种不均匀性的组合导致气隙磁场在三维空间中的变化兼具径向和轴向偏心的特点。

2.1.2 监测方法

发电机发生偏心故障后，气隙分布的不均匀性对发电机内部的磁场分布产生显著影响。磁场在发电机内部起着传递和转换能量的重要作用，因此，在发生偏心故障后，发电机内部的磁场包含许多特征信息，这些信息对于诊断和分析偏心故障非常有价值。目前，用于检测发电机偏心故障的主要方法之一是在发电机内部的定子轭部或定子齿部放置感应线圈来采集发电机内部磁场信息。这些感应线圈可以测量发电机内部的磁场分布，包括磁通密度和磁场的空间分布情况。通过对磁场数据的分析，可以提取出反映偏心故障的特征信息，例如气隙磁场的不对称性、磁场的波动、谐波成分等[70]。这些特征信息可以用于诊断和监测发电机偏心故障。一旦发现磁场中存在异常的特征，就可以采取适当的措施来进行维修或校准，以确保发电机的正常运行和性能。

感应线圈在监测发电机中的应用是一种有效的方法，它通过感应电势来间接反映发电机内部磁场的情况[71]。这种方法可以在不干扰发电机正常运行的情况下获取关键信息，因而在检测发电机偏心故障时具有很高的实用性。感应线圈的放置状态为开路，通常不会对发电机的运行产生显著影响，有助于确保发电机的正常工作。当发电机运行时，感应线圈会根据发电机内部磁场的变化产生感应电势。特别是在每个定子齿上都安装感应线圈，可以全面监测发电机定子圆周各个齿部的磁场情况。这种分布式的监测方式有助于确定可能发生故障的位置。

以径向静偏心故障为例，感应线圈可以检测气隙变化引起的磁场变化。具体来说，当发生静偏心时，气隙的大小不均匀，气隙变小一侧的磁场会增强，而气隙变大一侧的磁场会减弱。这将导致感应线圈上的感应电势发生变化，具体表现为基波幅值的增加和减小，通过对上述变化进行分析，可以诊断和定位偏心故障。

采用探测线圈的简单诊断方法能够基本判断发电机是否存在故障以及发生故障的位置，但确实存在一些局限性，例如无法准确识别故障程度、范围和方向等参数。此方法还需要将传感线圈放置于定子齿或定子轭内部，可能需要破坏发电机内部结构，在某些情况下可能会不太方便。此外，感应线圈的方法在检测发电机内部磁场时，其精确度可能不如其他高精度传感器。精确性较低的方法可能无法捕捉微小的磁场变化，因此早期偏心故障的检测可能会受到限制。

针对上述问题，一些学者采用磁场检测法，以高精度霍尔传感器等设备采集更准确的监测数据，对故障特征进行更精确的提取和分析[72]。采用快速傅里叶变换等信号处理方法可以更深入地分析故障特征，以判断偏心故障的存在和程度。因此，使用高精度磁场检测法结合信号处理技术可以提高发电机偏心故障的诊断精确度和可靠性，同时避免对发电机内部结构的破坏。这种方法有望更及时地检测早期偏心故障，有助于发电机的维护和性能改进。

总之，感应线圈的应用为监测发电机的偏心故障提供了一种有效的手段，可以在发电机运行时获取有关内部磁场的关键信息，从而有助于维护和改进发电机的性能。

2.2　基于电流特性的监测手段

2.2.1　基本原理

通过磁场分析，我们可以了解到偏心故障会对发电机的气隙磁通密度产生影响，不过气隙磁通密度的监测在实际工程中具有一定的挑战，尽管它的变化明显，但应用起来相对复杂。为了解决这一问题，我们可以采用易于监测且不会对发电机结构产生不良影响的定子电流信号作为故障诊断的采样信号。这种方法采用非接触方式获取电流信号，有助于减少信号传递过程中的干扰，从而提高整个故障诊断系统的可靠性[73]。基于电流特性的气隙偏心故障监测方法主要分为两种方式：测量定子并联支路环流和测量三相电压电流。

1. 测量定子并联支路环流

当发电机存在气隙偏心时，定子绕组中会形成一些特定频率的电流分量，基于并联支路环流特性的监测手段主要是对定子并联支路环流进行监测，从而判断偏心故障及程度[74]。通常，发电机定子绕组一般为双 Y 连接，三相电路中每相都由两组线圈组成，这两组线圈为并联关系，即为定子绕组的两条并联支路。根据电机学的知识，我们了解到定子绕组单条并联支路的感应电动势与气隙磁通密度和气隙长度有关。通过定子绕组并联支路环流回路模型[75]，可由定子绕组单条并联支路感应电动势进一步获取发电机定子绕组两条并联支路的电势差，从而得出定子并联支路环流的特性。在正常运行时，发电机的定子绕组并联支路内部通常没有环流。然而，气隙的径向偏心和轴向偏心将分别改变气隙磁导和气隙磁势，从而导致气隙磁通密度发生变化。这将导致定子绕组的两条并联支路之间出现电势差，产生不同特性的定子并联支路环流。气隙三维复合偏心故障是径向和轴向偏心故障的同时发生，因此定子并联支路环流中会出现两种故障的所有特征。下面以同步发电机为例介绍定子并联支路环流的计算。

发电机定子绕组为双 Y 连接，如图 2-1 所示，A、B、C 三相每相都由两组线圈组成，这两组线圈为并联关系，即为定子绕组的两条并联支路。

针对某一支路进行具体的分析，建立发电机定子绕组并联支路内部的环流模型，如图 2-2 所示。

正常运行时 $w_{a1} = w_{a2} = w_c$ ，$R_{a1} = R_{a2}$ ，$L_{a1} = L_{a2}$ ，$I_{a1} = I_{a2}$ ，$E_{a1} = E_{a2}$ ，则

$$U_{a12}(\alpha_m, t) = -E_{a1}(\alpha_m, t) + j\omega L_{a1}I_{a1} + R_{a1}I_{a1} + j\omega \sum_i M_{a1i}I_i$$

$$- j\omega \sum_k M_{a2k}I_k - R_{a2}I_{a2} - j\omega L_{a2}I_{a2} - E_{a2}(\alpha_m, t) \quad (2-2)$$

$$= 0$$

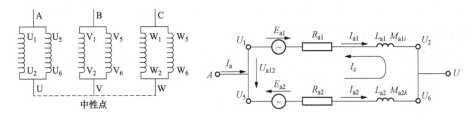

图 2-1　定子绕组双 Y 连接　　　　图 2-2　定子绕组并联支路环流回路

采用与上述相同的推导方法，气隙偏心故障下发电机定子绕组两条并联支路的感应电动势为

$$
\begin{cases}
E_{a1}(\alpha_m,t) = 2qw_ck_{w1}\tau fF_1\cos(\omega t-\alpha_m-\beta)\\
\qquad\qquad [\Lambda_0+\Lambda_s\cos\alpha_m+\Lambda_d\cos(\omega t-\alpha_m)]\\
E_{a2}(\alpha_m,t) = 2qw_ck_{w1}\tau fF_1\cos[\omega t-(\alpha_m+\pi)-\beta][\Lambda_0+\Lambda_s\cos(\alpha_m+\pi)\\
\qquad\qquad +\Lambda_d\cos(\omega t-\alpha_m-\pi)]
\end{cases}
\tag{2-3}
$$

结合图 2-2，进一步得到发电机定子绕组两条并联支路的电势差为

$$
\begin{aligned}
U_{a12}(\alpha_m,t) &= -E_{a1}(\alpha_m,t)+\mathrm{j}\omega L_{a1}I_{a1}+R_{a1}I_{a1}+\mathrm{j}\omega\sum_i M_{a1i}I_i\\
&\quad -\mathrm{j}\omega\sum_k M_{a2k}I_k-R_{a2}I_{a2}-\mathrm{j}\omega L_{a2}I_{a2}-E_{a2}(\alpha_m,t)\\
&= -4qw_ck_{w1}\tau lfF_1\cos(\omega t-\alpha_m-\beta)[\Lambda_s\cos\alpha_m\\
&\quad +\Lambda_d\cos(\omega t-\alpha_m)]\\
&= -2qw_ck_{w1}\tau lfF_1[\Lambda_d\cos\beta+\Lambda_s\cos(\omega t-\beta)\\
&\quad +\Lambda_s\cos(\omega t-2\alpha_m-\beta)+\Lambda_d\cos(2\omega t-2\alpha_m-\beta)]
\end{aligned}
\tag{2-4}
$$

由式（2-4）可知，气隙静偏心故障下，发电机定子并联支路将产生基波环流，气隙动偏心故障下将产生二次谐波环流与直流分量环流，气隙动静混合偏心故障下将产生基波环流、二次谐波环流与直流分量环流。

随着气隙静偏心程度的加剧，定子并联支路环流的基波成分将增大；随着气隙动偏心程度的加剧，并联支路环流的二次谐波成分与直流分量成分将增大。

2. 测量三相电压电流

这一方法通过监测发电机的三相电压和电流，以判断偏心故障[76]。我们可以将发电机内定子绕组切割磁力线的有效长度视为一根导线，并将发电机内部的磁场视为对这根导线施加的方向上相互垂直的磁场。根据法拉第电磁感应定律，相电压与气隙磁通密度成正比；根据欧姆定律，相电流是相电压除以定子绕组与负载的总电抗。因此，相电压和相电流的变化主要取决于气隙磁通密度的变化，其余参量均为定值。这些方法的监测原理与测量定子并联支路环流的原理类似，都是由于气隙偏心对气隙磁通密度产生影响，导致三相电压和电流出现与正常运行情况不同的特征。

正常状态下，发电机的相电流可由式（2-5）表示：

$$i(\alpha_\mathrm{m},t)=\frac{F_\mathrm{c}\cos(\omega t-\alpha_\mathrm{m}-\gamma_1)\Lambda_0 l\pi R_\mathrm{s}n_\mathrm{r}}{30Z} \tag{2-5}$$

由式（2-5）可以看出，正常状态下，相电流谐波特性与气隙磁密一样只有奇次谐波。

以气隙径向静偏心为例，发电机的相电流可由式（2-6）表示：

$$i(\alpha_\mathrm{m},t)=\frac{\begin{array}{c}F_\mathrm{c}\cos(\omega t-\alpha_\mathrm{m}-\gamma_1)\Lambda_0(1+\delta_\mathrm{s}\cos\alpha_\mathrm{m}+0.5\delta_\mathrm{s}^2\\+0.5\delta_\mathrm{s}^2\cos2\alpha_\mathrm{m})\Lambda_0 l\pi R_\mathrm{s}n_\mathrm{r}\end{array}}{30Z} \tag{2-6}$$

对比式（2-5）与式（2-6）可以看出，气隙径向静偏心故障下，相电流曲线将会向上平移，使相电流的绝对值幅值、有效值增大和各奇次谐波幅值增大。并且随着偏心程度的加剧，相电流的绝对值幅值、有效值和各奇次谐波幅值逐渐增加。

在实际应用中，这些方法能够更精确地检测偏心故障，提前发现问题并采取必要的维护措施，确保发电机正常运行并延长其寿命。此外，它们对发电机内部结构的干扰较小，使监测变得更加方便和可靠。

2.2.2 监测方法

基于并联支路环流特性的监测方法提供了一种非侵入性的故障诊断方式。该监测方法是在定子绕组的某一相并联支路中，安装磁平衡式电流互感器。这个电流互感器设计用于同时感应两条支路的电流，而且这两条电流是以相反的方向穿过电流互感器的，这样的设计使其计算的是两条支路电流的差值，对应的是环流的两倍值[77]。电流互感器的输出信号被传输至一个采集仪器，再将采集仪器的输出信号连接至上位机，以进行信号处理，包括小波去噪和数据存储。随后，将采集到的信号从时域变换到频域，可提取发电机正常运行和偏心故障状态下并联支路环流信号的频域特征量。这些特征量包括信号的频率成分及其幅值大小。通过分析这些频域特征，可以进行故障监测和诊断。这种方法对发电机结构和运行安全性的影响相对较小，因为它不需要安装振动传感器，同时提供了准确的故障信息，有助于确保发电机的安全和稳定运行。

在理想状况下，定子并联支路中通常不会存在环流，但在监测过程中，由于发电机内部的不对称性和外部非故障环境因素的影响，定子并联支路内部可能会出现直流分量环流和各种谐波环流[78]。以气隙径向静偏心为例，与正常情况相比，在气隙径向静偏心故障下定子并联支路内的基波环流通常会显著增加，而直流分量和其他频率成分的环流值变化较小。这表明，在气隙径向静偏心故障下，主要会产生基波环流。这种差异可以用来检测和诊断发电机的偏心故障，通过分析定子并联支路内的环流成分，特别是基波环流的变化，可以确定是否存在偏心故障以及发生故障的程度。

基于三相电压电流的偏心故障监测方法主要涉及对相电流的检测和分析。为了获得所需的电流频谱信号，通常会采用从发电机的中心点进行信号采集的方法[79]。这种方法因为中心点的工作电压较低，可以使安装和维护变得更加方便。此外，从中心点采集的电流信号可以反映三相电流信号的成分。基于三相电压电流的偏心故障监测方法通常会在定子的三相出线端安装电流互感器，然后将采集的信号输入到数据采集仪中，最后通过计算机进行后续处理和存储。在发电机正常运行状态下，相电流通常仅包含奇次谐波分量。以气隙径向静偏心为例，当发生气隙径向静偏心故障后，相电流仍然仅包含奇次谐波，但相电流的幅值、有效值及各奇次谐波的幅值均会增加，所采集到的相电流数据曲线将发生上移。而且，随着偏心程度的增加，相电流的幅值、有效值以及各奇次谐波的幅值也会逐渐增大。这种方法允许监测和诊断发电机的偏心故障，特别是气隙径向静态偏心，通过分析相电流的变化，可以确定是否存在偏心故障以及发生故障的程度[80]。

2.3　基于振动特性的监测手段

2.3.1　基本原理

在发电机运行中，振动现象的研究十分复杂，涵盖了机械和电磁等多个方面。发电机运行过程中的振动特性是一系列联动因素综合作用的结果，而由于转子偏心引起的不平衡磁拉力是发电机产生振动的一个重要因素，这些特定频率的振动信号也是气隙偏心的重要故障特征[81]。根据激振力与运动之间的相同频率对应关系，振动信号的频率与受到的电磁力或磁拉力频率相关，即振动应具有与所受电磁力或磁拉力相同的频率谐波分量。想要了解振动产生的原因，首先需要了解不平衡磁拉力。不平衡磁拉力的产生有很多原因，从本质上来说，主要是因为电机中磁路或电路的不对称，而电机定、转子的不同心是导致不平衡磁拉力的常见因素[82]。本节主要讨论通过研究电磁力或磁拉力，对定子、转子以及定子绕组的振动响应来监测气隙偏心故障，这有助于检测和诊断发电机中可能存在的气隙偏心问题，以确保发电机的可靠性和性能[83-85]。

1. 定子振动

抛开不对称因素的影响，在正常情况下，发电机定子所受单位面积磁拉力的合力为零。但是因为发电机定子铁芯通常为空心壳体结构，由诸多扇形硅钢片叠加而成，刚度相对较低，且影响定子径向振动特性的本源激振力为作用于定子铁芯内圆表面的单位面积磁拉力，所以即使磁拉力的合力为零，但由于周期性单位面积磁拉力的激励，定子铁芯也会在径向上产生周期性的扩张和收缩运动，即径向振动[86]。需要明确指出的是，发电机中的磁拉力是由电磁场畸变引起的，麦克斯韦定律描述了电磁场的特性，即可以通过气隙磁通密度和空气磁导率来计算定子表面单位面积上的磁拉力。在气隙径向偏心情况下，因气隙磁导的变化，从而使气隙磁通密度发生变化，进而改变定子表面的单位面积磁拉力。不同类型的径向偏心会导致振动信号中出现不同频率成分和频率幅值的振动特征，因此可以对振动信号进行采集后通过分析各频率成分的振动幅值与通频振动烈度来判断偏心故障类型与故障程度[87]。类似地，在气隙轴向偏心故障下，定子会受到轴向不平衡磁拉力的影响，可以用气隙磁通密度和定转子有效作用长度表示轴向不平衡磁拉力。正常情况下定子所受轴向不平衡磁拉力为零，但由于气隙磁势的变化导致气隙磁通密度发生改变，同时转子在定子铁芯内的有效作用长度改变，此时的定子将受到轴向不平衡磁拉力，该力也会随故障的发展呈现新的变化[88]。

根据麦克斯韦张量法，发电机定子表面的径向单位面积磁拉力可以表示为

$$q(\theta,t) = \frac{B^2(\theta,t)}{2\mu_0} \tag{2-7}$$

2. 转子振动

不同于定子，发电机转子通常采用实心圆柱体结构，相对刚度较高，在气隙径向偏心的情况下作用在转子表面单位面积上的磁拉力不足以使实心的转子发生弹性形变振动。此时影响转子振动特性的本源激振力实际上是由单位面积磁拉力在整个圆周方向上积分所得到的合力，即转子受到的不平衡磁拉力[89]。只有不平衡磁拉力才足以构成转子的径向挠度形变振动，故欲分析气隙偏心对发电机转子振动特性的影响，需求出转子外圆周所受合力。即通过对单位面积磁拉力在转子圆周方向进行积分运算可以得出转子径向 x 方向和 y 方向的不平衡磁拉力，再根据其合力的脉振性质来推导气隙偏心对转子振动特性的影响。在正常情况下，发电机转子在 x 方向和 y 方向不平衡磁拉力均为零，因此理论上发电机转子在正常运行状态下不会产生径向振动。但当发电机出现径向偏心故障时，单位面积磁拉力的变化将引起转子 x 方向和 y 方向的不平衡磁拉力发生变化，从而使振动信号出现不同的振动频率和振动幅度[90]。值得注意的是，转子的轴向不平衡磁拉力与定子的轴向不平衡磁拉力大小相同方向相反，可以通过电导纸模型法求得，因此也可以利用转子振动特性来监测气隙轴向偏心情况[91]。

转子不平衡磁拉力为

$$\begin{cases} F_x = LR\displaystyle\int_0^{2\pi} q(\alpha_m,t)\cos\alpha_m \mathrm{d}\alpha_m = 0 \\ F_y = LR\displaystyle\int_0^{2\pi} q(\alpha_m,t)\sin\alpha_m \mathrm{d}\alpha_m = 0 \end{cases} \tag{2-8}$$

以径向偏心为例，进一步可以得到气隙径向静偏心故障时转子不平衡磁拉力为

$$\begin{cases} F_x = \dfrac{LRF_1^2\pi}{4\mu_0}\left[2\Lambda_0\Lambda_s + \Lambda_0\Lambda_s\cos(2\omega t - 2\beta)\right] \\ F_y = \dfrac{LPF_1^2\pi}{4\mu_0}\left[\Lambda_0\Lambda_s\sin(2\omega t - 2\beta)\right] \end{cases} \tag{2-9}$$

由式（2-8）可知，当发电机处于正常情况时，转子受到的不平衡磁拉力均为零，故从理论上来分析，正常运行状态下的发电机转子不会产生径

向振动。

由式（2-9）可知，当发电机处于气隙径向静偏心故障时，发电机转子将受不平衡磁拉力作用，但其中的直流分量不会使转子产生径向振动，只可能使转子产生一定的径向挠度变形，而在发电机气隙静偏心故障下转子所受不平衡磁拉力的二倍频成分将引起二倍频径向振动。

3. 定子绕组振动

定子绕组所受的电磁力可以通过欧姆定律和电磁感应定律进行计算。在正常情况下，定子绕组所受电磁力频率成分与定子单位面子磁拉力一致，包括直流成分和二倍频成分，并且在同一时间下处于不同位置的定子绕组中心线由于其所在的位置气隙磁势不同所受的电磁力也不同[92]。在发生气隙径向偏心故障时，气隙磁通密度发生变化，因此定子绕组所受的电磁力也会随着其所在位置的气隙长度而变化。而在气隙轴向偏心故障发生后，转子的抽空端部由于气隙磁通密度减小，所以同一时间下各个位置的绕组在同一时间点所受的力相对于正常状态下的绕组来说都会减小；与此相反，转子的伸出端部由于气隙磁通密度增大，因此同一时间下各个位置的绕组在同一时间点所受的力相对于正常状态下的绕组来说都会增大。

发电机电磁力会引起显著的机械响应，包括振动、变形等，电磁力的计算公式为

$$
\begin{aligned}
F(\theta,t) &= \int_0^l B_l(\theta,t)i(\theta,t)\cos(\alpha_l)\sin(\beta_l)\mathrm{d}l \\
&= \int_0^l B_l(\theta,t)[B(\theta,t)Lv/Z]\cos(\alpha_l)\sin(\beta_l)\mathrm{d}l \qquad (2\text{-}10) \\
&= \eta B^2(\theta,t)Llv/Z
\end{aligned}
$$

综上所述，目前常用的基于振动特性的监测手段有三种，分别是检测定子振动、转子振动、定子绕组振动。

2.3.2　监测方法

随着计算机硬件水平的逐步提高和传感器技术的日趋成熟，利用传感器监测机组振动在电厂的实际运行中得到广泛应用。这些监测设备为发电机组的振动分析诊断提供了诸如时域、频域、幅值、相位等多种分析方法。时域分析又分为波形分析、轨迹分析等，频域分析主要是频谱分析。在实际应用中，对发电机的振动监测通常是通过对采集到的信号进行傅里叶变

换获得频谱图和频响曲线，从而得到发电机运行的特征和倍频关系，进而分析发电机的运行特性。

由于无法直接监测定子所受的单位面积磁拉力和轴向不平衡磁拉力，因此我们可以使用加速度传感器或速度传感器来分析定子振动的加速度或速度变化规律，以反映其受力状态。现以利用加速度传感器对气隙静偏心故障监测为例，说明如何通过对所测定子振动加速度信号的倍频成分分析来检测偏心故障。在定子的径向和轴向分别安装加速度传感器，在正常情况下定子的径向振动加速度存在二倍频和四倍频成分。同时，定子也会出现轻微的轴向振动加速度，但相对于径向振动来说幅度很小，可以忽略不计[93]。当发生气隙径向静偏心故障后，定子的径向振动加速度仍然包括二倍频和四倍频成分，但其数值较正常状态增大，且随着径向静偏心程度的加大而增大[94]。发生气隙轴向偏心后，定子的轴向振动加速度同样包含二倍频和四倍频成分，定子的轴向振动加速度数值与正常状态相比明显增大，且随着轴向静偏心故障程度的加剧而增大[95]。也就是说，气隙径向静偏心将导致定子的径向振动加速度增大，而气隙轴向偏心将导致定子的轴向振动加速度增大。

基于转子振动的监测方法也可通过加速度传感器所测振动加速度的倍频成分和频率幅值与正常状态下所测得的相应值相比较，进而判断出气隙偏心类型与程度。在这一过程中，加速度传感器分别沿水平径向和轴向安装在轴承座上，即可测出转子径向和轴向的振动加速度。以径向气隙偏心故障监测为例，正常情况下，转子不应该产生任何径向振动，因此转子振动加速度的频率成分应当为零。然而，由于存在开槽效应和其他复杂因素，发电机内部的气隙难以维持严格的对称性，所以正常监测中转子也可能会产生径向和轴向的轻微振动[96]。当发生径向气隙偏心故障后，转子的振动加速度振幅会明显增加。此外，气隙径向静偏心和气隙径向动偏心故障都会为转子振动加速度带来新的频率成分[97]。当气隙出现径向动静混合偏心时，径向气隙静偏心和径向气隙动偏心带来的转子振动加速度频率成分将同时存在，而每个频率成分的振幅将随着偏心程度的增加而逐渐增大。

定子绕组电磁力也不能直接进行实验测量，同样可以使用加速度传感器来分析振动加速度的变化规律，以反映受力的大小[98]。在定子绕组处安装加速度传感器，以气隙径向偏心故障监测为例，正常状态下，定子绕组的振动加速度包含二倍频和四倍频成分。当发电机发生气隙径向静偏心故障后，定子绕组振动加速度的频率分量没有变化，但每个频率分量的振幅都会增加，且随着径向静偏心故障程度的增加而增大。当发电机发生气隙径向动偏心故障后，振动加速度将出现新的频率分量，并且每个频率分量的振幅将随着径向动偏心故障程度的增加而增大。在气隙径向混合偏心情况下，定子端部绕组的振动加速度频率分量包括径向静偏心和径向动偏心故障下的频率分量，并且随着故障程度的增加而增大。

2.4　基于电磁转矩波动的监测手段

2.4.1　基本原理

电磁转矩是带电导体在磁场中受力形成的。由于转子线圈中有励磁电流通过，且转子线圈又处在定子电枢绕组合成磁场中，根据电磁力公式载流导线会受到切向不平衡磁拉力，该力会产生阻力矩，即电磁转矩[99]。由电机学知识可知，当电机作为发电机运行时，转子的主磁场会领先于定子合成磁场，在这种情况下转子将会受到一个具有制动性质的电磁转矩，其方向与转子的旋转方向相反。随着发电机的稳定运行，该扭矩等于输入的机械力矩，力矩能量将转化为电能。这个过程的关键是通过电流和磁场之间的相互作用来实现能量的转换，从机械能到电能的转变是发电机运行的核心原理。

目前，关于利用电磁转矩波动特性、频率成分和幅值变化来监测和诊断相应的气隙偏心故障的研究和报告相对较少，然而这一领域的潜力非常巨大。实际上，当发电机发生偏心故障时，其电磁转矩中同样包含了丰富的故障特征信息，有时甚至能够比现有的常用方法更加有效地对偏心故障进行监测和识别。这是因为发电机在气隙偏心故障下振动和扭矩不平衡会导致电磁转矩在频率和幅值上发生变化，通过监测电磁转矩的波动特性，可以捕捉到气隙偏心引起的振动和扭矩不平衡，进行偏心故障的诊断。

采用基于气隙磁场能量折算的方法来推导电磁转矩是目前应用较为广

泛的方法。发电机气隙磁场能量可由气隙磁势、气隙磁导、定子内圆半径和电机轴向有效长度积分求得，随后可根据虚位移原理求出电磁转矩[100]。在正常情况下，发电机的稳态电磁转矩是一个与负载相关的直流量，其内功角取决于负载情况，此时电磁转矩等于汽机输入的机械转矩，电磁转矩的作用是阻碍转子转动，使发电机能够稳定发电。因此，发电机在正常运行状态下，电磁转矩保持恒定，不会发生变化，且不包含其他次谐波分量。然而，当发生偏心故障后，气隙磁场发生变化，电磁转矩也会表现出不同的特征，这种变化包括频率成分和幅值的变化，可以用来监测和诊断偏心故障[101]。因为偏心故障导致了气隙磁场的非均匀性，从而影响电磁转矩，所以通过分析电磁转矩的变化，可以有效地检测偏心故障类型和程度。这种方法可能需要结合实际的发电机数据和实验验证，以确保其准确性和可行性。总之，基于气隙磁场能量折算的电磁转矩分析方法为发电机故障监测和诊断提供了途径，可以提高发电机系统的可靠性和安全性[102]。

气隙径向偏心故障主要通过影响气隙磁导来对发电机的气隙磁场能量产生影响，而其气隙磁势则与基本正常运行时一致。发电机在气隙径向静偏心故障下，气隙磁导呈非对称分布，单位面积气隙磁导与气隙周向角度有关。基于能量法的分析揭示了气隙径向静偏心将导致发电机的稳态电磁转矩呈现出二倍基频的波动特性，而且直流分量较正常情况下要大[103]。在气隙径向动偏心故障下，通过能量法可得电磁转矩为常值，仅存在直流分量，但气隙径向动偏心故障下的直流分量成分比正常情况下要大，甚至相较于气隙径向静偏心故障下的直流分量而言要更大。相比之下，在气隙径向动静偏心故障下，电磁转矩包含直流分量、基频成分及二倍频成分，且随着故障程度的增加幅值也相应地增大。

气隙轴向偏心故障主要通过改变发电机的气隙磁势来对气隙磁场能量产生影响，从而影响电磁转矩。基于能量法的分析表明，在气隙轴向偏心故障下，电磁转矩的谐波成分与正常状态相同，但由于气隙磁势整体下降，同时转子切割导体的有效长度也减小，所以气隙轴向偏心故障下的电磁转矩将小于正常情况下的电磁转矩。

在气隙三维复合混合偏心情况下，同时存在径向偏心和轴向偏心，它们都会对电磁转矩产生影响。因为这两种偏心故障同时存在，所以两种单一故障时的电磁转矩特征都存在，最终的结果将取决于两种偏心故障的相对程度。如果其中一种偏心故障占主导地位，那么电磁转矩将受到主导偏心故障的影响。这意味着电磁转矩的变化将受到最严重的偏心故障影响，但仍然可能包含来自另一种偏心的影响。

2.4.2　监测方法

与无法直接监测定子所受的单位面积磁拉力和轴向不平衡磁拉力而只能测量振动加速度不同，现场对电磁转矩的测量和获取较为方便。但由于实际监测过程中发电机转子部位不便于安装扭矩测量仪，故可以采用功率折算法[104]，利用发电机输出端所测取的三相相电压、相电流计算发电机电磁转矩，不需要额外安装监测设备。相关折算公式如下：

$$T(t) = \frac{P(t)}{\omega(t)} = \frac{\left[U_a(t) I_a(t) + U_b(t) I_b(t) + U_c(t) I_c(t) \right] \cos\varphi}{2\pi n(t)/60} \qquad (2\text{-}11)$$

式中：$P(t)$ 为发电机的瞬时输出功率；$\omega(t)$ 为发电机的角速度；$n(t)$ 为发电机的转速；$U_a(t)$、$U_b(t)$、$U_c(t)$ 为发电机的三相瞬时电压；$I_a(t)$、$I_b(t)$、$I_c(t)$ 为发电机的三相瞬时电流。

在实际应用中，需要确保测量数据的准确性，以获得准确的电磁转矩估算。实际监测中可以采用光电传感器测量转子实时转速，为获取三相相电流与相电压信号，可以在定子三相出线端安装电流互感器和电压互感器，再通过数据采集仪将获取的信号输入至计算机中进行后处理和存储。

在实际应用中，我们可以借助上述方法对电磁转矩进行实测，并进行傅里叶变换分析，能够充分利用电磁转矩的特征，有助于在一定程度上识别气隙偏心故障。以气隙静偏心故障监测为例，正常状态下电磁转矩应当表现为一个恒定的直流分量，没有谐波成分。但是，在发生气隙径向静偏心故障时，电磁转矩的特性发生显著变化，除了直流分量之外，电磁转矩还会产生二倍频成分，且电磁转矩幅值的绝对值、常值分量和二倍频幅值都将随着故障程度的增加而逐渐增大[105]。与正常情况相比，气隙轴向偏心故障下发电机电磁转矩中的直流值会有所下降。在气隙混合静偏心情况下，同时存在径向静偏心和轴向静偏心，因此，电磁转矩会同时呈现出这两种单一故障的特征[106]。此外，综合运用基于电磁转矩波动的监测方法及其他监测手段，如振动测量、电流测量等，能够更进一步提高气隙偏心故障的快速诊断准确性，这种综合方法有助于更加有效地监测和识别不同类型的偏心故障。

在实际操作中，还可以使用霍尔元件直接测量电磁转矩，或者通过数字信号处理器将电磁转矩数据直接输出至示波装置，从而简化监测过程，提供实时数据，以支持及时的故障诊断和维护决策。这些方法有望提高发电机系统的可靠性，降低停机时间，减少维护成本，提高生产效率。

2.5　基于温度变化的监测手段

2.5.1　基本原理

发电机运行过程中，转子转动所产生的机械能主要转化为电能与热损耗。使发电机产生温升的主要原因是发电机中转化为热能的损耗，这部分损耗可以分为铜耗、铁耗与机械摩擦损耗三种类型。其中，铜耗主要存在于定转子绕组，铁耗主要存在于定转子铁芯，它们分别对发电机绕组与铁芯的温升起主要作用。对于永磁发电机，永磁体产生的涡流损耗也是发电机温升不可忽略的一部分。

除了损耗，发电机的温度还取决于其各部分的散热能力，目前发电机所用的冷却方式主要分为空气冷却（空冷）、氢气冷却（氢冷）、水冷却（水冷）与油冷却（油冷），每种冷却方式都有其独特的优点和适用场景。选择适当的冷却方法取决于发电机的规模、运行环境和要求。

空冷即用不断流过定子和转子的空气流带走发电机热量，一般应用于小型发电机中。对于大型发电机特别是水轮发电机，一般会使用氢冷的方式，因为相对于空气，氢气的导热性更好、对热交换器的热传导更好、分子更小，能够更有效地冷却发电机，且引起的风摩损耗较小，另外，在氢气环境下可以减少发电机部件的氧化和腐蚀。虽然氢气冷却有这些优势，但成本、安全性和操作维护等因素也需要考虑，决定使用氢气冷却的容量分界线可能因不同厂家和具体应用而异。油冷一般应用于一些中小型发电机，使用润滑油冷却系统。油不仅润滑发电机运动部件，还通过流经散热器来带走热量。水冷即通过水循环来吸收和带走热量，水流经发电机的散热器，吸收热量后流回再循环，一般应用于大型发电机中。

如果空气或氢气只流过绕组表面，那么意味着绕组内产生的热量必须首先通过绝缘散出，这种被称作间接冷却方式，一般应用于小型发电机中。而大型发电机的定子绕组和转子绕组经常采用的是直接冷方式，即使用极纯净的水或氢气直接穿过空心铜棒或从与导体紧邻的不锈钢管中流过，这种冷却媒介直接与导体接触的方式可有效地带走铜损产生的热量。总体而言，直接冷却方式适用于大型发电机，具有高效散热的优势。选择水冷还是氢冷取决于具体应用、容量和制造商的要求。

使用温度传感器（如红外线温度传感器、热电偶或热敏电阻）可实时监测各个部位的温度，这些传感器可以与监测系统连接，实现实时监测和报警。很多故障会使发电机的局部或整体温度出现异常，温度的异常警报可作为发电机故障识别、定位与维修的有效判据。在维护计划中，定期检查温度变化并进行分析可以帮助预防性维护和及时处理潜在问题，提高发电机的可靠性。

2.5.2   监测方法

许多故障都会引起发电机温度的升高，由于温升的影响因素过多、可识别的故障特征过少（一般只有温度的分布、温度升高的幅值），所以温升特性在发电机的故障诊断中一般被作为辅助手段。

发电机正常情况下各部分损耗计算公式如下：

$$
\begin{cases}
P_{\Sigma} = P_{Fe} + P_{Cu(b)} + P_{pm} + P_{m} + P_{\Delta} \\
P_{Fe} = P_{H} + P_{C} + P_{E} = k_{h}fB^{2} + k_{c}f^{2}B^{2} + k_{e}f^{1.5}B^{1.5} \\
P_{Cu} = bI^{2}R_{l} = \dfrac{b\pi^{2}R_{l}L^{2}R_{s}^{2}n_{r}^{2}}{900Z^{2}}B^{2} \\
P_{pm} = \displaystyle\int_{V} E_{s} \cdot J dV = \int_{V} J^{2}/\sigma dV
\end{cases}
\tag{2-12}
$$

式中：P_{Fe} 为定子和转子的铁损；$P_{Cu(b)}$ 为定子绕组的铜损；P_{pm} 为永磁体涡流损耗；P_{m} 为机械损耗；P_{Δ} 为其他杂散损耗；P_{H} 为铁芯磁滞损耗；P_{C} 为铁芯涡流损耗；P_{E} 为附加损耗；k_{h} 为磁滞损耗系数；k_{c} 为涡流损耗系数；k_{e} 为附加损耗系数；f 为电磁场频率；b 为发电机相数；I 为相电流；R_{l} 为绕组一相的电阻；V 为空间积分域；E_{s} 为电场强度；J 为涡流密度；σ 为电导率。

其中，机械损耗和其他杂散损耗相对较小，不予考虑。

以空冷为例，给出发电机的三维温度场模型和解域中的边界条件如下：

$$\begin{cases} \dfrac{\partial}{\partial x}\left(k_x \dfrac{\partial T}{\partial x}\right) + \dfrac{\partial}{\partial y}\left(k_y \dfrac{\partial T}{\partial y}\right) + \dfrac{\partial}{\partial z}\left(k_z \dfrac{\partial T}{\partial z}\right) + q_h = \rho_0 c \dfrac{\partial T}{\partial t} \\[2mm] S_1 : \left.\dfrac{\partial T}{\partial n}\right|_{S_1} = 0 \\[2mm] S_2 : k_n \left.\dfrac{\partial T}{\partial n}\right|_{S_2} = -\alpha(T_1 - T_0) \end{cases} \tag{2-13}$$

式中：T_1 为发电机的温度；T_0 为环境温度；k_x 为径向热导率；k_y 为周向热导率；k_z 为轴向热导率；k_n 为沿 n 矢量方向的热导率；q_h 为热源密度；ρ_0 为材料密度；c 为比热容；α 为表面散热系数；S_1 为隔热表面；S_2 为辐射表面。

由于定子槽内绕组排列不规则，绝缘材料分布不均匀。然而为了计算的方便性和准确性，将定子绕组、绕组的匝间绝缘和槽绝缘等效处理，等效热模型被视为热导体来计算等效热导率，如下式所示：

$$\lambda_{eq} = \sum_{i=1}^{n} d_i \bigg/ \sum_{i=1}^{n} \frac{d_i}{\lambda_i} \tag{2-14}$$

式中：λ_{eq} 为等效导热系数；d_i 为绝缘材料的等效厚度；λ_i 为相应的导热系数。

散热系数的确定结合实际工作环境完成，由经验公式计算完成，各部分的计算公式如下：

$$\alpha = \begin{cases} \alpha_1 = 9.73 + 14 v_1^{0.62} \text{机壳} \\ \alpha_s = 15 + 6.5 v^{0.7} \text{定子铁芯端部} \\ \alpha_r = 2 N_{ur} p_1 / D_o \text{转子铁芯端部} \\ \alpha_d = 28(1 + w_s^{0.5}) \text{定子铁芯内表面／转子铁芯外表面} \\ \alpha_{et} = N_{uet} p_1 / d_{et} \text{定子绕组端部} \end{cases} \tag{2-15}$$

式中：v_1 为壳体表面空气速度；v 为转子线速度；N_{ur} 为转子铁芯端部努塞尔数；p_1 为空气导热系数；D_o 为转子外径；w_s 为气隙平均速度；N_{uet} 为定子绕组端部努塞尔数；d_{et} 为端部绕组等效直径。

通过式（2-13），结合损耗、散热系数等可计算出发电机各部分正常运行时的温度情况，而故障的发生会改变温度的大小与分布。如张文的研究结果表明，发电机定子匝间短路位置处的损耗密度要高于其他位置，因此短路位置处的温度要高于其他部位，且短路位置越靠近最小气隙位置定转子铁芯温度变化得越明显[107]。雷欢发现气隙径向偏心下，定转子铁芯的温度高于正常情况，随着偏心量的增加，损耗与温度均呈现升高趋势；气隙轴向偏心下，定转子铁芯的损耗和温度将低于正常情况，偏移量的增加会使损耗和温度均呈现下降趋势；而在轴-径向复合偏心下，定转子铁芯的损耗和温度相对正常情况变化较小，但整体仍呈现升高趋势[108]。孙凯发现在气隙径向静偏心故障下，定子绕组铜耗高于正常工况，同时，定子最高温度随着径向偏心量增加而升高，温度场在径向呈现不对称性；在气隙轴向静偏心故障下，定子绕组铜耗低于正常工况；在气隙复合静偏心故障下，偏心沿轴向或径向变化时定子绕组铜耗表征为同单一故障趋势，同时，定子温度场在径向和轴向均呈现不对称性[109]。故通过发电机各部分温度的监测，可辅助确定故障的类型、程度与位置。

2.6 监 测 案 例

2.6.1 案例一

西班牙风电场运行的某双馈风力发电机出现了转子绕组温度过高现象，基于电流信号的频谱分析，诊断出由转子动态偏心故障是温度过高的原因[110]。

机组情况：该机组为 1.5MW 双馈风力发电机，极对数为 2、额定转速为 1500r/min，分别测量转子绕组和定子绕组的电流，电流传感器布置如图 2-3 所示。

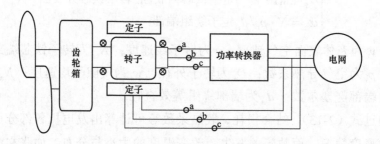

图 2-3 双馈风力发电机传感器布置

电流情况：发电机超同步运行时转子电流频谱除了转子载波频率，还出现了转子载波频率附近的边带频率成分，另外，定子电流频谱均也出现了边带频率成分；发电机次同步运行时，定转子电流同样出现了边带频率成分。

分析诊断： 与正常运行的双馈风力发电机定转子电流相比，电流频谱出现了动态偏心故障的特征频率分量——边带频率，通过与同型号的正常发电机电流数据比较，确定动态偏心是转子绕组温度过高的原因。

2.6.2　案例二

某台 320MW 汽轮发电机检修后在启动升速过程中发生了振动超标现象，在消除发电机励端碰磨的基础上，指出励磁机振动故障是因为发电机—励磁机联轴器不对中。根据汽轮机缸温度较高的实际情况，提出了盘车下现场校正联轴器不对中的方法，实施后短时间内消除了励磁机的振动故障[111]。

机组情况： 该机组是国产亚临界 330MW 汽轮发电机组，汽轮机型式为亚临界中间再热双缸双排汽凝汽式，发电机冷却方式为水氢氢。该机组共有 10 套支承轴承，机组轴系如图 2-4 所示。1、2 号轴承为支承汽机高中压转子的落地轴承；3、4 号轴承为汽机低压转子的 2 个坐落在排汽缸上的支承轴承；5、6 号轴承为支承发电机转子的端盖轴承；7、8 号轴承为支承主励磁机转子的落地轴承；9、10 号轴承支承副励磁机转子的端盖轴承。为了测试主励磁机的振动，临时在 7、8 号轴承上安装了 1 个振动速度传感器，如图 2-4 所示。

图 2-4　机组轴系简图

振动情况： 2011 年 6 月 30 日 6:15，为排除碳刷对机组振动的影响，现场拆除了碳刷。机组冲转，6:33 机组定速 2000r/min，7 号和 8 号轴承垂直振动分别为 25μm 和 12μm。6:48 开始升速，振动现象为 2300r/min 后振动随转速升高而增大，2438r/min 时 7 号和 8 号轴承垂直振动分别为 74μm 和 87μm，打闸停机。

分析诊断： 机组振动主要表现在 7、8 号轴承上，振动性质为不稳定普通强迫振动，频谱图中没有低频振动分量，说明振动不是轴瓦自激振动造成的，可以排除轴瓦缺陷、润滑不良等。从机组振动发生的部位上判断，故障部位应位于7、8号轴承附近，相邻的发电机转子两端轴振动基本上没有变化，可以明确故障源不在发电机转子上。振动随转速升高而同步变化，考虑到并网之前出现的振动故障，可排除电气因素，说明引起机组振动的原因是机械因素：质量不平衡和联轴器不对中。结合本次检修的情况，也没有引起励磁机质量不平衡问题的相关工作，也就是说励磁机无质量不平衡问题。因此认为引起7、8号轴承振动的原因是发电机——励磁机联轴器不对中。

本 章 小 结

本章主要介绍了不同类型机组及其气隙偏心易发种类，并深入探讨了基于磁场变化、电流特性、振动特性、电磁转矩波动特性及温度变化五种不同监测手段的故障监测原理和方法。以下是对这些方法的归纳：

（1）基于磁场变化的监测主要针对气隙偏心引起的气隙磁场变化。具体来说，气隙径向偏心改变了气隙磁导，而气隙轴向偏心改变了气隙磁势，从而导致气隙磁通密度的变化，对于气隙三维复合偏心，可以看作是两种单一故障的叠加效应。监测手段通常涉及使用感应线圈法对气隙内部的磁场进行测量，以判断故障的种类和程度。

（2）基于电流特性的监测手段提出了两种方法，即定子并联支路环流法和三相电压电流法。这两种方法都是由于气隙偏心导致气隙磁通密度变化，从而引发定子并联支路环流和三相电流中特定频率成分和幅值的变化，以此来对偏心故障进行监测。基于并联支路环流特性的监测方法需要在定子绕组的某一相并联支路中安装磁平衡式电流互感器，而基于三相电压电流的监测方法则涉及在定子的三相出线端安装电流互感器。随后，通过对电流信号进行傅里叶变换，即可分析信号的倍频成分和幅值，从而判断出偏心故障的类别。

（3）基于振动特性的监测手段主要分为定子铁芯振动特性、转子铁芯振动特性和定子绕组振动特性。因振动不容易直接测量，通常需要使用加速度传感器对振动加速度进行采集，以此来反映振动特性。这些振动监测方法都是由于气隙偏心引发气隙磁通密度的变化，从而使定子、转子和定子绕组受力发生改变，导致不同类型的偏心故障呈现不同的振动特征，可对振动特征进行采集分析从而判断出气隙偏心故障类别及严重程度。

（4）基于电磁转矩波动的监测手段是利用气隙磁场能量折算的方法来推导电磁转矩，推导出的电磁转矩是与气隙磁通密度和转子有效工作长度有关的物理量，因此电磁转矩也可用来对气隙偏心进行故障诊断。其监测方法是采用功率折算法，利用发电机二次端所测取的三相相电压、相电流计算发电机电磁转矩，通过对电磁转矩的倍频成分与幅值进行分析比对即可判断出气隙偏心故障类别。

（5）基于温度变化的检测手段是利用温度传感器（如红外线温度传感器、热电偶或热敏电阻）实时监测各个部位的温度，这些传感器可以与监测系统连接，实现实时监测和报警。很多故障会使发电机的局部或整体温度会出现异常，温度的异常警报可作为发电机故障识别、定位与维修的有效判据。在维护计划中，定期检查温度变化并进行分析可以帮助预防性维护和及时处理潜在问题，提高发电机的可靠性。

第Ⅱ篇　气隙偏心作用机制及对关键机电特性参量的影响

　　本篇介绍了同步发电机气隙偏心故障对磁势与磁导的作用机制以及不同偏心故障类型下发电机典型机电特性参量变化。从而为后续的同步发电机偏心故障特征（机理）分析做好铺垫。另外，笔者将介绍同步发电机偏心故障下的运行特性与运行参数计算，可为偏心故障监测与诊断方法的现场应用提供必要的理论依据与基础知识。

第 3 章
不同气隙偏心故障类别下气隙磁通密度

在发电机中,气隙磁通密度是指磁场在发电机气隙之间的磁通密度(即磁路中被空气所占据的部分),用以表征磁场强度的大小,其度量单位通常采用磁感应强度(也被称为磁感应度)来表示,气隙磁通密度的大小决定了设备的磁路特性和电磁性能。气隙磁通密度是发电机设计和性能分析中的一个重要参数,它描述了磁场在发电机中的传播情况,在电能产生过程中起着关键的作用。本章将探究各类气隙偏心故障对气隙磁通密度的影响。

气隙磁通密度的计算通常涉及两个重要的因素,即气隙磁势和单位面积气隙磁导,其构成了气隙磁通密度。换句话说,气隙磁通密度通常由气隙磁势乘以单位面积气隙磁导而来,采用式(3-1)来表述:

$$B(\alpha_{\mathrm{m}},t) = f(\alpha_{\mathrm{m}},t)\Lambda(\alpha_{\mathrm{m}},t) \tag{3-1}$$

式中:$B(\alpha_{\mathrm{m}},t)$ 为气隙磁通密度;$f(\alpha_{\mathrm{m}},t)$ 为气隙磁势;$\Lambda(\alpha_{\mathrm{m}},t)$ 为单位面积气隙磁导;α_{m} 为用于表征气隙周向位置的角度。

3.1 偏心故障对气隙磁势的影响

3.1.1 正常及径向偏心故障下气隙磁势

发电机正常运行时,定转子间气隙对称分布。然而,发生气隙径向偏心故障后,气隙分布发生变化,从而导致单位面积磁导发生变化。由于气隙径向偏心故障主要对单位面积气隙磁导产生影响,而对气隙磁势无影响。可得正常情况及气隙径向偏心故障下气隙磁势向量图如图 3-1 所示。

由图 3-1 可知，E_0 落后 F_r 90°；F_s 与 I 重合；E_0 与 I 的相位差为 ψ；ψ 为发电机的内功角，其值由负载性质决定；F_s 与 F_r 的相对位置完全取决于 ψ，它们的空间相位差为（$90^\circ + \psi$），故电枢反应的性质由 ψ 决定，即单机运行时电枢反应性质由负载性质决定。I 为电枢电流；E_0 为电枢电动势；β 为正常情况下及气隙径向

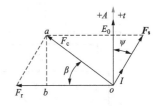

图 3-1　正常情况及气隙径向偏心下的气隙磁势向量图

偏心故障情况下转子绕组所产生的基波主磁势与发电机基波合成磁势间的夹角。

根据图 3-1 所示的向量关系，发电机气隙合成磁势可利用平行四边形原则由定子电枢反应磁势和转子磁势计算得出，忽略高次谐波，则发电机正常运行与气隙径向偏心故障下的气隙磁势表达式为

$$f\left(\alpha_{\mathrm{m}}, t\right) = F_s \cos(\omega t - \alpha_{\mathrm{m}}) + F_r \cos\left(\omega t - \alpha_{\mathrm{m}} + \psi + \frac{\pi}{2}\right) \tag{3-2}$$

式中：F_s 为正常及气隙径向偏心故障情况下的定子磁势；F_r 为气隙正常及气隙径向偏心故障情况下的转子磁势。

对气隙磁势进一步整合可以得到气隙合成磁势表达式为

$$f\left(\alpha_{\mathrm{m}}, t\right) = F_c \cos(\omega t - \alpha_{\mathrm{m}} + \beta)$$
$$\begin{cases} F_c = \sqrt{F_r^2 \cos^2 \psi + (F_s - F_r \sin \psi)^2} \\ \beta = \arctan \dfrac{F_r \cos \psi}{F_s - F_r \sin \psi} \end{cases} \tag{3-3}$$

式中：F_c 为气隙正常及气隙径向偏心故障情况下的气隙合成磁势。

3.1.2　轴向静偏心故障下气隙磁势

对比图 3-2（a）、（b）可知，气隙轴向静偏心只会影响气隙磁势，对单位面积气隙磁导几乎无影响。这是因为转子发生轴向偏移后，其产生主磁势的转子切割导体的有效长度减小，导致实际作用的有效主磁势（即转子磁势）和由定子绕组电流产生的定子磁势均减小，然而沿径向方向的气隙长度基本没有变化。

根据图 3-1 和图 3-2 可得，轴向静偏心和三维复合静偏心故障下气隙磁势向量图如图 3-3 所示。

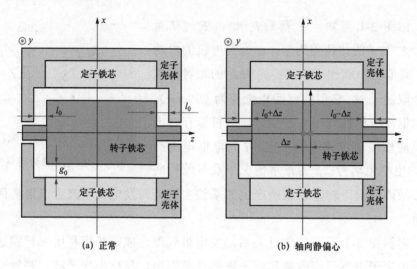

图 3-2　轴向静偏心前后的发电机气隙

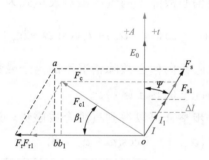

图 3-3　轴向静偏心和三维复合静偏心故障下气隙磁势向量图

由图 3-3 可得，轴向静偏心故障下气隙磁势表达式为

$$f(\alpha_m, t) = F_{s1}\cos(\omega t - \alpha_m) + F_{r1}\cos\left(\omega t - \alpha_m + \psi + \frac{\pi}{2}\right)$$
$$= F_{c1}\cos(\omega t - \alpha_m + \beta_1) \tag{3-4}$$

$$\begin{cases} F_{c1} = \sqrt{F_{r1}^2\cos^2\psi + (F_{s1} - F_{r1}\sin\psi)^2} \\ \beta_1 = \arctan\dfrac{F_{r1}\cos\psi}{F_{s1} - F_{r1}\sin\psi} \end{cases}$$

式中：F_{s1} 为轴向静偏心和三维复合静偏心故障下定子磁势；F_{r1} 为轴向静偏心和三维复合静偏心故障下转子磁势；F_{c1} 为轴向静偏心和三维复合静偏心故障下气隙合成磁势；I_1 为电枢电流；β_1 为轴向静偏心和三维复合静偏心故障下转子绕组所产生的基波主磁势与发电机基波合成磁势间的夹角。

3.1.3　三维复合静偏心故障下气隙磁势

在三维复合静偏心故障时，由于气隙径向偏心故障和气隙轴向静偏心故障同时存在，根据图 3-3 可得气隙三维复合静偏心故障下气隙磁势为

$$f_{\mathrm{h}}(\alpha_{\mathrm{m}},t) = F_{\mathrm{s1}}\cos(\omega t - \alpha_{\mathrm{m}}) + F_{\mathrm{r1}}\cos(\omega t - \alpha_{\mathrm{m}} + \psi + 0.5\pi)$$
$$= F_{\mathrm{c1}}\cos(\omega t - \alpha_{\mathrm{m}} + \beta_{1}) \tag{3-5}$$

$$\begin{cases} F_{\mathrm{c1}} = \sqrt{F_{\mathrm{r1}}{}^{2}\cos^{2}\psi + (F_{\mathrm{s1}} - F_{\mathrm{r1}}\sin\psi)^{2}} \\ \beta_{1} = \arctan\dfrac{F_{\mathrm{r1}}\cos\psi}{F_{\mathrm{s1}} - F_{\mathrm{r1}}\sin\psi} \end{cases}$$

与发电机正常运行情况下相比，气隙三维复合静偏心故障后的转子磁势、定子磁势、合成磁势都对应减小，即 $F_{\mathrm{r1}} < F_{\mathrm{r}}$，$F_{\mathrm{s1}} < F_{\mathrm{s}}$，$F_{\mathrm{c1}} < F_{\mathrm{c}}$。

3.2　偏心故障对单位面积气隙磁导的影响

3.2.1　正常及径向偏心故障下气隙磁导

1. 正常
发电机正常情况下定转子间气隙均匀分布，如图 3-4 所示。
正常情况下单位面积气隙磁导可由式（3-6）表示：

$$\Lambda(\alpha_{\mathrm{m}}) = \frac{\mu_{0}}{g(\alpha_{\mathrm{m}})} = \frac{\mu_{0}}{g_{0}} = \Lambda_{0} \tag{3-6}$$

式中：μ_{0} 为真空磁导率；$g(\alpha_{\mathrm{m}})$ 为发电机径向气隙长度；g_{0} 为发电机平均径向气隙长度。由式（3-6）可知，正常情况下单位面积气隙磁导是一个常值分量，即为 Λ_{0}。

2. 静偏心
发生气隙径向静偏心故障后，主要影响发电机单位面积气隙磁导，此时单位面积气隙磁

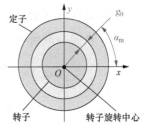

图 3-4　正常情况下气隙分布

导不再是一个恒定数值。由于静偏心故障导致定转子间气隙长度不均匀分布，单位面积气隙磁导随着发电机径向气隙长度的改变而变化。

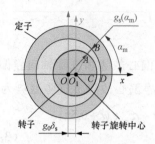

图 3-5　径向静偏心故障下气隙长度

在静偏心故障中，转子旋转中心相对于定子中心发生了偏移，这个偏移是固定不变的，因此气隙中的最小长度位置也是固定的。发电机径向静偏心故障下气隙长度如图 3-5 所示。

根据图 3-5 可知，$OB=R_s$ 表示定子内半径，则径向气隙长度可表示为

$$g(\alpha_m) = \left|\overline{OB}\right| - \left|\overline{OA}\right| = R_s - \left|\overline{OA}\right| \tag{3-7}$$

根据海伦公式，且 $O_1A=R_r$ 表示转子半径

$$R_r^2 = \left|\overline{OA}\right|^2 + (g_0\delta_s)^2 - 2\left|\overline{OA}\right|g_0\delta_s\cos\alpha_m \tag{3-8}$$

根据求根公式有

$$\left|\overline{OA}\right| = \frac{2g_0\delta_s\cos\alpha_m \pm \sqrt{(2g_0\delta_s\cos\alpha_m)^2 - 4(g_0^2\delta_s^2 - R_r^2)}}{2} \tag{3-9}$$

$$= g_0\delta_s\cos\alpha_m \pm \sqrt{(g_0\delta_s\cos\alpha_m)^2 - g_0^2\delta_s^2 + R_r^2}$$

则

$$g(\alpha_m) = R_s - g_0\delta_s\cos\alpha_m \pm \sqrt{(g_0\delta_s\cos\alpha_m)^2 - g_0^2\delta_s^2 + R_r^2} \tag{3-10}$$

由于 $R_r \gg g_0\delta_s$，且气隙长度必须小于 R_s，则其静偏心时径向气隙长度为

$$g(\alpha_m) = R_s - g_0\delta_s\cos\alpha_m - R_r = g_0(1 - \delta_s\cos\alpha_m) \tag{3-11}$$

式中：δ_s 为转子偏移相对静偏心值，$\delta_s = \left|\overline{OO_1}\right|/g_0$。

根据麦克劳林公式，不考虑单位面积气隙磁导展开项的高次谐波，则气隙径向静偏心故障下的单位面积气隙磁导表达式为

$$\Lambda(\alpha_m) = \frac{\mu_0}{g(\alpha_m)} = \frac{\mu_0}{g_0(1 - \delta_s\cos\alpha_m)}$$

$$\approx \Lambda_0 \times (1 + \delta_s\cos\alpha_m + \delta_s^2\cos^2\alpha_m) \tag{3-12}$$

$$= \Lambda_0 \times (1 + 0.5\delta_s^2 + \delta_s\cos\alpha_m + 0.5\delta_s^2\cos 2\alpha_m)$$

由式（3-12）可知，在发电机径向静偏心故障下，单位面积气隙磁导表达式中不含时间变量，最小气隙长度的周向位置不随转子转动而改变，因此单位面积气隙磁导不随时间的变化而变化，仅仅与最小气隙长度的周

向位置和转子偏移相对静偏心值有关。

3. 动偏心

在径向动偏心故障下，转子中心绕定子中心旋转，最小径向气隙长度所在位置随转子转动而不断变化。如图3-6所示，转子圆心为O_2，定子圆心为O，动偏心产生的偏心距$\overline{OO_2}$。

转子动偏心时，气隙长度随α_m变化的表达式为

$$g(\alpha_m,t) = g_0[1-\delta_d \cos(\alpha_m - \omega t - \Phi_0)] \tag{3-13}$$

式中：g_0为转子未偏心时的平均气隙长度；Φ_0为最小气隙长度的初始位置；δ_d是转子偏移相对动偏心值，$\delta_d = \overline{OO_2}/g_0$。

根据麦克劳林公式，不考虑单位面积气隙磁导展开项的高次谐波，则径向动偏心故障下单位面积气隙磁导表达式为

$$\Lambda(\alpha_m,t) = \frac{\mu_0}{g(\alpha_m,t)} = \frac{\mu_0}{g_0[1-\delta_d \cos(\alpha_m - \omega t - \Phi_0)]} \tag{3-14}$$
$$\approx \Lambda_0[1+\delta_d \cos(\alpha_m - \omega t - \Phi_0) + \delta_d^2 \cos^2(\alpha_m - \omega t - \Phi_0)]$$

由式（3-14）可知，在径向动偏心故障下，除了转子偏移相对动偏心值对单位面积气隙磁导有影响，单位面积气隙磁导的表达式中还含有时间变量，且最小气隙长度的周向位置随着转子转动而改变，因此单位面积气隙磁导既随时间的变化而变化，也随着最小气隙长度的周向位置的改变而改变。

4. 动静混合偏心

在径向动静混合偏心故障下，同时考虑气隙静偏心和气隙动偏心，转子沿自身转子中心O_3转动的同时，转子还沿着定子中心O转动，选择如图3-7所示的坐标系，径向气隙长度的表达式为

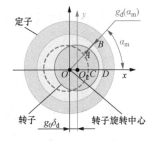
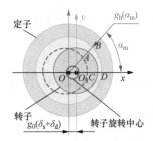

图3-6　径向动偏心情况下气隙长度　图3-7　径向动静混合偏心情况下气隙长度

$$g(\alpha_m,t) = g_0[1-\delta_s \cos\alpha_m - \delta_d \cos(\alpha_m - \omega t - \Phi_0)] \tag{3-15}$$

由式（3-15）可知，当 $\delta_s \neq 0$ 且 $\delta_d = 0$ 时，式（3-15）可表示为气隙径向静偏心情况下径向气隙长度；当 $\delta_s = 0$ 且 $\delta_d \neq 0$ 时，式（3-15）可表示为气隙径向动偏心情况下径向气隙长度；当 $\delta_s \neq 0$ 且 $\delta_d \neq 0$ 时，式（3-15）可表示为气隙径向动静混合偏心情况下径向气隙长度。

根据麦克劳林公式，不考虑单位面积气隙磁导展开项的高次谐波，则径向动静混合偏心故障下单位面积气隙磁导表达式为

$$
\begin{aligned}
\Lambda(\alpha_m, t) &= \frac{\mu_0}{g(\alpha_m, t)} = \frac{\mu_0}{g_0[1 - \delta_s \cos\alpha_m - \delta_d \cos(\alpha_m - \omega t - \Phi_0)]} \\
&\approx \Lambda_0 \left[1 + \delta_s \cos\alpha_m + \delta_d \cos(\alpha_m - \omega t - \Phi_0) \right] \\
&\quad + \Lambda_0 \left[\left(\delta_s \cos\alpha_m + \delta_d \cos(\alpha_m - \omega t - \Phi_0) \right)^2 \right] \\
&= \Lambda_0 [1 + \delta_s \cos\alpha_m + \delta_d \cos(\alpha_m - \omega t - \Phi_0) \\
&\quad + \delta_s^2 \cos^2\alpha_m + \delta_d^2 \cos^2(\alpha_m - \omega t - \Phi_0) \\
&\quad + 2\delta_s \delta_d \cos\alpha_m \cos(\alpha_m - \omega t - \Phi_0)] \\
&= \Lambda_0 \left[1 + \frac{\delta_s^2}{2} + \frac{\delta_d^2}{2} + \delta_s \delta_d \cos(\omega t + \Phi_0) + \delta_s \cos\alpha_m \right. \\
&\quad + \delta_d \cos(\alpha_m - \omega t - \Phi_0) \\
&\quad + \frac{\delta_s^2 \cos 2\alpha_m}{2} + \frac{\delta_d^2 \cos 2(\alpha_m - \omega t - \Phi_0)}{2} \\
&\quad \left. + \delta_s \delta_d \cos(2\alpha_m - \omega t - \Phi_0) \right]
\end{aligned}
\tag{3-16}
$$

由式（3-16）可知，径向动静混合偏心故障下，单位面积气隙磁导表达式中含有时间变量，最小气隙长度的周向位置随着转子转动而改变，同时单位面积气隙磁导也随着最小气隙长度的改变而改变。此外，转子偏移相对静偏心值 δ_s 与转子偏移相对动偏心值 δ_d 同样对单位面积气隙磁导也有影响。

3.2.2　轴向静偏心故障下气隙磁导

正常及轴向静偏心故障下定转子气隙长度，如图 3-2 所示。轴向静偏心故障下发电机的径向气隙长度与正常时相同，气隙轴向静偏心发生后，径向气隙长度并未改变，因此，轴向静偏心故障对单位面积气隙磁导几乎无影响。故轴向静偏心故障下单位面积气隙磁导表示式为

$$\Lambda(\alpha_{\mathrm{m}}) = \Lambda_0 \qquad (3\text{-}17)$$

由式（3-17）可知，气隙轴向静偏心前后单位面积气隙磁导为一常值分量。

3.2.3 三维复合静偏心故障下气隙磁导

在气隙三维复合静偏心故障下，由于气隙径向静偏心和气隙轴向静偏心同时存在，所以单位面积气隙磁导可表示为

$$\Lambda(\alpha_{\mathrm{m}}) = \Lambda_0 \left(1 + \frac{\delta_{\mathrm{s}}^2}{2} + \delta_{\mathrm{s}}\cos\alpha_{\mathrm{m}} + \frac{\delta_{\mathrm{s}}^2\cos 2\alpha_{\mathrm{m}}}{2} \right) \qquad (3\text{-}18)$$

对比式（3-16）～式（3-18）可知，三维复合静偏心故障下单位面积气隙磁导主要受到气隙径向偏心的影响，轴向静偏心对三维复合静偏心故障下单位面积气隙磁导并无影响。

3.3 偏心故障对气隙磁通密度的影响

3.3.1 正常及径向偏心故障下气隙磁通密度

发电机气隙磁通密度可以通过单位面积气隙磁导与气隙磁势相乘得到。由式（3-2）和式（3-6）可得发电机在正常情况下气隙磁通密度：

$$\begin{aligned}
B(\alpha_{\mathrm{m}},t) &= f(\alpha_{\mathrm{m}},t)\Lambda_0 \\
&= \left[F_{\mathrm{s}}\cos(\omega t - \alpha_{\mathrm{m}}) + F_{\mathrm{r}}\cos(\omega t - \alpha_{\mathrm{m}} + \psi + 0.5\pi) \right]\Lambda_0 \qquad (3\text{-}19) \\
&= F_{\mathrm{c}}\cos(\omega t - \alpha_{\mathrm{m}} + \beta)\Lambda_0
\end{aligned}$$

由式（3-19）可知，无论是气隙磁势的变化还是单位面积气隙磁导的改变，都会对气隙磁通密度产生影响。

由式（3-2）和式（3-16）可得，径向偏心故障下气隙磁通密度可表示为

$$\begin{aligned}
B(\alpha_{\mathrm{m}},t) &= f(\alpha_{\mathrm{m}},t)\Lambda(\alpha_{\mathrm{m}},t) = F_{\mathrm{c}}\cos(\omega t - \alpha_{\mathrm{m}} + \beta) \\
&\times \Lambda_0 \left[1 + \frac{\delta_{\mathrm{s}}^2}{2} + \frac{\delta_{\mathrm{d}}^2}{2} + \delta_{\mathrm{s}}\delta_{\mathrm{d}}\cos(\omega t + \varPhi_0) + \delta_{\mathrm{s}}\cos\alpha_{\mathrm{m}} \right. \\
&\quad + \delta_{\mathrm{d}}\cos(\alpha_{\mathrm{m}} - \omega t - \varPhi_0) + \frac{\delta_{\mathrm{s}}^2\cos 2\alpha_{\mathrm{m}}}{2} \\
&\quad + \frac{\delta_{\mathrm{d}}^2\cos 2(\alpha_{\mathrm{m}} - \omega t - \varPhi_0)}{2} \\
&\quad \left. + \delta_{\mathrm{s}}\delta_{\mathrm{d}}\cos(2\alpha_{\mathrm{m}} - \omega t - \varPhi_0) \right]
\end{aligned}$$

$$
\begin{aligned}
= F_c \Lambda_0 &\left[\frac{\delta_s \delta_d}{2} \cos(\beta - \alpha_m - \Phi_0) + \frac{\delta_d}{2} \cos(\beta - \Phi_0) \right. \\
&+ \frac{\delta_s \delta_d}{2} \cos(\alpha_m - \Phi_0 + \beta) + (1 + \frac{\delta_s^2}{2} + \frac{\delta_d^2}{2}) \cos(\omega t - \alpha_m + \beta) \\
&+ \frac{\delta_s}{2} \cos(\omega t - 2\alpha_m + \beta) + \frac{\delta_s}{2} \cos(\omega t + \beta) + \frac{\delta_s^2}{4} \cos(\omega t - 3\alpha_m + \beta) \\
&+ \frac{\delta_s^2}{4} \cos(\omega t + \alpha_m + \beta) + \frac{\delta_d^2}{4} \cos(\omega t - \alpha_m + 2\Phi_0 - \beta) \\
&+ \frac{\delta_s \delta_d}{2} \cos(2\omega t - \alpha_m + \beta + \Phi_0) + \frac{\delta_d}{2} \cos(2\omega t - 2\alpha_m + \beta + \Phi_0) \\
&\left. + \frac{\delta_s \delta_d}{2} \cos(2\omega t - 3\alpha_m + \Phi_0 + \beta) + \frac{\delta_d^2}{4} \cos(3\omega t - 3\alpha_m + 2\Phi_0 + \beta) \right]
\end{aligned}
\tag{3-20}
$$

将 $\delta_s \neq 0$，$\delta_d = 0$ 代入式（3-20），即可得到径向静偏心故障下气隙磁通密度表达式：

$$
B(\alpha_m, t) = F_c \cos(\omega t - \alpha_m + \beta) \times \Lambda_0 \left(1 + \frac{\delta_s^2}{2} + \delta_s \cos \alpha_m + \frac{\delta_s^2 \cos 2\alpha_m}{2} \right)
\tag{3-21}
$$

由式（3-21）可知，径向静偏心故障下气隙磁通密度与正常一样只有基频分量，但幅值较正常工况增大，且随着径向静偏心故障的增大而增大。

将 $\delta_s = 0$，$\delta_d \neq 0$ 代入式（3-20），即可得到径向动偏心故障下气隙磁通密度表达式：

$$
\begin{aligned}
B(\alpha_m, t) = F_c \Lambda_0 &\left[\frac{\delta_d}{2} \cos(\beta - \Phi_0) + (1 + \frac{\delta_d^2}{2}) \cos(\omega t - \alpha_m + \beta) \right. \\
&+ \frac{\delta_d^2}{4} \cos(\omega t - \alpha_m + 2\Phi_0 - \beta) \\
&\left. + \frac{\delta_d}{2} \cos(2\omega t - 2\alpha_m + \beta + \Phi_0) + \frac{\delta_d^2}{4} \cos(3\omega t - 3\alpha_m + 2\Phi_0 + \beta) \right]
\end{aligned}
\tag{3-22}
$$

由式（3-22）可知，径向动偏心故障下气隙磁通密度谐波特性与正常情况时有些不同。除了共同存在的基频分量以外，径向动偏心故障下气隙磁通密度还存在直流分量、二倍频分量及三倍频分量，且基频幅值较正常增大。随着径向动偏心故障程度的增大，发电机气隙磁通密度的各频率分量幅值也增大。

当 $\delta_s \neq 0$ 且 $\delta_d \neq 0$ 时，式（3-20）即为径向动静混合偏心故障下气隙磁通密度，径向动静混合偏心故障下气隙磁通密度谐波特性与径向动偏心故障谐波特性一致。即气隙磁通密度包含直流分量、基频分量、二倍频分量及三倍频分量，且基频幅值较正常增大，也比单一故障同一程度下基频幅值大。随着偏心程度增大，发电机气隙磁通密度的各频率分量幅值都随之增大。

图 3-8 所示为发电机正常运行下和径向偏心故障下对气隙磁通密度的影响。将式（3-19）中发电机正常运行时的气隙磁通密度作为参考，通过与式（3-20）进行对比。可以发现，由于单位面积气隙磁导中直流值的增加（径向偏心故障下直流值为 $\Lambda_0 + 0.5\Lambda_0\delta_s^2 + 0.5\Lambda_0\delta_d^2$，而在正常状态只有 Λ_0），所以在气隙径向偏心故障时，无论是径向静偏心（直流值为 $\Lambda_0 + 0.5\Lambda_0\delta_s^2$）还是径向动偏心（直流值为 $\Lambda_0 + 0.5\Lambda_0\delta_d^2$）或者是径向动静混合偏心（直流值为 $\Lambda_0 + 0.5\Lambda_0\delta_s^2 + 0.5\Lambda_0\delta_d^2$），其气隙磁通密度曲线都将上升。

3.3.2　轴向静偏心故障下气隙磁通密度

由式（3-4）和式（3-6）可得，轴向静偏心故障下气隙磁通密度可表示为

$$
\begin{aligned}
B(\alpha_m, t) &= f_z(\alpha_m, t)\Lambda(\alpha_m) \\
&= [F_{r1}\cos(\omega t - \alpha_m + \psi + 0.5\pi) + F_{s1}\cos(\omega t - \alpha_m)]\Lambda_0 \quad （3\text{-}23） \\
&= F_{c1}\cos(\omega t - \alpha_m + \beta_1)\Lambda_0
\end{aligned}
$$

图 3-9 所示为发电机正常运行下和气隙轴向静偏心故障下对气隙磁通密度的影响。将图 3-8 中发电机正常运行时气隙磁通密度作为参考，通过与式（3-23）进行对比，可以发现，由于气隙轴向静偏心故障下的转子磁势 F_{r1} 小于 F_r、定子磁势 F_{s1} 小于 F_s、气隙合成磁势 F_{c1} 小于 F_c，因此气隙磁通密度曲线将被压缩且相对于正常情况更为扁平一些，幅值降低。

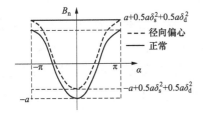

图 3-8　正常、径向偏心故障对气隙磁通密度影响

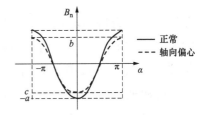

图 3-9　正常、轴向静偏心情况下对气隙磁通密度影响

正常情况下，发电机两端的端部磁密对称分布。而在气隙轴向静偏

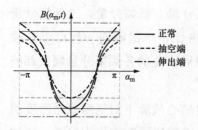

图 3-10 正常、轴向静偏心情况下转子两端对气隙磁通密度影响

心故障下，转子伸出端一侧的磁场将加强，而抽空端一侧的磁场将削弱，如图 3-10 所示。

气隙轴向静偏心故障下，由于两侧的端部磁场不对称，转子抽空端一侧的气隙磁通密度 $B_L(\alpha_m,t)$ 与转子伸出端一侧的气隙磁通密度 $B_R(\alpha_m,t)$ 可分别表示如下：

$$
\begin{aligned}
B_L(\alpha_m,t) &= f(\alpha_m,t)\Lambda(\alpha_m) \\
&= F_{cL}\cos(\omega t - \alpha_m + \beta_1)\Lambda_0
\end{aligned}
\tag{3-24}
$$

$$
\begin{aligned}
B_R(\alpha_m,t) &= f(\alpha_m,t)\Lambda(\alpha_m) \\
&= F_{cR}\cos(\omega t - \alpha_m + \beta_1)\Lambda_0
\end{aligned}
\tag{3-25}
$$

具体来说，气隙轴向静偏心故障下，发电机转子抽空端部处的气隙磁通密度较正常时减小，转子伸出端部的气隙磁通密度较正常时增大。

3.3.3 三维复合静偏心故障下气隙磁通密度

在三维复合静偏心故障下，由于气隙径向静偏心和气隙轴向静偏心同时存在，将式（3-4）与式（3-16）代入式（3-1）并进行组合，最终得到三维复合静偏心故障下气隙磁通密度为

$$
\begin{aligned}
B(\alpha_m,t) &= f_h(\alpha_m,t)\Lambda(\alpha_m,t) \\
&= [F_{r1}\cos(\omega t - \alpha_m + \psi + 0.5\pi) + F_{s1}\cos(\omega t - \alpha_m)] \\
&\quad \times \Lambda_0\left(1 + \frac{\delta_s^2}{2} + \delta_s\cos\alpha_m + \frac{\delta_s^2\cos 2\alpha_m}{2}\right) \\
&= F_{c1}\cos(\omega t - \alpha_m + \beta_1) \times \Lambda_0\left(1 + \frac{\delta_s^2}{2} + \delta_s\cos\alpha_m + \frac{\delta_s^2\cos 2\alpha_m}{2}\right)
\end{aligned}
\tag{3-26}
$$

发生三维复合静偏心故障后，气隙径向静偏心和气隙轴向静偏心都会对气隙磁通密度产生影响。与单一径向静偏心相比，三维复合静偏心由于轴向静偏心使气隙合成磁势 F_{c1} 小于正常气隙合成磁势 F_c，所以三维复合静偏心气隙磁通密度幅值在同等故障程度下低于单一径向静偏心故障，但在转子伸出端一侧的三维复合静偏心气隙磁通密度幅值在同等故障程度下要高于单一径向静偏心故障；与单一轴向静偏心相比，三维复合静偏心直流值比单一轴向静偏心故障下高 $0.5\Lambda_0\delta_s^2$，所以在同等故障条件下，三维复

合静偏心气隙磁通密度幅值要高于单一轴向静偏心故障。

本　章　小　结

本章对发电机的正常运行和不同气隙偏心典型故障下的气隙磁势、气隙磁导及气隙磁通密度进行了深入的分析。这些分析得出的结论有助于我们更全面地理解这些故障对发电机性能的影响，并为维护和修复提供了重要的科学依据。以下是这些结论的详细讨论：

（1）在发电机发生气隙径向偏心故障时，定子和转子之间的径向气隙长度会发生变化，不同位置的气隙长度不同，这导致了气隙磁导的不对称分布。而气隙磁势与正常运行时一致，此时气隙磁通密度主要受单位面积气隙磁导影响。气隙径向偏心故障发生后，气隙磁导的直流分量值由 Λ_0 变成了 $\Lambda_0 + 0.5\Lambda_0\delta_s^2 + 0.5\Lambda_0\delta_d^2$，因此在气隙径向偏心故障下气隙磁通密度波形将上升，气隙磁通密度幅值增加。气隙径向动偏心给发电机气隙磁通密度带来了直流分量、二倍频分量及三倍频分量。

（2）在发电机气隙轴向静偏心故障下，发生变化的仅有气隙磁势，对单位面积下的气隙磁导没有影响，原因是转子进行轴向偏移后，其产生主磁势的转子切割导体的有效长度减小，导致实际作用的有效主磁势（即转子磁势）和由定子绕组电流产生的定子磁势均减小。因此，气隙轴向静偏心主要通过改变气隙磁势进而影响气隙磁通密度。在气隙轴向静偏心故障下，由于气隙轴向静偏心后转子磁势 F_{r1} 小于 F_r，气隙轴向静偏心后定子磁势 F_{s1} 小于 F_s，气隙轴向静偏心故障下的气隙合成磁势 F_{c1} 小于 F_c，因此气隙磁通密度幅值将减小，且其形状相对于正常情况更为扁平一些。

（3）在发电机气隙三维复合静偏心故障下，由于气隙径向偏心和气隙轴向静偏心同时存在，所以既会影响气隙磁势，也会对气隙磁导产生影响，因此，气隙磁势和单位面积气隙磁导的变化都会对气隙磁通密度产生影响。在同等故障程度下，三维复合静偏心气隙磁通密度幅值要低于单一径向静偏心故障，但在转子伸出端一侧的气隙磁通密度幅值要高于单一径向静偏心故障；三维复合静偏心气隙磁通密度幅值要高于单一轴向静偏心故障。

第 4 章
气隙偏心对机组电压及电流的影响

4.1 气隙偏心故障下的三相电压电流变化

4.1.1 正常运行下三相电压及电流

根据法拉第电磁感应定律，对机组进行宏观意义上的定性分析，即把发电机内定子绕组切割磁力线的有效长度看作空间的一根导线，把发电机内部的磁场看作对空间导线施加的方向上相互垂直的磁场，则可得到相电压表达式：

$$e(\alpha_m, t) = B(\alpha_m, t)lv$$
$$= B(\alpha_m, t)l(2\pi R_s n_r / 60) = \frac{B(\alpha_m, t)l\pi R_s n_r}{30} \tag{4-1}$$

式中：$B(\alpha_m, t)$ 为气隙磁通密度；l 为定子绕组在磁场范围内的有效长度；v 为导体相对于磁场运动的线速度；R_s 为定子铁芯的内径；n_r 为发电机转子的转速。

根据法拉第电磁感应定律、欧姆定律及式（4-1）可得到相电流的表达式为

$$i(\alpha_m, t) = \frac{B(\alpha_m, t)lv}{Z} = \frac{B(\alpha_m, t)l(2\pi R_s n_r / 60)}{Z} = \frac{B(\alpha_m, t)l\pi R_s n_r}{30Z} \tag{4-2}$$

式中：Z 为定子绕组阻抗。

从式（4-1）与式（4-2）可以看出，相电压、相电流的变化主要取决于气隙磁通密度的变化，其余参量均为定值，且相电压、相电流的有效值和各频率成分特性的变化趋势与气隙磁通密度相同。

下面对不同气隙偏心故障类别下的相电压和相电流的变化进行分析，以了解这些故障对发电机电压电流的影响。

发电机正常运行状态下，结合式（3-19）及式（4-1），发电机的相电压可表示如下：

$$e(\alpha_{\mathrm{m}},t)=\frac{F_{\mathrm{c}}\cos(\omega t-\alpha_{\mathrm{m}}+\beta)\varLambda_0 l\pi R_{\mathrm{s}}n_{\mathrm{r}}}{30} \tag{4-3}$$

由式（4-3）可以看出，发电机正常状态下，相电压只有基频（50Hz）成分。

正常状态下，结合式（3-19）及式（4-2），发电机的相电流可表示如下：

$$i(\alpha_{\mathrm{m}},t)=\frac{F_{\mathrm{c}}\cos(\omega t-\alpha_{\mathrm{m}}+\beta)\varLambda_0 l\pi R_{\mathrm{s}}n_{\mathrm{r}}}{30Z} \tag{4-4}$$

由式（4-4）可以看出，发电机正常状态下，相电流的谐波特性与相电压一样，也只有基频（50Hz）成分。

4.1.2　径向偏心故障下三相电压及电流

在气隙径向偏心故障下，通过结合式（3-20）及式（4-1），发电机气隙径向偏心故障下的相电压可由式（4-5）表示：

$$
\begin{aligned}
e(\alpha_{\mathrm{m}},t)&=\frac{B(\alpha_{\mathrm{m}},t)l\pi R_{\mathrm{s}}n_{\mathrm{r}}}{30}\\
&=\frac{l\pi R_{\mathrm{s}}n_{\mathrm{r}}}{30}F_{\mathrm{c}}\cos(\omega t-\alpha_{\mathrm{m}}+\beta)\\
&\quad\times\varLambda_0\Bigg[1+\frac{\delta_{\mathrm{s}}^2}{2}+\frac{\delta_{\mathrm{d}}^2}{2}+\delta_{\mathrm{s}}\delta_{\mathrm{d}}\cos(\omega t+\varPhi_0)+\delta_{\mathrm{s}}\cos\alpha_{\mathrm{m}}+\delta_{\mathrm{d}}\cos(\alpha_{\mathrm{m}}-\omega t-\varPhi_0)\\
&\quad+\frac{\delta_{\mathrm{s}}^2\cos2\alpha_{\mathrm{m}}}{2}+\frac{\delta_{\mathrm{d}}^2\cos2(\alpha_{\mathrm{m}}-\omega t-\varPhi_0)}{2}+\delta_{\mathrm{s}}\delta_{\mathrm{d}}\cos(2\alpha_{\mathrm{m}}-\omega t-\varPhi_0)\Bigg]\\
&=\frac{l\pi R_{\mathrm{s}}n_{\mathrm{r}}F_{\mathrm{c}}\varLambda_0}{30}\Bigg[\frac{\delta_{\mathrm{s}}\delta_{\mathrm{d}}}{2}\cos(\beta-\alpha_{\mathrm{m}}-\varPhi_0)+\frac{\delta_{\mathrm{d}}}{2}\cos(\beta-\varPhi_0)\\
&\quad+\frac{\delta_{\mathrm{s}}\delta_{\mathrm{d}}}{2}\cos(\alpha_{\mathrm{m}}-\varPhi_0+\beta)+\left(1+\frac{\delta_{\mathrm{s}}^2}{2}+\frac{\delta_{\mathrm{d}}^2}{2}\right)\cos(\omega t-\alpha_{\mathrm{m}}+\beta)\\
&\quad+\frac{\delta_{\mathrm{s}}}{2}\cos(\omega t-2\alpha_{\mathrm{m}}+\beta)+\frac{\delta_{\mathrm{s}}}{2}\cos(\omega t+\beta)+\frac{\delta_{\mathrm{s}}^2}{4}\cos(\omega t-3\alpha_{\mathrm{m}}+\beta)\\
&\quad+\frac{\delta_{\mathrm{s}}^2}{4}\cos(\omega t+\alpha_{\mathrm{m}}+\beta)+\frac{\delta_{\mathrm{d}}^2}{4}\cos(\omega t-\alpha_{\mathrm{m}}+2\varPhi_0-\beta)
\end{aligned}
$$

$$+\frac{\delta_s\delta_d}{2}\cos(2\omega t-\alpha_m+\beta+\Phi_0)+\frac{\delta_d}{2}\cos(2\omega t-2\alpha_m+\beta+\Phi_0)$$

$$+\frac{\delta_s\delta_d}{2}\cos(2\omega t-3\alpha_m+\Phi_0+\beta)+\frac{\delta_d^2}{4}\cos(3\omega t-3\alpha_m+2\Phi_0+\beta)\Bigg]$$

(4-5)

将 $\delta_s\neq 0$，$\delta_d=0$ 代入式（4-5），即可得到气隙径向静偏心故障下的相电压表达式：

$$e(\alpha_m,t)=\frac{l\pi R_s n_r}{30}F_c\cos(\omega t-\alpha_m+\beta)\Lambda_0\left(1+\frac{\delta_s^2}{2}+\delta_s\cos\alpha_m+\frac{\delta_s^2\cos 2\alpha_m}{2}\right)$$

$$=\frac{l\pi R_s n_r F_c\Lambda_0}{30}\left\{\left(1+\frac{\delta_s^2}{2}\right)\cos(\omega t-\alpha_m+\beta)\right.$$

(4-6)

$$+\frac{\delta_s}{2}[\cos(\omega t+\beta)+\cos(\omega t-2\alpha_m+\beta)]$$

$$\left.+\frac{\delta_s^2}{4}[\cos(\omega t+\alpha_m+\beta)+\cos(\omega t-3\alpha_m+\beta)]\right\}$$

将式（4-3）中发电机正常运行时的相电压表达式作为参考，可以看出，在气隙径向静偏心故障下，相电压的频率成分与正常情况下一样，只有基频（50Hz）成分。但由于气隙磁导中直流分量幅值的增加（气隙径向静偏心故障下气隙磁导的直流分量幅值为 $\Lambda_0+0.5\Lambda_0\delta_s^2$，而在正常运行状态下只有 Λ_0），因此在气隙径向静偏心故障下的相电压曲线将会向上平移，导致相电压的绝对值幅值和有效值增大，且随着气隙径向静偏心故障程度的加剧，相电压的基频（50Hz）成分幅值同样地增大，其绝对值幅值和有效值也逐渐增加。

将 $\delta_s=0$，$\delta_d\neq 0$ 代入式（4-5），即可得到气隙径向动偏心故障下的相电压表达式：

$$e(\alpha_m,t)=\frac{l\pi R_s n_r}{30}F_c\cos(\omega t-\alpha_m+\beta)$$

$$\Lambda_0\left[1+\frac{\delta_d^2}{2}+\delta_d\cos(\alpha_m-\omega t-\Phi_0)+\frac{\delta_d^2\cos 2(\alpha_m-\omega t-\Phi_0)}{2}\right]$$

$$=\frac{l\pi R_s n_r F_c\Lambda_0}{30}\{(1+\frac{\delta_d^2}{2})\cos(\omega t-\alpha_m+\beta)$$

(4-7)

$$+\frac{\delta_d}{2}[\cos(2\omega t-2\alpha_m+\Phi_0+\beta)+\cos(\beta-\Phi_0)]$$

$$+\frac{\delta_d^2}{4}[\cos(3\omega t-3\alpha_m+2\Phi_0+\beta)+\cos(\omega t-\alpha_m+2\Phi_0-\beta)]\}$$

以式（4-3）中发电机正常运行时的相电压作为参考，从频率成分上看，在气隙径向动偏心故障下，除了存在原有的基频（50Hz）成分外，相电压还会出现直流（0Hz）分量、二倍频（100Hz）成分、三倍频（150Hz）成分，且气隙径向动偏心故障下相电压的基频成分幅值比正常情况下基频幅值要大。随着气隙径向动偏心故障程度的加剧，相电压曲线将会向上平移，相电压的绝对值幅值和有效值逐渐增加，其各频率成分幅值也将增大。

当 $\delta_s \neq 0$ 且 $\delta_d \neq 0$ 时，式（4-5）即为气隙径向动静混合偏心故障下的相电压表达式。以式（4-6）中发电机单一气隙径向静偏心故障下的相电压作为参考，从频率成分上看，在气隙径向动静混合偏心故障下，气隙径向动静混合偏心故障下的相电压除了两者共有的基频成分外，还存在直流（0Hz）、二倍频（100Hz）、三倍频（150Hz）成分。从各频率成分表达式的项数上看，气隙径向动静混合偏心故障下的相电压表达式的基频项数比气隙径向静偏心故障下的基频项数要多，进而可以推论出，气隙径向动静混合偏心故障下的相电压基频幅值比气隙径向静偏心故障下相电压基频幅值大。

以式（4-7）中发电机单一气隙径向动偏心故障下的相电压作为参考，可以发现，气隙径向动静混合偏心故障下频率成分和气隙径向动偏心故障下的频率成分基本一致。从各频率成分表达式的项数上看，两者三倍频成分的项数相同，而气隙径向动静混合偏心故障下相电压直流成分、基频成分、二倍频成分的项数比气隙径向动偏心故障下的要多。进而可以推论出，气隙径向动静混合偏心故障下的相电压三倍频幅值与气隙径向动偏心故障下相电压三倍频幅值相近，而气隙径向动静混合偏心故障下相电压直流成分、基频成分、二倍频成分的幅值比单一气隙径向动偏心故障下的大。

在气隙径向偏心故障下，通过结合式（3-20）及式（4-2），发电机气隙径向偏心故障下的相电流可由式（4-8）表示：

$$i(\alpha_m, t) = \frac{B(\alpha_m, t) l \pi R_s n_r}{30Z}$$

$$= \frac{l \pi R_s n_r}{30Z} F_c \cos(\omega t - \alpha_m + \beta) \times$$

$$\Lambda_0 \left[1 + \frac{\delta_s^2}{2} + \frac{\delta_d^2}{2} + \delta_s \delta_d \cos(\omega t + \Phi_0) + \delta_s \cos\alpha_m + \delta_d \cos(\alpha_m - \omega t - \Phi_0) \right.$$

$$
\begin{aligned}
&+\frac{\delta_s^2\cos2\alpha_m}{2}+\frac{\delta_d^2\cos2(\alpha_m-\omega t-\varPhi_0)}{2}+\delta_s\delta_d\cos(2\alpha_m-\omega t-\varPhi_0)\Bigg] \\
&=\frac{l\pi R_s n_r F_c \varLambda_0}{30}\Bigg[\frac{\delta_s\delta_d}{2}\cos(\beta-\alpha_m-\varPhi_0) \\
&+\frac{\delta_d}{2}\cos(\beta-\varPhi_0)+\frac{\delta_s\delta_d}{2}\cos(\alpha_m-\varPhi_0+\beta) \\
&+\left(1+\frac{\delta_s^2}{2}+\frac{\delta_d^2}{2}\right)\cos(\omega t-\alpha_m+\beta)+\frac{\delta_s}{2}\cos(\omega t-2\alpha_m+\beta) \\
&+\frac{\delta_s}{2}\cos(\omega t+\beta)+\frac{\delta_s^2}{4}\cos(\omega t-3\alpha_m+\beta)+\frac{\delta_s^2}{4}\cos(\omega t+\alpha_m+\beta) \\
&+\frac{\delta_d^2}{4}\cos(\omega t-\alpha_m+2\varPhi_0-\beta)+\frac{\delta_s\delta_d}{2}\cos(2\omega t-\alpha_m+\beta+\varPhi_0) \\
&+\frac{\delta_d}{2}\cos(2\omega t-2\alpha_m+\beta+\varPhi_0)+\frac{\delta_s\delta_d}{2}\cos(2\omega t-3\alpha_m+\varPhi_0+\beta) \\
&+\frac{\delta_d^2}{4}\cos(3\omega t-3\alpha_m+2\varPhi_0+\beta)\Bigg]
\end{aligned} \tag{4-8}
$$

将 $\delta_s\neq0$，$\delta_d=0$ 代入式（4-8），即可得到气隙径向静偏心故障下的相电流表达式：

$$
\begin{aligned}
i(\alpha_m,t)&=\frac{l\pi R_s n_r}{30Z}F_c\cos(\omega t-\alpha_m+\beta)\varLambda_0\left(1+\frac{\delta_s^2}{2}+\delta_s\cos\alpha_m+\frac{\delta_s^2\cos2\alpha_m}{2}\right) \\
&=\frac{l\pi R_s n_r F_c \varLambda_0}{30Z}\left\{\left(1+\frac{\delta_s^2}{2}\right)\cos(\omega t-\alpha_m+\beta)\right. \\
&+\frac{\delta_s}{2}[\cos(\omega t+\beta)+\cos(\omega t-2\alpha_m+\beta)] \\
&\left.+\frac{\delta_s^2}{4}[\cos(\omega t+\alpha_m+\beta)+\cos(\omega t-3\alpha_m+\beta)]\right\}
\end{aligned} \tag{4-9}
$$

可以看出，在气隙径向静偏心故障下，相电流的频率成分与正常情况下一样，只有基频成分。因此，在气隙径向静偏心故障下的相电流曲线也会向上"平移"，导致相电流的绝对值幅值和有效值增大，且随着气隙径向静偏心故障程度的加剧，相电流的基频成分幅值将增大，其绝对值幅值和有效值逐渐增加。

将 $\delta_s=0$，$\delta_d\neq0$ 代入式（4-8），即可得到气隙径向动偏心故障下的相电流表达式：

$$i(\alpha_m, t) = \frac{l\pi R_s n_r}{30} F_c \cos(\omega t - \alpha_m + \beta)$$

$$\Lambda_0 \left[1 + \frac{\delta_d^2}{2} + \delta_d \cos(\alpha_m - \omega t - \Phi_0) + \frac{\delta_d^2 \cos 2(\alpha_m - \omega t - \Phi_0)}{2} \right]$$

$$= \frac{l\pi R_s n_r F_c \Lambda_0}{30Z} \left\{ \left(1 + \frac{\delta_d^2}{2} \right) \cos(\omega t - \alpha_m + \beta) \right. \tag{4-10}$$

$$+ \frac{\delta_d}{2} [\cos(2\omega t - 2\alpha_m + \Phi_0 + \beta) + \cos(\beta - \Phi_0)]$$

$$\left. + \frac{\delta_d^2}{4} [\cos(3\omega t - 3\alpha_m + 2\Phi_0 + \beta) + \cos(\omega t - \alpha_m + 2\Phi_0 - \beta)] \right\}$$

同样地，在气隙径向动偏心故障下，相电流曲线将会向上"平移"，导致相电流的绝对值幅值和有效值增大。且随着气隙径向动偏心故障程度的加剧，相电流的绝对值幅值和有效值逐渐增加。此外，从频率成分上看，在气隙径向动偏心故障下，相电流除了存在原有的基频成分外，相电流还会出现直流成分、二倍频成分、三倍频成分。随着气隙径向动偏心故障程度的加剧，相电流的各频率成分幅值均增大。

当 $\delta_s \neq 0$ 且 $\delta_d \neq 0$ 时，式（4-8）即为得到气隙径向动静混合偏心故障下的相电流表达式。

将式（4-4）中发电机正常运行时的相电流作为参考，从频率成分上看，在气隙径向动静混合偏心故障下，相电流除了两者共有的基频成分外，还会出现直流成分、二倍频成分、三倍频成分。

将式（4-9）中发电机气隙径向静偏心故障下的相电流作为参考，可以发现，气隙径向动静混合偏心故障下的相电流除了两者共有的基频成分外，还存在直流成分、二倍频成分、三倍频成分。从各频率成分表达式的项数上看，气隙径向动静混合偏心故障下的相电流表达式的基频项数比气隙径向静偏心故障下的基频项数要多。进而可以推论出，气隙径向动静混合偏心故障下的相电流基频幅值比气隙径向静偏心故障下相电压基频幅值大。

将式（4-10）中发电机气隙径向动偏心故障下的相电流作为参考，可以发现，气隙径向动静混合偏心故障下频率成分和气隙径向动偏心故障下的频率成分基本一致。从各频率成分表达式的项数上看，两者三倍频成分的项数相同，而气隙径向动静混合偏心故障下相电流直流成分、基频成分、二倍频成分的项数比气隙径向动偏心故障下的要多。进而可以推论出，气隙径向动静混合偏心故障下的相电流三倍频幅值与气隙径向动偏心故障下相电流三倍频幅值相近,而气隙径向动静混合偏心故障下相电流直流成分、基频成分、二倍频成分的幅值比气隙径向动偏心故障下的大。

4.1.3 轴向静偏心故障下三相电压及电流

在气隙轴向静偏心故障下,通过结合式(3-23)及式(4-1),发电机气隙轴向静偏心故障下的相电压可由式(4-11)表示:

$$e(\alpha_{\mathrm{m}},t) = \frac{F_{\mathrm{c1}}\cos(\omega t - \alpha_{\mathrm{m}} + \beta_1)\varLambda_0 l\pi R_{\mathrm{s}} n_{\mathrm{r}}}{30} \tag{4-11}$$

将式(4-3)中发电机正常运行时的相电压表达式作为参考,可以看出,在气隙轴向静偏心故障下,从频率成分上看,相电压只存在基频成分;从组成成分中的气隙磁势上看,气隙轴向静偏心故障下的气隙合成磁势F_{c1}小于发电机正常运行时的气隙合成磁势F_{c},因此气隙轴向静偏心故障下的相电压将被压缩相对于正常情况更为扁平一些。随着气隙轴向静偏心故障程度的增大,相电压的基频成分幅值将减小。

在气隙轴向静偏心故障下,通过结合式(3-23)及式(4-2),发电机气隙轴向静偏心故障下的相电流可由式(4-12)表示:

$$i(\alpha_{\mathrm{m}},t) = \frac{F_{\mathrm{c1}}\cos(\omega t - \alpha_{\mathrm{m}} + \beta_1)\varLambda_0 l\pi R_{\mathrm{s}} n_{\mathrm{r}}}{30Z} \tag{4-12}$$

将式(4-4)中发电机正常运行时的相电流表达式作为参考,可以看出,在气隙轴向静偏心故障下,相电流也只有基频成分,由于气隙轴向静偏心故障下的气隙合成磁势F_{c1}小于发电机正常运行时的气隙合成磁势F_{c},因此气隙轴向静偏心故障下的相电流将被压缩相对于正常情况更为扁平一些。随着气隙轴向静偏心故障程度的增大,相电流的基频成分幅值将减小。

4.1.4 三维复合静偏心故障下三相电压及电流

通过结合式(3-26)及式(4-1)可得发电机气隙三维复合静偏心故障下的相电压可由式(4-13)表示:

$$e(\alpha_{\mathrm{m}},t) = \frac{l\pi R_{\mathrm{s}} n_{\mathrm{r}}}{30} F_{\mathrm{c1}}\cos(\omega t - \alpha_{\mathrm{m}} + \beta_1)\varLambda_0 \left(1 + \frac{\delta_{\mathrm{s}}^2}{2} + \delta_{\mathrm{s}}\cos\alpha_{\mathrm{m}} + \frac{\delta_{\mathrm{s}}^2\cos 2\alpha_{\mathrm{m}}}{2}\right)$$

$$= \frac{l\pi R_{\mathrm{s}} n_{\mathrm{r}} F_{\mathrm{c1}}\varLambda_0}{30}\left\{\left(1 + \frac{\delta_{\mathrm{s}}^2}{2}\right)\cos(\omega t - \alpha_{\mathrm{m}} + \beta_1)\right.$$

$$+ \frac{\delta_\mathrm{s}}{2}[\cos(\omega t + \beta_1) + \cos(\omega t - 2\alpha_\mathrm{m} + \beta_1)]$$

$$\left. + \frac{\delta_\mathrm{s}^2}{4}[\cos(\omega t + \alpha_\mathrm{m} + \beta_1) + \cos(\omega t - 3\alpha_\mathrm{m} + \beta_1)] \right\} \quad (4\text{-}13)$$

根据式（4-13），在气隙三维复合静偏心故障下，气隙径向静偏心和气隙轴向静偏心都会影响相电压。

由式（4-13）可知，在气隙径向静偏心与气隙轴向静偏心复合故障下，相电压仅存在基频成分。保持气隙轴向静偏心故障程度不变，随着气隙径向静偏心故障程度的加剧，相电压的基频成分将增大；保持气隙径向静偏心故障程度不变，随着气隙轴向静偏心故障程度的加剧，相电压的基频成分将减小。对比式（4-13）与式（4-6），可以看出，由于气隙轴向静偏心后的气隙合成磁势 F_c1 小于气隙径向静偏心后的气隙合成磁势 F_c，所以气隙径向静偏心故障程度相同时，气隙径向静偏心与气隙轴向静偏心复合故障下的相电压要比单一气隙径向静偏心故障下的相电压小；对比式（4-13）与式（4-11），可以看出，由于气隙径向静偏心后的气隙磁导比气隙轴向静偏心的气隙磁导大，所以气隙轴向静偏心故障程度相同时，气隙径向静偏心与气隙轴向静偏心复合故障下的相电压比单一气隙轴向静偏心故障下的相电压大。

在气隙三维复合静偏心故障下，通过结合式（3-26）及式（4-2），发电机气隙三维复合静偏心故障下的相电流可由式（4-14）表示：

$$i(\alpha_\mathrm{m}, t) = \frac{l\pi R_\mathrm{s} n_\mathrm{r}}{30Z} F_\mathrm{c1} \cos(\omega t - \alpha_\mathrm{m} + \beta_1) \Lambda_0 \left(1 + \frac{\delta_\mathrm{s}^2}{2} + \delta_\mathrm{s} \cos\alpha_\mathrm{m} + \frac{\delta_\mathrm{s}^2 \cos 2\alpha_\mathrm{m}}{2} \right)$$

$$= \frac{l\pi R_\mathrm{s} n_\mathrm{r} F_\mathrm{c1} \Lambda_0}{30Z} \left\{ \left(1 + \frac{\delta_\mathrm{s}^2}{2} \right) \cos(\omega t - \alpha_\mathrm{m} + \beta_1) \right.$$

$$+ \frac{\delta_\mathrm{s}}{2}[\cos(\omega t + \beta_1) + \cos(\omega t - 2\alpha_\mathrm{m} + \beta_1)] \qquad (4\text{-}14)$$

$$\left. + \frac{\delta_\mathrm{s}^2}{4}[\cos(\omega t + \alpha_\mathrm{m} + \beta_1) + \cos(\omega t - 3\alpha_\mathrm{m} + \beta_1)] \right\}$$

根据式（4-14），在气隙三维复合静偏心故障下，气隙径向静偏心和气隙轴向静偏心都会影响相电流。

由式（4-14）可知，在气隙径向静偏心与气隙轴向静偏心复合故障下，相电流仅存在基频成分。保持气隙轴向静偏心故障程度不变，随着气隙径向静偏心故障程度的加剧，相电流的基频成分将增大；保持气隙径向静偏心故障程度不变，随着气隙轴向静偏心故障程度的加剧，相电流的基频成分将减小。对比式（4-14）与式（4-9），可以看出，由于气隙轴向静偏心后的气隙合成磁势 F_{c1} 小于气隙径向静偏心后的气隙合成磁势 F_c，所以气隙径向静偏心故障程度相同时，气隙径向静偏心与气隙轴向静偏心复合故障下的相电流要比单一气隙径向静偏心故障下的相电流小；对比式（4-14）与式（4-12），可以看出，由于气隙径向静偏心后的气隙磁导比气隙轴向静偏心的气隙磁导大，所以气隙轴向静偏心故障程度相同时，气隙径向静偏心与气隙轴向静偏心复合故障下的相电流比单一气隙轴向静偏心故障下的相电流大。

4.2   气隙偏心故障对定子并联支路环流的影响

并联支路环流是指在电路中的一种电流路径配置。在并联支路环流中，电流在一个电路中的不同分支之间可以在不同的路径流动，而不是只沿一个主要路径流动。这种配置允许电流在电路中形成多个环路，因此称为环流。并联支路环流通常用于分析电路中的电流分布和电压降。

在并联支路环流中，电流可以分为不同的支路，每个支路可以包含电阻、电感、电容或其他电子元件。这些支路可以并行连接，形成一个网络，其中电流可以在各个支路之间往返流动，形成环路。

并联支路环流允许工程师确定电路中各个组件之间的电压、电流和功率分布。通过分析并联支路环流，可以优化电路的性能，确保电流均匀分布、电压稳定，同时满足设计要求。这对于电子电路、电力系统等领域都是至关重要的。

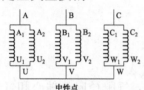

图 4-1   定子绕组双 Y 连接

4.2.1   正常运行下的环流

结合考虑发电机定子的绕组结构，汽轮发电机定子绕组为双 Y 型连接，如图 4-1 所示，A、B、C 三相中，各相都由两组线圈组成，这两组线圈为并联关系，即为定子绕组的两条并联支路。

由电机学知识可知，发电机定子绕组单条并联支路感应电动势瞬时值

为

$$E(\alpha_{\mathrm{m}},t) = q_0 w_{\mathrm{c}} k_{\mathrm{w1}} B(\alpha_{\mathrm{m}},t) lv = q_0 w_{\mathrm{c}} k_{\mathrm{w1}} B(\alpha_{\mathrm{m}},t) l(2\tau f)$$
$$= 2 q_0 w_{\mathrm{c}} k_{\mathrm{w1}} \tau l f F_{\mathrm{c}} \cos(\omega t - \alpha_{\mathrm{m}} + \beta) \Lambda_0 \tag{4-15}$$

式中：f 为转子机械转频（对于汽轮发电机，$f = f_{\mathrm{r}}$，f_{r} 为电频率）；l 为气隙长度，q_0 为每极每相槽数，τ 为极距；w_{c} 为单个线圈匝数；k_{w1} 为基波绕组因数。

$$k_{\mathrm{w1}} = k_{\mathrm{y1}} k_{\mathrm{q1}} = \sin(90° \times y / \tau) \times \sin(q\alpha_1 / 2) / [q \sin(\alpha_1 / 2)] \tag{4-16}$$

式中：k_{y1} 为基波节距因数；k_{q1} 为基波分布因数，α_1 为槽间角。

发电机两条并联支路的对应边在空间分布上具有一定规律，以 CS-5 型故障模拟发电机 A 相绕组为例，其绕组分布如图 4-2 所示。结合图 4-1 可知，定子绕组并联支路 $\mathrm{U_1U_2}$ 与 $\mathrm{U_5U_6}$ 对应边相差了 180° 电角度（也是机械角度）。且两条并联支路的感应电动势方向相反。当发电机运行时，这两条并联支路在定子绕组上的空间位置和相位差非常关键，发电机的正常运行需要确保电流在绕组中均匀分布，同时产生的电动势能够相互抵消，从而避免不必要的功率损失和磁场不均匀。因此，通过对绕组的合理设计，可以实现并联支路之间的 180° 电角度差，以确保电动势方向相反，从而实现发电机的高效运行。

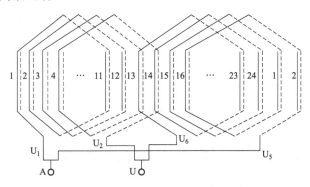

图 4-2　定子 A 相绕组展开图

结合图 4-1 和图 4-2 可画出 A 相定子绕组并联支路等效电路如图 4-3 所示，其中 R_{a1}、R_{a2}、L_{a1}、L_{a2} 分别为 A 相两条支路的电阻与自感，$M_{\mathrm{a1}k}$、$M_{\mathrm{a2}k}$ 分别为每条支路与其他支路的互感，I_{a1} 与 I_{a2} 为两条支路对应的电流，I_{c} 为环流。两条支路感应电动势瞬时值可分别表示为

$$\begin{cases} E_{a1}(\alpha_m, t) = 2qw_c k_{w1}\tau lfF_c \cos(\omega t - \alpha_m + \beta)\Lambda_0 \\ E_{a2}(\alpha_m, t) = 2qw_c k_{w1}\tau lfF_c \cos[\omega t - (\alpha_m + \pi) + \beta]\Lambda_0 \end{cases} \tag{4-17}$$

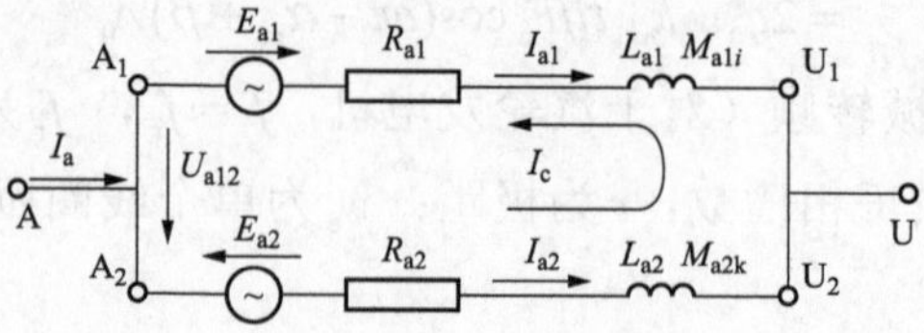

图 4-3　定子绕组并联支路环流回路

正常运行时 $w_{a1} = w_{a2} = w_c$，$R_{a1} = R_{a2}$，$L_{a1} = L_{a2}$，$I_{a1} = I_{a2}$，$E_{a1} = E_{a2}$，则

$$U_{a12}(\alpha_m, t) = -E_{a1}(\alpha_m, t) + j\omega L_{a1}I_{a1} + R_{a1}I_{a1} + j\omega\sum_i M_{a1i}I_i$$
$$- j\omega\sum_k M_{a2k}I_k - R_{a2}I_{a2} - j\omega L_{a2}I_{a2} - E_{a2}(\alpha_m, t) \tag{4-18}$$
$$= 0$$

由式（4-18）可知，发电机在正常运行时其定子绕组并联支路内部无环流。

4.2.2　径向偏心故障对环流的影响

在气隙径向偏心故障下，通过结合式（3-20）、式（4-15）及式（4-17），气隙径向偏心故障下发电机定子绕组两条并联支路的感应电动势为

$$\begin{cases} E_{a1}(\alpha_m, t) = 2qw_c k_{w1}\tau lfF_c \cos(\omega t - \alpha_m + \beta)\Lambda_0 \\ \left[1 + \dfrac{\delta_s^2}{2} + \dfrac{\delta_d^2}{2} + \delta_s\delta_d \cos(\omega t + \Phi_0) + \delta_s \cos\alpha_m \right. \\ \left. + \delta_d \cos(\alpha_m - \omega t - \Phi_0) + \dfrac{\delta_s^2 \cos 2\alpha_m}{2} \right. \\ \left. + \dfrac{\delta_d^2 \cos 2(\alpha_m - \omega t - \Phi_0)}{2} + \delta_s\delta_d \cos(2\alpha_m - \omega t - \Phi_0)\right] \\ \\ E_{a2}(\alpha_m, t) = 2qw_c k_{w1}\tau lfF_c \cos[\omega t - (\alpha_m + \pi) + \beta]\Lambda_0 \\ \left\{1 + \dfrac{\delta_s^2}{2} + \dfrac{\delta_d^2}{2} + \delta_s\delta_d \cos(\omega t + \Phi_0) + \delta_s \cos(\alpha_m + \pi) \right. \\ \left. + \delta_d \cos(\alpha_m + \pi - \omega t - \Phi_0) + \dfrac{\delta_s^2 \cos 2(\alpha_m + \pi)}{2} \right. \\ \left. + \dfrac{\delta_d^2 \cos 2(\alpha_s + \pi - \omega t - \Phi_0)}{2} + \delta_s\delta_d \cos[2(\alpha_s + \pi) - \omega t - \Phi_0]\right\} \end{cases}$$

$$= -2qw_c k_{w1} \tau l f F_c \cos(\omega t - \alpha_m + \beta) \Lambda_0$$

$$\left[1 + \frac{\delta_s^2}{2} + \frac{\delta_d^2}{2} + \delta_s \delta_d \cos(\omega t + \Phi_0) - \delta_s \cos\alpha_m \right.$$

$$- \delta_d \cos(\alpha_m - \omega t - \Phi_0) + \frac{\delta_s^2 \cos 2\alpha_m}{2} \tag{4-19}$$

$$\left. + \frac{\delta_d^2 \cos 2(\alpha_m - \omega t - \Phi_0)}{2} + \delta_s \delta_d \cos(2\alpha_m - \omega t - \Phi_0) \right]$$

结合图 4-3 以及式（4-18）、式（4-19），两条支路感应的各次谐波电势幅值都不相等，从而在定子绕组并联支路之间出现各次谐波电势差，进一步得到气隙径向偏心故障下发电机定子绕组两条并联支路的电势差为

$$U_{a12}(\alpha_m, t) = -E_{a1}(\alpha_m, t) + j\omega L_{a1} I_{a1} + R_{a1} I_{a1} + j\omega \sum_i M_{a1i} I_i$$

$$- j\omega \sum_k M_{a2k} I_k - R_{a2} I_{a2} - j\omega L_{a2} I_{a2} - E_{a2}(\alpha_m, t) \tag{4-20}$$

$$= -4qw_c k_{w1} \tau l f F_c \cos(\omega t - \alpha_m + \beta) \Lambda_0 [\delta_s \cos\alpha_m$$

$$+ \delta_d \cos(\alpha_m - \omega t - \Phi_0)]$$

将 $\delta_s \neq 0$，$\delta_d = 0$ 代入式（4-20），即可得到气隙径向静偏心故障下的发电机定子绕组两条并联支路的电势差：

$$U_{a12}(\alpha_m, t) = -4qw_c k_{w1} \tau l f F_c \cos(\omega t - \alpha_m + \beta) \Lambda_0 \delta_s \cos\alpha_m$$

$$= -2qw_c k_{w1} \tau l f F_c \Lambda_0 \delta_s [\cos(\omega t + \beta) + \cos(\omega t - 2\alpha_m + \beta)] \tag{4-21}$$

根据式（4-21）的分析，当考虑到转子励磁绕组正常运行时，气隙中的主磁势仅包含奇次谐波（如仅考虑基波），这意味着气隙中的主要磁场分布主要由基波组成。因此，在这种情况下，定子绕组并联支路之间会出现基波电势差，而这个差异的幅值会随着气隙径向静偏心故障的程度逐渐增加。由此，在气隙径向静偏心故障的情况下，发电机的定子并联支路将会出现基波环流，且随着气隙径向静偏心故障的程度逐渐升级，定子并联支路中的基波成分将呈现增加的趋势。

将 $\delta_s = 0$，$\delta_d \neq 0$ 代入式（4-20），即可得到气隙径向动偏心故障下发电机定子绕组两条并联支路的电势差：

$$U_{a12}(\alpha_m, t) = -4qw_c k_{w1} \tau l f F_c \cos(\omega t - \alpha_m + \beta) \Lambda_0 \delta_d \cos(\alpha_m - \omega t - \Phi_0)$$

$$= -2qw_c k_{w1} \tau l f F_c \Lambda_0 \delta_d [\cos(\beta - \Phi_0) + \cos(2\omega t - 2\alpha_m + \beta + \Phi_0)] \tag{4-22}$$

由式（4-22）可知，在气隙径向动偏心故障下，发电机定子并联支路

环流将产生二次谐波环流与直流分量环流,且随着气隙径向动偏心故障程度的加剧,发电机定子并联支路环流的二次谐波成分与直流分量成分将增大。

当 $\delta_s \neq 0$ 且 $\delta_d \neq 0$ 时,气隙径向动静混合偏心故障下发电机定子绕组两条并联支路的电势差为

$$
\begin{aligned}
U_{a12}(\alpha_m, t) &= -4qw_c k_{w1}\tau lfF_c \cos(\omega t - \alpha_m + \beta) \\
&\quad \Lambda_0[\delta_s \cos\alpha_m + \delta_d \cos(\alpha_m - \omega t - \Phi_0)] \\
&= -2qw_c k_{w1}\tau lfF_c \Lambda_0 \{\delta_s[\cos(\omega t + \beta) + \cos(\omega t - 2\alpha_m + \beta)] \\
&\quad + \delta_d[\cos(\beta - \Phi_0) + \cos(2\omega t - 2\alpha_m + \beta + \Phi_0)]\}
\end{aligned}
\tag{4-23}
$$

由式(4-23)可知,在气隙径向动静混合偏心故障下,定子并联支路环流将产生基波环流、二次谐波环流与直流分量环流。随着气隙径向静偏心故障程度的加剧,定子并联支路环流的基波成分将增大;随着气隙径向动偏心故障程度的加剧,并联支路环流的二次谐波成分与直流分量成分将增大。

将式(4-22)中发电机气隙径向静偏心故障下发电机定子绕组两条并联支路的电势差作为参考,可以发现,气隙径向动静混合偏心故障下发电机定子绕组两条并联支路的电势差除了两者共有的基频成分外,还存在直流成分与二倍频成分。从表达式的项数上看,气隙径向动静混合偏心故障下发电机定子绕组两条并联支路的电势差表达式的基频项数与气隙径向静偏心故障下的基频项数一致。进而可以推论出,气隙径向动静混合偏心故障下发电机定子绕组两条并联支路的电势差基频幅值与气隙径向静偏心故障下发电机定子绕组两条并联支路的电势差基频幅值相近。从各频率成分表达式的项数上看,两者直流成分和二倍频成分的项数相同,而气隙径向动静混合偏心故障下发电机定子绕组两条并联支路的电势差存在基频成分项数,气隙径向动偏心故障下则没有。进而可以推论出,气隙径向动静混合偏心故障下发电机定子绕组两条并联支路的电势差直流成分和二倍频成分幅值与气隙径向静偏心故障下的相应幅值相近,而气隙径向动静混合偏心故障下基频成分的幅值比气隙径向动偏心故障下的大。

4.2.3 轴向静偏心故障对环流的影响

在气隙轴向静偏心故障下,通过结合式(3-23)、式(4-17)及式(4-18),气隙轴向静偏心故障下发电机定子绕组两条并联支路的感应电动势为

$$\begin{cases} E_{a1}(\alpha_m, t) = 2qw_c k_{w1}\tau l f F_{c1}\cos(\omega t - \alpha_m + \beta_1)\Lambda_0 \\ E_{a2}(\alpha_m, t) = 2qw_c k_{w1}\tau l f F_{c1}\cos[\omega t - (\alpha_m + \pi) + \beta_1]\Lambda_0 \end{cases} \tag{4-24}$$

结合图 4-3 及式（4-18）、式（4-24），进一步得到气隙轴向静偏心故障下发电机定子绕组两条并联支路的电势差为

$$\begin{aligned} U_{a12}(\alpha_m, t) &= -E_{a1}(\alpha_m, t) + j\omega L_{a1}I_{a1} + R_{a1}I_{a1} + j\omega\sum_i M_{a1i}I_i \\ &\quad - j\omega\sum_k M_{a2k}I_k - R_{a2}I_{a2} - j\omega L_{a2}I_{a2} - E_{a2}(\alpha_m, t) \tag{4-25} \\ &= 0 \end{aligned}$$

由式（4-25）可知，在气隙轴向静偏心故障下，发电机定子绕组并联支路内部无环流。

4.2.4　三维复合静偏心故障对环流的影响

通过结合式（3-26）、式（4-17）及式（4-18）可得气隙三维复合静偏心故障下发电机定子绕组两条并联支路的感应电动势为

$$\begin{cases} \begin{aligned} E_{a1}(\alpha_m, t) &= 2qw_c k_{w1}\tau l f F_{c1}\cos(\omega t - \alpha_m + \beta_1) \\ &\quad \Lambda_0\left(1 + \frac{\delta_s^2}{2} + \delta_s\cos\alpha_m + \frac{\delta_s^2\cos 2\alpha_m}{2}\right) \end{aligned} \\ \begin{aligned} E_{a2}(\alpha_m, t) &= 2qw_c k_{w1}\tau l f F_{c1}\cos[\omega t - (\alpha_m + \pi) + \beta_1]\Lambda_0\left[1 + \frac{\delta_s^2}{2} + \delta_s\cos(\alpha_m + \pi)\right. \\ &\quad \left. + \frac{\delta_s^2\cos 2(\alpha_m + \pi)}{2}\right] \\ &= -2qw_c k_{w1}\tau l f F_{c1}\cos(\omega t - \alpha_m + \beta) \\ &\quad \Lambda_0\left(1 + \frac{\delta_s^2}{2} - \delta_s\cos\alpha_m + \frac{\delta_s^2\cos 2\alpha_m}{2}\right) \end{aligned} \end{cases} \tag{4-26}$$

结合图 4-3 及式（4-18）、式（4-26），进一步得到气隙三维复合静偏心故障下发电机定子绕组两条并联支路的电势差为

$$\begin{aligned} U_{a12}(\alpha_m, t) &= -4qw_c k_{w1}\tau l f F_{c1}\cos(\omega t - \alpha_m + \beta)\Lambda_0\ \delta_s\cos\alpha_m \\ &= -2qw_c k_{w1}\tau l f F_{c1}\Lambda_0\delta_s[\cos(\omega t + \beta) + \cos(\omega t - 2\alpha_m + \beta)] \end{aligned} \tag{4-27}$$

由式（4-27）可知，气隙径向静偏心与气隙轴向静偏心复合故障下，发电机定子并联支路将产生基波环流。保持气隙轴向静偏心故障程度不变，随着气隙径向静偏心程度的加剧，定子并联支路环流的基波成分将增大；保持气隙径向静偏心故障程度不变，随着气隙轴向静偏心故障的加剧，定

子并联支路环流的基波成分将减小。同时，对比式（4-27）与式（4-21），可以看出，由于气隙轴向静偏心后的气隙合成磁势 F_{c1} 小于气隙径向静偏心后的气隙合成磁势 F_c，所以气隙径向静偏心故障程度相同时，气隙径向静偏心与气隙轴向静偏心复合故障下的定子并联支路环流的基波成分要比单一气隙径向静偏心故障下的定子并联支路环流的基波成分小；对比式（4-27）与式（4-25），可以看出，气隙轴向静偏心故障程度相同时，气隙径向静偏心与气隙轴向静偏心复合故障下将产生基波环流，而单一气隙轴向静偏心故障下发电机定子绕组并联支路内部无环流。

本 章 小 结

本章对发电机正常运行状态、气隙径向偏心故障、气隙轴向静偏心故障及气隙三维复合静偏心故障下的相电压、相电流及定子并联支路环流进行理论分析，结论如下：

（1）正常状态下，相电压只有基频（50Hz）成分，相电流谐波特性与相电压一样只有基频。发电机在正常运行时其定子绕组并联支路内部无环流。

（2）当 $\delta_s \neq 0$ 且 $\delta_d = 0$ 时，即在气隙径向静偏心故障下，相电压、相电流的频率成分与正常情况下一样，只有基频（50Hz）成分，但其幅值比正常情况下要大。相电压、相电流由于直流值的增加（径向静偏心故障下气隙磁导的直流值为 $\Lambda_0 + 0.5\Lambda_0\delta_s^2$，而在正常状态只有 Λ_0），因此在径向静偏心故障下的相电压、相电流曲线将会向上平移，导致相电压、相电流的绝对值幅值和有效值增大。且随着气隙径向静偏心程度的加剧，相电压、相电流的绝对值幅值和有效值逐渐增加。此外，发电机定子并联支路将产生基波环流。随着气隙静偏心程度的加剧，定子并联支路环流的基波成分将增大。

当 $\delta_s = 0$ 且 $\delta_d \neq 0$ 时，即在气隙径向动偏心故障下从频率成分上看，相电压、相电流除了存在原有的基频（50Hz）成分外，还会出现直流（0Hz）、二倍频（100Hz）、三倍频（150Hz）成分。随着气隙径向动偏心故障程度的加剧，各频率成分幅值会增大。同样的，相电压、相电流曲线将会向上平移，导致相电压、相电流的绝对值幅值和有效值增大。且随着气隙径向动偏心程度的加剧，相电压、相电流的绝对值幅值和有效值逐渐增加。此外，气隙径向动偏心故障下，定子并联支路环流存在二次谐波环流与直流分量环流。随着气隙动偏心故障程度的加剧，定子并联支路环流的二次谐波成分与直流分量成分将增大。

当 $\delta_s \neq 0$ 且 $\delta_d \neq 0$ 时，即在气隙径向动静混合偏心故障下，相电压、相电流会出现直流（0Hz）成分、基频（50Hz）成分、二倍频（100Hz）成分、三倍频（150Hz）成分，且直流成分比气隙径向动偏心故障下的直流成分更大。此外，在气隙径向动静混合偏心故障下，定子并联支路环流将产生基波环流、二次谐波环流与直流分量环流。随着气隙径向静偏心故障程度的加剧，定子并联支路环流的基波成分将增大；随着气隙径向动偏心故障程度的加剧，并联支路环流的二次谐波成分与直流分量成分将增大。

（3）在气隙轴向静偏心故障下，从频率成分上看，相电压、相电流只存在基频成分，随着气隙轴向静偏心故障程度的增大，相电压、相电流的基频成分幅值将减小；从组成成分中的气隙磁势上看，气隙轴向静偏心故障下的气隙合成磁势 F_{c1} 小于发电机正常运行时的气隙合成磁势 F_c，因此气隙轴向静偏心故障下的相电压、相电流将被压缩，相对于正常情况更为扁平一些。此外，在气隙轴向静偏心故障下，发电机定子绕组并联支路内部无环流。

（4）在气隙三维复合静偏心故障下，气隙径向偏心和气隙轴向静偏心都会影响相电压、相电流及定子并联支路环流：

在气隙径向静偏心与气隙轴向静偏心复合故障下，相电压、相电流仅存在基频成分，发电机定子并联支路将产生基波环流。保持气隙轴向静偏心故障程度不变，随着气隙径向静偏心故障程度的加剧，相电压、相电流的基频成分将增大，定子并联支路环流的基波成分将增大；保持气隙径向静偏心故障程度不变，随着气隙轴向静偏心故障程度的加剧，相电压、相电流的基频成分将减小，定子并联支路环流的基波成分将减小。由于气隙轴向静偏心后的气隙合成磁势 F_{c1} 小于气隙径向静偏心后的气隙合成磁势 F_c，因此气隙径向静偏心故障程度相同时，气隙径向静偏心与气隙轴向静偏心复合故障下的相电压、相电流要比单一气隙径向静偏心故障下小，气隙径向静偏心与气隙轴向静偏心复合故障下的定子并联支路环流的基波成分要比单一气隙径向静偏心故障下的定子并联支路环流的基波成分小；由于气隙径向静偏心后的气隙磁导相较于气隙轴向静偏心的气隙磁导要大，因此气隙轴向静偏心故障程度相同时，气隙径向静偏心与气隙轴向静偏心复合故障下的相电压、相电流要比单一气隙轴向静偏心故障下大。气隙径向静偏心与气隙轴向静偏心复合故障下将产生基波环流，而单一气隙轴向静偏心故障下发电机定子绕组并联支路内部无环流。

第 5 章

气隙偏心对定转子力学响应的影响

5.1 定转子力学模型

5.1.1 定子铁芯力学模型

发电机的定子部分由多个关键的部件组成，包括定子铁芯、绕组、机座和端盖等。在这些部件中，定子铁芯作为安放绕组的部分，在发电机运行时将受到机械力、热应力及电磁力的综合作用。通常，定子铁芯由 0.35mm 或 0.5mm 的冷轧无取向硅钢片叠加而成，从机械结构角度看，定子铁芯可以等效被视为空心壳体结构，其在径向方向的刚度较低，如图 5-1（a）、（b）所示。定子铁芯振动响应的本质激励力为作用于定子内圆面的单位面积磁拉力，而非作用于整个铁芯的径向合力。如图 5-1（c）所示，图中作用于定子铁芯内表面的单位面积磁拉力合力为零，但由于该单位面积磁拉力具有脉动性质，其幅值呈周期性变化，所以依然会导致铁芯的与单位面积磁拉力同频率的伸缩-扩张响应，即径向振动。可见，对于这种径向刚度较小的空心壳体结构，其本质激励源应为单位面积力。发电机运行状态的稳定性和性能都受到定子铁芯振动响应的影响，因此对其力学行为进行深入研究具有重要的应用价值。

由于定子铁芯在轴向上的刚度较大，故与径向振动有所不同，轴向上的单位面积磁拉力不足以使铁芯产生周期性的变形（即轴向振动）。因此，铁芯在轴向上所受激振力的本质为轴向不平衡磁拉力，如图 5-1（d）所示。

定子系统在径向上的力学模型如图 5-1（c）所示，在轴向上的力学模型如图 5-1（d）所示。针对两个方向的受力及振动响应关系，可列出其动力学方程为

$$\begin{cases} mx''(t) = q(\alpha_{\mathrm{m}}, t) + D_1 x'(t) + K_1 x(t) \ \text{径向} \\ My''(t) = F_z(t) + D_2 y'(t) + K_2 y(t) \ \text{轴向} \end{cases} \tag{5-1}$$

式中：m 为定子铁芯单位质点的质量；$x(t)$ 为单位质点的径向位移；$x'(t)$ 为径向位移的一次求导，即径向速度；$x''(t)$ 为位移的二次求导，即径向加速度；D_1 和 K_1 分别为径向方向作用于单位质点的等效弹性系数及阻尼系数；$q(\alpha_{\mathrm{m}}, t)$ 为定子铁芯所受径向单位面积磁拉力；M 为定子铁芯的整体质量；$y(t)$ 为定子铁芯在轴向上的整体位移；$y'(t)$ 为轴向位移的一次求导，即轴向速度；$y''(t)$ 为轴向位移的二次求导，即轴向加速度；D_2 和 K_2 分别为轴向方向作用于铁芯整体的等效弹性系数及阻尼系数；$F_z(t)$ 为定子铁芯所受轴向不平衡磁拉力。

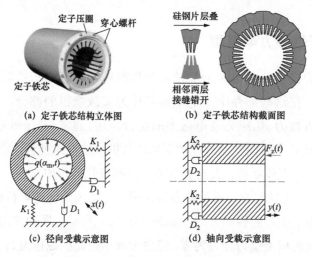

图 5-1　定子铁芯结构及其受载示意图

具体到磁拉力激励与振动响应的对应关系，径向的单位面积磁拉力为铁芯的径向激励，径向位移 $x(t)$ 即为其振动幅值。由于单位面积磁拉力具有周期性，其对应的径向位移响应也会具有周期性，这种周期性位移即为径向振动。类似地，轴向不平衡磁拉力作为铁芯的轴向激励，轴向位移 $y(t)$ 反映其振动幅值。所不同的是，径向上的位移为铁芯单位质点的位移（不同周向位置对应的位移有可能不同），轴向上的位移则为铁芯的整体位移。由于定子铁芯所受单位面积磁拉力无法直接在机组上测得，因此根据激振力与位移之间的对应关系，在实际应用中通常采用速度传感器和加速度传感器来实现振动数据的测量，速度传感器测量出的数据反映的是定子的振动速度，即为位移的一次导数；加速度传感器测量出的数据反映的是定子的振动加速度，即为位移的二次导数。

5.1.2　转子铁芯力学模型

以电励磁同步发电机 CS-5 为例，转子的整体结构如图 5-2（a）、（b）所示。转子由转子铁芯、轴、转子绕组和支撑部分组成。转子铁芯是固定绕组的部件，而支撑部件是固定转子和转轴的部件。

(a) 转子样机

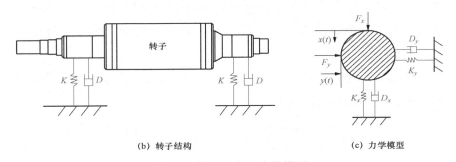

(b) 转子结构　　　　　　　　　　(c) 力学模型

图 5-2　转子结构及力学模型

由于转子的物理结构是由轴承固定的实心圆柱体，故其刚度远大于定子铁芯结构，单位面积磁拉力不足以引起转子的振动。转子的基本激励力实际上是沿转子表面圆周方向的单位面积磁拉力的积分。通常情况下，这个积分力被称为不平衡磁拉力，如图 5-2（c）所示。为了方便起见，可将积分力分为两个部分，即沿 x 方向的分量和沿 y 方向的分量，可以写为

$$\begin{cases} \{F'(t)\} = \{F(t)\} - \{F_K(t)\} - \{F_D(t)\} \\ \{F'(t)\} = \boldsymbol{M}\{a\}, \{F(t)\} = \begin{Bmatrix} F_x(t) \\ F_y(t) \end{Bmatrix} \\ \{F_K(t)\} = \boldsymbol{K} \begin{Bmatrix} x(t) \\ y(t) \end{Bmatrix}, \{F_D(t)\} = \boldsymbol{D} \begin{Bmatrix} \dot{x}(t) \\ \dot{y}(t) \end{Bmatrix} \\ \{a\} = \begin{Bmatrix} \ddot{x}(t) \\ \ddot{y}(t) \end{Bmatrix} \end{cases} \quad (5\text{-}2)$$

式中：$F(t)$为激励载荷；$F_K(t)$为弹性力；$F_D(t)$为阻尼力；M为转子的质量矩阵；F_x,F_y为激振力，是不平衡磁拉力；K为转子的刚度矩阵；D为转子的阻尼矩阵；$x(t)$、$y(t)$分别为x、y方向的位移；a为转子的振动加速度。

5.2　气隙偏心对定子磁拉力的影响

5.2.1　正常情况下的定子磁拉力

发电机定子的受力点为内圆表面各点，所以定子内圆表面所受的单位面积磁拉力才是实质上使定子产生径向振动的激振力。这就是说，即使定子径向所受力合力为零，只要存在具有脉动成分的单位面积磁拉力，定子仍然会在径向发生振动。因此，分析定子径向受力时需分析单位面积磁拉力。

由麦克斯韦定律及式（3-19）可以求得发电机正常运行时定子径向内圆单位面积上所受到的磁拉力为

$$
\begin{aligned}
q(\alpha_{\mathrm{m}},t) &= \frac{B(\alpha_{\mathrm{m}},t)^2}{2\mu_0} = \frac{[F_{\mathrm{c}}\cos(\omega t - \alpha_{\mathrm{m}} + \beta)\Lambda_0]^2}{2\mu_0} \\
&= \frac{F_{\mathrm{c}}^2 \Lambda_0^2}{4\mu_0}[1 + \cos(2\omega t - 2\alpha_{\mathrm{m}} + 2\beta)]
\end{aligned}
\tag{5-3}
$$

由式（5-3）可知，在正常情况下，发电机定子所受的径向单位面积磁拉力不为零，为一恒定力与频率为二倍工频的交变力组成的合力。其中，恒定分力的幅值为$F_{\mathrm{c}}^2 \Lambda_0^2 / 4\mu_0$，此恒定力均匀作用于定子内圆表面，其合力为零，由于其不具备脉动性质，故此恒定力不会引起发电机定子的径向振动。交变力分量的幅值亦为$F_{\mathrm{c}}^2 \Lambda_0^2 / 4\mu_0$，此力的大小随时间发生变化，将激发定子产生与其交变频率同等频率的振动，即二倍频振动。故在正常运行情况下，发电机定子只存在二倍频振动。

定子轴向不平衡磁拉力与转子轴向不平衡磁拉力大小相同方向相反，利用电导纸模型法可得定子轴向不平衡磁拉力用转子轴向不平衡磁拉力公式表示为

$$F_{\text{zs}} = 0.0117b\frac{60}{f}\frac{E_{\text{r}}I_0}{L_0}\left(\frac{L_0}{L}\right)^2\sum\left[\left(\frac{\partial L}{\partial x}\right)_{\text{ends}} + \left(\frac{\partial L}{\partial x}\right)_{\text{ducts}}\right]\text{pounds} \quad （5\text{-}4）$$

式中：b 为相数，取 $b=3$；f 为频率，取 $f=50\text{Hz}$；L 为定转子间的有效作用长度；L_0 为转子的实际长度，英寸；E_{r} 和 I_0 分别为正常情况时的相电压和相电流的有效值；$\partial L / \partial x$ 为定转子有效作用长度比上定转子实际轴向长度的变化率，包括端部部分和通风槽部分。

由于通风槽部分对轴向磁拉力的影响程度较小，为了便于表达，忽略通风槽对定子轴向磁拉力的影响。将式（5-4）转换为国际单位制，则

$$F_{\text{zs}} = 2.04898\times b\left(\frac{60}{f}\right)\frac{E_{\text{r}}I_0}{L_0}\left(\frac{L_0}{L}\right)^2\left(\frac{\partial L}{\partial x}\right)_{\text{ends}} \quad （5\text{-}5）$$

变化率 $\partial L / \partial x$ 和有效长度 L 的值可以由式（5-6）计算：

$$\begin{cases} -\dfrac{\partial L}{\partial x} = 1 - \dfrac{2}{\pi}\text{arc cot}\dfrac{\Delta z}{g(\alpha_{\text{m}})} \\ L = L_0 - \Delta z \end{cases} \quad （5\text{-}6）$$

式中：Δz 为轴向静偏心距离。

将相数 b 及频率 f 的数值代入式（5-5），并将式中的 E_{r} 和 I_0 利用电磁感应定律进一步推导可得

$$\begin{aligned} F_{\text{zs}} &= 2.04898\times b\left(\frac{60}{f}\right)\frac{E_{\text{r}}I_0}{L_0}\left(\frac{L_0}{L}\right)^2\left[\frac{2}{\pi}\text{arccot}\frac{\Delta z}{g(\alpha_{\text{m}})} - 1\right] \\ &= 7.37634\frac{E_{\text{r}}I_0L_0}{L^2}\left[\frac{2}{\pi}\text{arc cot}\frac{\Delta z}{g(\alpha_{\text{m}})} - 1\right] \\ &= 7.37634k\frac{B(\alpha_{\text{m}},t)Lv\cdot[B(\alpha_{\text{m}},t)Lv / Z]L_0}{L^2}\left[\frac{2}{\pi}\text{arccot}\frac{\Delta z}{g(\alpha_{\text{m}})} - 1\right] \\ &= 7.37634k\frac{B^2(\alpha_{\text{m}},t)v^2L_0}{Z}\left[\frac{2}{\pi}\text{arccot}\frac{\Delta z}{g(\alpha_{\text{m}})} - 1\right] \end{aligned} \quad （5\text{-}7）$$

式中：$B(\alpha_{\text{m}},t)$ 为气隙磁通密度；v 为磁场的线性旋转速度（$v=2\pi Rn/60$，n 为旋转速度）；Z 为定子绕组与负载的总电抗；k 为系数，表示通过 $B(\alpha_{\text{m}},t)$ 计算的瞬态电压电流与 E_{r} 和 I_0 之间的关系。

将式（3-5）、式（3-19）代入式（5-7），可得

$$F_{ZS} = 3.68817k \frac{F_c^2 A_0^2 v^2 L_0 [1 + \cos(2\omega t - 2\alpha_m + 2\beta)]}{Z} \left(\frac{2}{\pi} \operatorname{arccot} \frac{\Delta z}{g_0} - 1 \right) \quad （5-8）$$

式中：F_c 为气隙正常情况下的气隙合成磁势。

正常状态下的 Δz 为零，代入式（5-8），可得发电机在正常情况下的定子轴向不平衡磁拉力为零。

根据本节理论分析可得，在正常运行情况下，发电机定子只受径向单位面积磁拉力的激励而产生振动响应，该力包含直流成分和二倍频成分。直流成分不会引发定子的振动，而二倍频成分将引起定子产生径向的周期性振动。

5.2.2　径向偏心故障下的定子磁拉力

在气隙径向偏心故障下，通过结合式（3-20）及式（5-3）可得气隙径向偏心故障下发电机定子所受径向单位面积磁拉力为

$$
\begin{aligned}
q(\alpha_m, t) = \frac{F_c^2 A_0^2}{4\mu_0} \Bigg[& 1 + \frac{3\delta_s^2}{2} + \frac{3\delta_d^2}{2} + \frac{3\delta_s^2 \delta_d^2}{2} + \frac{3\delta_s^4}{8} + \frac{3\delta_d^4}{8} + \left(2 + \frac{3}{2}\delta_s^2 + 3\delta_d^2 \right)\delta_s \cos\alpha_m \\
& + \frac{\delta_s^2}{2}(3 + \delta_s^2 + 3\delta_d^2)\cos 2\alpha_m + \frac{\delta_s^3}{2}\cos 3\alpha_m + \frac{\delta_s^4}{8}\cos 4\alpha_m \\
& + \frac{3\delta_s^2 \delta_d^2}{8}\cos(2\beta - 2\alpha_m - 2\Phi_0) + \frac{3\delta_s \delta_d^2}{4}\cos(2\beta - \alpha_m - 2\Phi_0) \\
& + \frac{\delta_d^2}{4}(3 + 3\delta_s^2 + \delta_d^2)\cos(2\beta - 2\Phi_0) + \frac{3\delta_s \delta_d^2}{4}\cos(2\beta + \alpha_m - 2\Phi_0) \\
& + \frac{3\delta_s^2 \delta_d^2}{8}\cos(2\beta + 2\alpha_m - 2\Phi_0) + \frac{3}{2}\delta_s \delta_d(2 + \delta_s^2 + \delta_d^2)\cos(\omega t + \Phi_0) \\
& + \left(2 + 3\delta_s^2 + \frac{3}{2}\delta_d^2 \right)\delta_d \cos(\omega t - \alpha_m + \Phi_0) + \frac{3\delta_s^2 \delta_d}{2}\cos(\omega t + \alpha_m + \Phi_0) \\
& + \left(3 + \frac{3}{2}\delta_s^2 + \frac{3}{2}\delta_d^2 \right)\delta_s \delta_d \cos(\omega t - 2\alpha_m + \Phi_0) + \frac{\delta_s^3 \delta_d}{2}\cos(\omega t + 2\alpha_m + \Phi_0) \\
& + \frac{3\delta_s^2 \delta_d}{2}\cos(\omega t - 3\alpha_m + \Phi_0) + \frac{\delta_s^3 \delta_d}{2}\cos(\omega t - 4\alpha_m + \Phi_0) \\
& + \frac{\delta_s^3 \delta_d}{4}\cos(\omega t - 4\alpha_m + 2\beta - \Phi_0) + \frac{3\delta_s^2 \delta_d}{4}\cos(\omega t - 3\alpha_m + 2\beta - \Phi_0) \\
& + \frac{3}{4}\delta_s \delta_d(2 + \delta_s^2 + \delta_d^2)\cos(\omega t - 2\alpha_m + 2\beta - \Phi_0)
\end{aligned}
$$

$$+\frac{\delta_s\delta_d^3}{4}\cos(\omega t-2\alpha_m-2\beta+3\Phi_0)+\left(1+\frac{3}{2}\delta_s^2+\frac{3}{4}\delta_d^2\right)\delta_d$$

$$\cos(\omega t-\alpha_m+2\beta-\Phi_0)+\frac{\delta_d^3}{4}\cos(\omega t-\alpha_m-2\beta+3\Phi_0)$$

$$+\frac{3}{4}\delta_s\delta_d(2+\delta_s^2+\delta_d^2)\cos(\omega t+2\beta-\Phi_0)+\frac{\delta_s\delta_d^3}{4}\cos(\omega t-2\beta+3\Phi_0)$$

$$+\frac{3\delta_s^2\delta_d}{4}\cos(\omega t+\alpha_m+2\beta-\Phi_0)+\frac{\delta_s^3\delta_d}{4}\cos(\omega t+2\alpha_m+2\beta-\Phi_0)$$

$$+\frac{3\delta_s^2\delta_d^2}{4}\cos(2\omega t+2\Phi_0)+\frac{3\delta_s\delta_d^2}{2}\cos(2\omega t-\alpha_m+2\Phi_0)$$

$$+\frac{\delta_d^2}{2}(3+3\delta_s^2+\delta_d^2)\cos(2\omega t-2\alpha_m+2\Phi_0)+\frac{3\delta_s\delta_d^2}{2}\cos(2\omega t-3\alpha_m+2\Phi_0)$$

$$+\frac{3\delta_s^2\delta_d^2}{4}\cos(2\omega t-4\alpha_m+2\Phi_0)+\frac{\delta_s^4}{16}\cos(2\omega t-6\alpha_m+2\beta)$$

$$+\frac{\delta_s^3}{4}\cos(2\omega t-5\alpha_m+2\beta)+\frac{\delta_s^2}{4}(3+\delta_s^2+3\delta_d^2)\cos(2\omega t-4\alpha_m+2\beta)$$

$$+\left(1+\frac{3}{4}\delta_s^2+\frac{3}{2}\delta_d^2\right)\delta_s\cos(2\omega t-3\alpha_m+2\beta)$$

$$+\left(1+\frac{3\delta_s^2}{2}+\frac{3\delta_d^2}{2}+\frac{3\delta_s^2\delta_d^2}{2}+\frac{3\delta_s^4}{8}+\frac{3\delta_d^4}{8}\right)\cos(2\omega t-2\alpha_m+2\beta)$$

$$+\frac{\delta_d^4}{16}\cos(2\omega t-2\alpha_m-2\beta+4\Phi_0)+\left(1+\frac{3}{4}\delta_s^2+\frac{3}{2}\delta_d^2\right)\delta_s\cos(2\omega t-\alpha_m+2\beta)$$

$$+\frac{\delta_s^2}{4}(3+\delta_s^2+3\delta_d^2)\cos(2\omega t+2\beta)+\frac{\delta_s^3}{4}\cos(2\omega t+\alpha_m+2\beta)$$

$$+\frac{\delta_s^4}{16}\cos(2\omega t+2\alpha_m+2\beta)+\frac{\delta_s\delta_d^3}{2}\cos(3\omega t-2\alpha_m+3\Phi_0)+\frac{\delta_d^3}{2}\cos(3\omega t-3\alpha_m$$

$$+3\Phi_0)+\frac{\delta_s\delta_d^3}{2}\cos(3\omega t-4\alpha_m+3\Phi_0)+\frac{\delta_s^3\delta_d}{4}\cos(3\omega t-6\alpha_m+2\beta+\Phi_0)$$

$$+\frac{3\delta_s^2\delta_d}{4}\cos(3\omega t-5\alpha_m+2\beta+\Phi_0)+\frac{3}{4}\delta_s\delta_d(2+\delta_s^2+\delta_d^2)\cos(3\omega t-4\alpha_m+2\beta$$

$$+\Phi_0)+\left(1+\frac{3}{2}\delta_s^2+\frac{3}{4}\delta_d^2\right)\delta_d\cos(3\omega t-3\alpha_m+2\beta+\Phi_0)+\frac{3}{4}\delta_s\delta_d(2+\delta_s^2+\delta_d^2)$$

$$\cos(3\omega t-2\alpha_m+2\beta+\Phi_0)+\frac{3\delta_s^2\delta_d}{4}\cos(3\omega t-\alpha_m+2\beta+\Phi_0)$$

$$+\frac{\delta_s^3\delta_d}{4}\cos(3\omega t+2\beta+\Phi_0)+\frac{\delta_d^4}{8}\cos(4\omega t-4\alpha_m+4\Phi_0)+\frac{3\delta_s^2\delta_d^2}{8}\cos(4\omega t$$

$$
\begin{aligned}
&-2\alpha_{\mathrm{m}}+2\beta+2\Phi_0)+\frac{3\delta_s\delta_d^2}{4}\cos(4\omega t-3\alpha_{\mathrm{m}}+2\beta+2\Phi_0)+\frac{\delta_d^2}{4}(3+3\delta_s^2+\delta_d^2) \\
&\cos(4\omega t-4\alpha_{\mathrm{m}}+2\beta+2\Phi_0)+\frac{3\delta_s\delta_d^2}{4}\cos(4\omega t-5\alpha_{\mathrm{m}}+2\beta+2\Phi_0) \\
&+\frac{3\delta_s^2\delta_d^2}{8}\cos(4\omega t-6\alpha_{\mathrm{m}}+2\beta+2\Phi_0)+\frac{\delta_s\delta_d^3}{4}\cos(5\omega t-4\alpha_{\mathrm{m}}+3\Phi_0+2\beta) \\
&+\frac{\delta_d^3}{4}\cos(5\omega t-5\alpha_{\mathrm{m}}+3\Phi_0+2\beta)+\frac{\delta_s\delta_d^3}{4}\cos(5\omega t-6\alpha_{\mathrm{m}}+3\Phi_0+2\beta) \\
&+\frac{\delta_d^4}{16}\cos(6\omega t-6\alpha_{\mathrm{m}}+4\Phi_0+2\beta)\Bigg]
\end{aligned} \tag{5-9}
$$

将 $\delta_s\neq0$，$\delta_d=0$ 代入式（5-9），即可得到气隙径向静偏心故障下发电机定子所受径向单位面积磁拉力表达式为

$$
\begin{aligned}
q(\alpha_{\mathrm{m}},t)=\frac{F_c^2\Lambda_0^2}{4\mu_0}\Bigg[&1+\frac{3\delta_s^2}{2}+\frac{3\delta_s^4}{8}+(2+\frac{3}{2}\delta_s^2)\delta_s\cos\alpha_{\mathrm{m}}+\frac{\delta_s^2}{2}(3+\delta_s^2)\cos2\alpha_{\mathrm{m}} \\
&+\frac{\delta_s^3}{2}\cos3\alpha_{\mathrm{m}}+\frac{\delta_s^4}{8}\cos4\alpha_{\mathrm{m}}+\frac{\delta_s^4}{16}\cos(2\omega t-6\alpha_{\mathrm{m}}+2\beta) \\
&+\frac{\delta_s^3}{4}\cos(2\omega t-5\alpha_{\mathrm{m}}+2\beta)+\frac{\delta_s^2}{4}(3+\delta_s^2)\cos(2\omega t-4\alpha_{\mathrm{m}}+2\beta) \\
&+\left(1+\frac{3}{4}\delta_s^2\right)\delta_s\cos(2\omega t-3\alpha_{\mathrm{m}}+2\beta)+(1+\frac{3\delta_s^2}{2}+\frac{3\delta_s^4}{8}) \\
&\cos(2\omega t-2\alpha_{\mathrm{m}}+2\beta)+\left(1+\frac{3}{4}\delta_s^2\right)\delta_s\cos(2\omega t-\alpha_{\mathrm{m}}+2\beta) \\
&+\frac{\delta_s^2}{4}(3+\delta_s^2)\cos(2\omega t+2\beta)+\frac{\delta_s^3}{4}\cos(2\omega t+\alpha_{\mathrm{m}}+2\beta) \\
&+\frac{\delta_s^4}{16}\cos(2\omega t+2\alpha_{\mathrm{m}}+2\beta)\Bigg]
\end{aligned} \tag{5-10}
$$

由式（5-10）可知，在气隙径向静偏心故障下，发电机定子径向单位面积磁拉力中仍然包含直流成分和二倍频成分，发电机定子依然仅产生二倍频径向振动。此外，对比式（5-3）可以发现，气隙静偏心故障发生后定子径向单位面积磁拉力将呈现出两个新的特点：一是由于静偏心量为正值，故各二倍频成分系数较正常情况下有所增加；二是从各频率成分表达式的大小上看，气隙径向静偏心故障下直流成分与二倍频成分的幅值应大于正常情况下相应成分的幅值。且随着气隙静偏心故障程度的加剧，静偏心量 δ_s 增加，直流成分和二倍频成分的幅值将增大，定子二倍频振动将更为剧

烈，同时定子铁芯产生径向变形的趋势也将更加明显。

将 $\delta_s = 0$，$\delta_d \neq 0$ 代入式（5-9），即可得到气隙径向动偏心故障下发电机定子所受径向单位面积磁拉力表达式：

$$
\begin{aligned}
q(\alpha_m, t) = \frac{F_c^2 \Lambda_0^2}{4\mu_0} \Bigg[& 1 + \frac{3\delta_d^2}{2} + \frac{3\delta_d^4}{8} + \frac{\delta_d^2}{4}(3 + \delta_d^2)\cos(2\beta - 2\Phi_0) \\
& + \left(2 + \frac{3}{2}\delta_d^2\right)\delta_d \cos(\omega t - \alpha_m + \Phi_0) \\
& + \left(1 + \frac{3}{4}\delta_d^2\right)\delta_d \cos(\omega t - \alpha_m + 2\beta - \Phi_0) \\
& + \frac{\delta_d^3}{4}\cos(\omega t - \alpha_m - 2\beta + 3\Phi_0) \\
& + \frac{\delta_d^2}{2}(3 + \delta_d^2)\cos(2\omega t - 2\alpha_m + 2\Phi_0) \\
& + \left(1 + \frac{3\delta_d^2}{2} + \frac{3\delta_d^4}{8}\right)\cos(2\omega t - 2\alpha_m + 2\beta) \\
& + \frac{\delta_d^4}{16}\cos(2\omega t - 2\alpha_m - 2\beta + 4\Phi_0) + \frac{\delta_d^3}{2}\cos(3\omega t - 3\alpha_m + 3\Phi_0) \\
& + \left(1 + \frac{3}{4}\delta_d^2\right)\delta_d \cos(3\omega t - 3\alpha_m + 2\beta + \Phi_0) \\
& + \frac{\delta_d^4}{8}\cos(4\omega t - 4\alpha_m + 4\Phi_0) + \frac{\delta_d^2}{4}(3 + \delta_d^2) \\
& \cos(4\omega t - 4\alpha_m + 2\beta + 2\Phi_0) + \frac{\delta_d^3}{4}\cos(5\omega t - 5\alpha_m + 3\Phi_0 \\
& + 2\beta) + \frac{\delta_d^4}{16}\cos(6\omega t - 6\alpha_m + 4\Phi_0 + 2\beta) \Bigg]
\end{aligned}
\tag{5-11}
$$

由式（5-11）可知，在气隙径向动偏心故障下，发电机定子径向单位面积磁拉力中除含有正常情况下的直流成分和二倍频成分外，还新增了一倍频与三～六倍频的频率成分，定子将产生一～六倍频的径向振动。同样，通过对比式（5-3）可以得出，气隙径向动偏心故障下直流成分与二倍频成分的幅值同样要大于正常情况下相应频率成分的幅值。并且随着气隙动偏心故障程度的加剧，动偏心量 δ_d 增加，单位面积磁拉力各频率成分的幅值都将增大，由此引发的定子一～六倍频振动及定子铁芯径向变形趋势也将更为明显。

当 $\delta_s \neq 0$ 且 $\delta_d \neq 0$ 时，式（5-9）即为气隙径向动静混合偏心故障下发电机定子所受径向单位面积磁拉力表达式。气隙径向动静混合偏心故障可以看作是气隙静偏心故障和气隙动偏心故障的叠加，在气隙径向动静混合偏心故障下，发电机定子径向单位面积磁拉力中含有直流成分以及一～六倍频的频率成分。随着气隙动静混合偏心故障程度的加剧，定子径向单位面积磁拉力各频率成分的幅值都将增大，定子一～六倍频径向振动及定子铁芯径向变形趋势也更为剧烈。但相较于同种故障程度下的单一故障，气隙动静混合偏心故障的故障特征将更为明显。

与单一气隙静偏心故障下定子径向单位面积磁拉力进行对比可以发现，气隙径向动静混合偏心故障下的定子单位面积磁拉力除两者共有的直流成分与二倍频成分外，还新增了一倍频成分和三～六倍频成分。且相同故障程度下的气隙径向动静混合偏心故障下直流成分与二倍频成分的幅值要大于气隙径向静偏心故障下相应频率成分的幅值。

与单一气隙动偏心故障下定子径向单位面积磁拉力进行对比可以发现，两者的频率成分基本一致。从各频率成分表达式的项数来看，气隙径向动静混合偏心故障下定子径向单位面积磁拉力除六倍频成分外各频率成分的项数要多于气隙径向动偏心故障下相应频率成分，而两种情况下六倍频成分的项数保持一致。由此可以得出在相同故障程度下，气隙径向动静混合偏心故障下的定子所受径向单位面积磁拉力直流成分、一～五倍频成分的幅值要大于气隙径向动偏心故障下相应频率成分的幅值，而两者六倍频成分的幅值相近。

通过上述理论推导可知气隙径向偏心故障主要通过改变气隙磁导来影响气隙磁通密度，进而影响定子所受单位面积磁拉力。通过对比三种偏心故障类型可以得出，不论何种偏心种类，发电机定子磁拉力中均含有直流分量成分和二倍频成分，而气隙动偏心故障与气隙径向动静混合偏心故障将新增一倍频成分和三～六倍频成分，且各倍频成分均随故障程度的增加而增大。

通过结合式（3-20）及式（5-7）可得气隙径向偏心故障下的定子轴向不平衡磁拉力表达式为

$$F_{zs} = 2.04898 \times b \left(\frac{60}{f} \right) \frac{E_a I_{a0}}{L_0} \left(\frac{L_0}{L} \right)^2 \left[\frac{2}{\pi} \text{arccot} \frac{\Delta z}{g(\alpha_m)} - 1 \right]$$

$$= 7.37634 \frac{E_{\mathrm{a}} I_{\mathrm{a0}} L_0}{L^2} \left[\frac{2}{\pi} \mathrm{arccot} \frac{\Delta z}{g(\alpha_{\mathrm{m}})} - 1 \right]$$

$$= 7.37634 k \frac{B(\alpha_{\mathrm{m}}, t) Lv \cdot [B(\alpha_{\mathrm{m}}, t) Lv / Z] L_0}{L^2} \left[\frac{2}{\pi} \mathrm{arccot} \frac{\Delta z}{g(\alpha_{\mathrm{m}})} - 1 \right] \quad (5\text{-}12)$$

$$= 7.37634 k \frac{B^2(\alpha_{\mathrm{m}}, t) v^2 L_0}{Z} \left[\frac{2}{\pi} \mathrm{arccot} \frac{\Delta z}{g(\alpha_{\mathrm{m}})} - 1 \right]$$

式中：E_{a} 和 I_{a0} 分别为气隙径向偏心状态下相电压和相电流的有效值；$g(\alpha_{\mathrm{m}})$ 为径向气隙长度。

由于气隙径向偏心故障不改变定转子间轴向的相对位置，故气隙径向偏心故障下的 Δz 依然为零，代入式（5-12）可得发电机在气隙径向偏心下定子所受轴向不平衡磁拉力为零。

由上述分析可知，在正常情况及气隙径向偏心故障下定子不受轴向不平衡磁拉力的作用，只需要考虑定子径向单位面积磁拉力对定子振动及变形产生的影响。

5.2.3　轴向静偏心故障下的定子磁拉力

在气隙轴向静偏心故障下，气隙磁导不发生改变，而气隙磁势发生变化。通过结合式（3-23）和式（5-3）可得发电机定子所受径向单位面积磁拉力为

$$q(\alpha_{\mathrm{m}}, t) = \frac{B(\alpha_{\mathrm{m}}, t)^2}{2\mu_0} = \frac{[F_{\mathrm{c1}} \cos(\omega t - \alpha_{\mathrm{m}} + \beta_1) \varLambda_0]^2}{2\mu_0}$$

$$= \frac{F_{\mathrm{c1}}{}^2 \varLambda_0{}^2}{4\mu_0} [1 + \cos(2\omega t - 2\alpha_{\mathrm{m}} + 2\beta_1)] \quad (5\text{-}13)$$

式中：F_{c1} 为轴向静偏心故障下的气隙合成磁势。

由式（5-13）可知，在气隙轴向静偏心故障下，定子径向单位面积磁拉力仍然包含直流成分和二倍频成分，但与正常状态下的径向单位面积磁拉力相比，由于轴向静偏心后的合成磁势 F_{c1} 小于正常状态下的合成磁势 F_{c}，所以在气隙轴向静偏心故障发生后直流成分和二倍频成分的幅值将减小。并且随着气隙轴向静偏心故障程度的加剧，F_{c1} 将继续减小，进而导致各频率成分的幅值与定子周期振动的幅度也越来越小。

气隙轴向静偏心故障下，除气隙磁势改变引发的气隙磁通密度发生改

变外，由于定转子间轴向相对位置的变化，转子的有效作用长度也发生改变。结合式（3-23）与式（5-7）可得气隙轴向静偏心故障下的定子轴向不平衡磁拉力可由式（5-14）表示：

$$F_{zs} = 3.68817k \frac{F_{c1}^2 \varLambda_0^2 v^2 L_0 [1+\cos(2\omega t - 2\alpha_m + 2\beta_1)]}{Z} \left(\frac{2}{\pi} \text{arccot} \frac{\Delta z}{g_0} - 1 \right) \quad (5\text{-}14)$$

相较于正常情况与气隙径向偏心故障，气隙轴向静偏心故障发生后 Δz 不再为零，定子将受到轴向不平衡磁拉力。由式（5-14）可得该力含直流成分和二倍频成分。随着气隙轴向静偏心故障程度的加剧，定子轴向不平衡磁拉力将增大。

综上所述，发电机气隙轴向静偏心故障下，定子同时受到径向单位面积磁拉力和轴向不平衡磁拉力的作用，且两力都包含直流成分和二倍频成分。故发电机发生气隙轴向静偏心故障时不仅会产生径向的二倍频振动，还将产生轴向的二倍频振动。随着气隙轴向静偏心故障程度的加剧，定子径向单位面积磁拉力将减小，而轴向不平衡磁拉力将增大。

5.2.4 三维复合静偏心故障下的定子磁拉力

通过结合式（3-26）和式（5-3）可得气隙三维复合静偏心故障下发电机定子所受径向单位面积磁拉力表达式为

$$
\begin{aligned}
q(\alpha_m, t) = \frac{F_{c1}^2 \varLambda_0^2}{4\mu_0} \Bigg[& 1 + \frac{3\delta_s^2}{2} + \frac{3\delta_s^4}{8} + \left(2 + \frac{3}{2}\delta_s^2 \right) \delta_s \cos\alpha_m \\
& + \frac{\delta_s^2}{2}(3+\delta_s^2)\cos 2\alpha_m + \frac{\delta_s^3}{2}\cos 3\alpha_m + \frac{\delta_s^4}{8}\cos 4\alpha_m \\
& + \frac{\delta_s^4}{16}\cos(2\omega t - 6\alpha_m + 2\beta_1) + \frac{\delta_s^3}{4}\cos(2\omega t - 5\alpha_m + 2\beta_1) \\
& + \frac{\delta_s^2}{4}(3+\delta_s^2)\cos(2\omega t - 4\alpha_m + 2\beta_1) + \left(1 + \frac{3}{4}\delta_s^2\right)\delta_s \\
& \cos(2\omega t - 3\alpha_m + 2\beta_1) + \left(1 + \frac{3\delta_s^2}{2} + \frac{3\delta_s^4}{8}\right) \\
& \cos(2\omega t - 2\alpha_m + 2\beta_1) + \left(1 + \frac{3}{4}\delta_s^2\right)\delta_s \cos(2\omega t - \alpha_m \\
& + 2\beta_1) + \frac{\delta_s^2}{4}(3+\delta_s^2)\cos(2\omega t + 2\beta_1)
\end{aligned}
$$

$$+ \frac{\delta_s^3}{4} \cos(2\omega t + \alpha_m + 2\beta_1)$$

$$+ \frac{\delta_s^4}{16} \cos(2\omega t + 2\alpha_m + 2\beta_1) \Bigg]$$

(5-15)

根据式（5-15），在气隙三维复合静偏心故障下，定子所受径向单位面积磁拉力存在直流成分和二倍频成分，定子将产生二倍频径向振动。气隙径向偏心故障将影响气隙磁导，气隙轴向静偏心故障将影响气隙磁势，两者都会影响定子所受径向单位面积磁拉力。

通过将复合故障与单一故障下定子径向单位面积磁拉力进行比较可以得出以下结论：气隙轴向静偏心故障程度相同时，气隙三维复合静偏心故障下定子所受径向单位面积磁拉力各频率幅值大于单一气隙轴向静偏心故障下相应频率成分的幅值，且随着气隙径向静偏心故障程度的加剧，δ_s 将会增大，定子所受径向单位面积磁拉力与定子铁芯产生径向变形的趋势也将增大；气隙径向静偏心故障程度相同时，气隙三维复合静偏心故障下定子所受径向单位面积磁拉力各频率成分的幅值要比单一气隙径向静偏心故障下相应频率成分的幅值小，且随着气隙轴向静偏心故障程度的加剧，气隙合成磁势 F_{c1} 将会减小，各频率成分幅值与定子铁芯径向变形趋势也将减小。

通过结合式（3-26）及式（5-7），可得气隙三维复合静偏心故障下定子轴向不平衡磁拉力表达式为

$$F_{ZS} = 3.68817k \frac{F_{c1}^2 \Lambda_0^2 v^2 L_0}{z} \left[\frac{2}{\pi} \text{arc cot} \frac{\Delta z}{g_0 (1 - \delta_s \cos \alpha_m)} - 1 \right]$$

$$\times \Bigg[1 + \frac{3\delta_s^2}{2} + \frac{3\delta_s^4}{8} + (2 + \frac{3}{2}\delta_s^2)\delta_s \cos \alpha_m + \frac{\delta_s^2}{2}(3 + \delta_s^2) \cos 2\alpha_m$$

$$+ \frac{\delta_s^3}{2} \cos 3\alpha_m + \frac{\delta_s^4}{8} \cos 4\alpha_m + \frac{\delta_s^4}{16} \cos(2\omega t - 6\alpha_m + 2\beta_1)$$

$$+ \frac{\delta_s^3}{4} \cos(2\omega t - 5\alpha_m + 2\beta_1) + \frac{\delta_s^2}{4}(3 + \delta_s^2) \cos(2\omega t - 4\alpha_m + 2\beta_1)$$

$$+ (1 + \frac{3}{4}\delta_s^2)\delta_s \cos(2\omega t - 3\alpha_m + 2\beta_1)$$

$$+ \left(1 + \frac{3\delta_s^2}{2} + \frac{3\delta_s^4}{8} \right) \cos(2\omega t - 2\alpha_m + 2\beta_1)$$

$$+\left(1+\frac{3}{4}\delta_s^2\right)\delta_s\cos(2\omega t-\alpha_m+2\beta_1)$$

$$+\frac{\delta_s^2}{4}(3+\delta_s^2)\cos(2\omega t+2\beta_1)+\frac{\delta_s^3}{4}\cos(2\omega t+\alpha_m+2\beta_1) \qquad (5-16)$$

$$+\frac{\delta_s^4}{16}\cos(2\omega t+2\alpha_m+2\beta_1)\Bigg]$$

根据式（5-16），在气隙三维复合静偏心故障下，发电机定子轴向不平衡磁拉力中含有直流分量与二倍频成分，且气隙径向偏心和气隙轴向静偏心都会对定子轴向不平衡磁拉力产生影响。根据前文所述，气隙径向偏心故障单独发生时定子所受轴向不平衡磁拉力始终为零，故气隙径向偏心故障能对定子轴向不平衡磁拉力产生影响的前提条件是气隙轴向静偏心故障已经发生。

通过比较复合故障与单一故障下定子轴向不平衡磁拉力可以得出以下结论：当气隙轴向静偏心故障程度相同时，气隙三维复合静偏心故障下定子轴向不平衡磁拉力各频率成分幅值要大于单一气隙轴向静偏心故障下相应频率成分的幅值，且发电机定子轴向不平衡磁拉力与轴向二倍频振动幅度都将随着气隙径向静偏心故障程度的加剧而增大；当气隙径向静偏心故障程度相同时，气隙三维复合静故障下定子轴向不平衡磁拉力各频率成分的幅值要比单一气隙径向静偏心故障下相应成分的幅值大，且随着气隙轴向静偏心故障程度的加剧，气隙合成磁势 F_{c1} 减小，发电机定子轴向不平衡磁拉力与定子轴向二倍频振动也将相应减小。

5.3   气隙偏心对转子不平衡磁拉力的影响

5.3.1   正常情况下的转子不平衡磁拉力

由于发电机转子为实心圆柱体结构，具备较大刚度，在其外圆表面各点均有受力，故转子产生振动的实质激振力为转子外圆表面所受的单位面积径向磁拉力在整个圆周上积分得到的合力。同时，转子在轴向也将受到轴向不平衡磁拉力。

通过式（5-3），对转子外圆表面单位面积径向磁拉力沿转子圆周方向进行积分运算，可以求得作用于转子上的径向不平衡磁拉力。正常运行状态下作用于转子 x 方向与 y 方向的不平衡磁拉力为

$$\begin{cases} F_x = LR\displaystyle\int_0^{2\pi} q(\alpha_{\mathrm{m}},t)\cos\alpha_{\mathrm{m}}\,\mathrm{d}\alpha_{\mathrm{m}} \\[2mm] \quad = LR\displaystyle\int_0^{2\pi}\frac{F_{\mathrm{c}}^2\varLambda_0^2}{4\mu_0}[1+\cos(2\omega t-2\alpha_{\mathrm{m}}+2\beta)]\cos\alpha_{\mathrm{m}}\,\mathrm{d}\alpha_{\mathrm{m}}=0 \\[2mm] F_y = LR\displaystyle\int_0^{2\pi} q(\alpha_{\mathrm{m}},t)\sin\alpha_{\mathrm{m}}\,\mathrm{d}\alpha_{\mathrm{m}} \\[2mm] \quad = LR\displaystyle\int_0^{2\pi}\frac{F_{\mathrm{c}}^2\varLambda_0^2}{4\mu_0}[1+\cos(2\omega t-2\alpha_{\mathrm{m}}+2\beta)]\sin\alpha_{\mathrm{m}}\,\mathrm{d}\alpha_{\mathrm{m}}=0 \end{cases} \tag{5-17}$$

由式（5-17）可得，在正常情况下，发电机转子在 x 方向与 y 方向所受到的不平衡磁拉力均为零，故理论上发电机转子在正常运行状态下不产生径向振动。

正常情况下定转子间气隙长度为 g_0，利用电导纸模型法可得转子轴向不平衡磁拉力公式为

$$F_{\mathrm{ZR}} = 7.37634k\frac{B^2(\alpha_{\mathrm{m}},t)v^2 L_0}{Z}\left(\frac{2}{\pi}\mathrm{arccot}\frac{\Delta z}{g_0}-1\right) \tag{5-18}$$

正常状态下定转子间不发生轴向相对位移，故 Δz 为零，代入式（5-18）可得发电机在正常情况下的转子轴向不平衡磁拉力为零。

综上所述，在理论上发电机在正常运行情况下转子不受力。

5.3.2　径向偏心故障下的转子不平衡磁拉力

通过式（5-9）及式（5-17）可得在气隙径向偏心故障下，对单位面积磁拉力沿圆周方向积分得到转子所受的不平衡磁拉力表达式为

$$\begin{cases} F_x = \dfrac{LRF_{\mathrm{c}}^2\varLambda_0^2\pi}{4\mu_0}\Bigg[\left(2+\dfrac{3}{2}\delta_{\mathrm{s}}^2+3\delta_{\mathrm{d}}^2\right)\delta_{\mathrm{s}}+\dfrac{3\delta_{\mathrm{s}}\delta_{\mathrm{d}}^2}{2}\cos(2\beta-2\varPhi_0) \\[3mm] \quad +\left(2+\dfrac{9}{2}\delta_{\mathrm{s}}^2+\dfrac{3}{2}\delta_{\mathrm{d}}^2\right)\delta_{\mathrm{d}}\cos(\omega t+\varPhi_0)+\left(1+\dfrac{9}{4}\delta_{\mathrm{s}}^2+\dfrac{3}{4}\delta_{\mathrm{d}}^2\right) \\[3mm] \quad \delta_{\mathrm{d}}\cos(\omega t+2\beta-\varPhi_0)+\dfrac{\delta_{\mathrm{d}}^3}{4}\cos(\omega t-2\beta+3\varPhi_0) \\[3mm] \quad +\dfrac{3\delta_{\mathrm{s}}\delta_{\mathrm{d}}^2}{2}\cos(2\omega t+2\varPhi_0)+\left(1+\delta_{\mathrm{s}}^2+\dfrac{3}{2}\delta_{\mathrm{d}}^2\right)\delta_{\mathrm{s}}\cos(2\omega t+2\beta) \\[3mm] \quad +\dfrac{3\delta_{\mathrm{s}}^2\delta_{\mathrm{d}}}{4}(3\omega t+2\beta+\varPhi_0)\Bigg] \end{cases}$$

$$\begin{cases} F_y = \dfrac{LRF_c^2 \varLambda_0^2 \pi}{4\mu_0}\left[\left(2+\dfrac{3}{2}\delta_s^2+\dfrac{3}{2}\delta_d^2\right)\delta_d\sin(\omega t+\varPhi_0)+\left(1+\dfrac{3}{4}\delta_s^2+\dfrac{3}{4}\delta_d^2\right)\right. \\[2mm] \qquad\quad \delta_d\sin(\omega t+2\beta-\varPhi_0)+\dfrac{\delta_d^3}{4}\sin(\omega t-2\beta+3\varPhi_0) \\[2mm] \qquad\quad +\dfrac{3\delta_s\delta_d^2}{2}\sin(2\omega t+2\varPhi_0)+\left(1+\dfrac{1}{2}\delta_s^2+\dfrac{3}{2}\delta_d^2\right)\delta_s\sin(2\omega t+2\beta) \\[2mm] \left. \qquad\quad +\dfrac{3\delta_s^2\delta_d}{4}\sin(3\omega t+2\beta+\varPhi_0)\right] \end{cases} \quad (5\text{-}19)$$

将 $\delta_s\neq0$，$\delta_d=0$ 代入式（5-19），即可得到气隙径向静偏心故障下转子径向不平衡磁拉力的表达式为

$$\begin{cases} F_x = \dfrac{LRF_c^2 \varLambda_0^2 \pi}{4\mu_0}\left[\left(2+\dfrac{3}{2}\delta_s^2\right)\delta_s+(1+\delta_s^2)\delta_s\cos(2\omega t+2\beta)\right] \\[3mm] F_y = \dfrac{LRF_c^2 \varLambda_0^2 \pi}{4\mu_0}\left(1+\dfrac{1}{2}\delta_s^2\right)\delta_s\sin(2\omega t+2\beta) \end{cases} \quad (5\text{-}20)$$

由式（5-20）可知，在气隙径向静偏心故障下，转子 x 方向的不平衡磁拉力将出现直流分量与二倍频成分，转子 y 方向的不平衡磁拉力仅出现二倍频成分。由此可得，发电机转子将在 x 方向受到不平衡磁拉力直流分量的作用，其方向恒定，并不随转子旋转而发生变化，同时转子 x、y 方向将会产生二倍频的径向振动。随着气隙径向静偏心故障程度的加剧，各频率成分幅值与转子二倍频振动幅度都将增大，转子产生径向变形的趋势也愈加明显。

将 $\delta_s=0$，$\delta_d\neq0$ 代入式（5-19），即可得到气隙径向动偏心故障下转子所受的径向不平衡磁拉力表达式为

$$\begin{cases} F_x = \dfrac{LRF_c^2 \varLambda_0^2 \pi}{4\mu_0}\left[\left(2+\dfrac{3}{2}\delta_d^2\right)\delta_d\cos(\omega t+\varPhi_0)+\left(1+\dfrac{3}{4}\delta_d^2\right)\delta_d\right. \\[2mm] \left. \qquad\quad \cos(\omega t+2\beta-\varPhi_0)+\dfrac{\delta_d^3}{4}\cos(\omega t-2\beta+3\varPhi_0)\right] \\[3mm] F_y = \dfrac{LRF_c^2 \varLambda_0^2 \pi}{4\mu_0}\left[\left(2+\dfrac{3}{2}\delta_d^2\right)\delta_d\sin(\omega t+\varPhi_0)+\left(1+\dfrac{3}{4}\delta_d^2\right)\delta_d\right. \\[2mm] \left. \qquad\quad \sin(\omega t+2\beta-\varPhi_0)+\dfrac{\delta_d^3}{4}\sin(\omega t-2\beta+3\varPhi_0)\right] \end{cases} \quad (5\text{-}21)$$

由式（5-21）可知，气隙径向动偏心故障发生后转子 x 方向与 y 方向

的不平衡磁拉力将出现基频成分，转子将产生一倍频的径向振动。虽然动偏心故障下定转子间最小气隙位置将伴随着转子的旋转而发生周期性变化，但随着气隙径向动偏心故障程度的加剧，最小气隙处的气隙磁通密度幅值依然会增大，所以转子径向不平衡磁拉力幅值与一倍频径向振动幅度都将更为明显。

当 $\delta_s \neq 0$ 且 $\delta_d \neq 0$ 时，式（5-19）即为气隙径向动静混合偏心故障下发电机转子所受的径向不平衡磁拉力表达式。在气隙径向动静混合偏心故障下，转子 x 方向的不平衡磁拉力出现直流分量与一～三倍频成分，转子 y 方向的不平衡磁拉力仅出现一～三倍频成分。发电机转子在 x 方向受到的直流分量力的长期作用下可能引发转子产生一定程度的径向变形，但不会引发转子产生径向振动，转子 x、y 方向不平衡磁拉力的一～三倍频成分则会使转子产生一～三倍频的径向振动。随着气隙动静混合偏心故障程度的加剧，发电机转子在 x 方向受到直流分量力将增大，转子径向变形程度加剧；同时，转子 x、y 方向不平衡磁拉力一～三倍频成分的幅值将增大，故相应倍频的径向振动幅度与径向变形趋势将更为明显。

通过对比式（5-19）与式（5-20）可以发现，气隙径向动静混合偏心故障下发电机转子 x 方向的不平衡磁拉力除了两者共有的直流成分与二倍频成分外，新增了一倍频成分和三倍频成分；y 方向的不平衡磁拉力除了两者共有的二倍频成分外，也新增了一倍频成分和三倍频成分。且气隙径向动静混合偏心故障下发电机转子 x 方向与 y 方向的不平衡磁拉力中频率成分的幅值都要大于气隙径向静偏心单一故障下的相应频率成分幅值。

通过将式（5-19）与式（5-21）进行对比可以发现，气隙径向动静混合偏心故障下发电机转子 x 方向的不平衡磁拉力除了两者共有的一倍频成分外，还多出了直流分量、二倍频成分与三倍频成分；y 方向的不平衡磁拉力除了一倍频成分外，也新增了二倍频成分与三倍频成分。且气隙径向动静混合偏心故障下发电机转子 x 方向与 y 方向不平衡磁拉力中频率成分的幅值同样大于气隙径向动偏心单一故障下的相应频率成分幅值。综上所述，在相同故障程度下，发电机在气隙径向动静混合偏心故障下产生径向变形的趋势要比在单一偏心故障类型下大。

由于转子轴向不平衡磁拉力与定子轴向不平衡磁拉力大小相同方向相反，结合式（5-12）可得气隙径向偏心故障下的转子轴向不平衡磁拉力可

表示为

$$F_{ZR} = 7.37634k\frac{B^2(\alpha_m,t)v^2L_0}{Z}\left[\frac{2}{\pi}\text{arccot}\frac{\Delta z}{g(\alpha_m)}-1\right] \quad (5-22)$$

由于气隙径向偏心故障不改变定转子间的轴向相对位置，故径向偏心故障下的 Δz 也为零，代入式（5-22），可得发电机在气隙径向偏心故障下的转子轴向不平衡磁拉力为零。

可见，正常情况及气隙径向偏心故障下只需要考虑转子所受径向不平衡磁拉力，不需要考虑转子轴向不平衡磁拉力的影响。

5.3.3　轴向静偏心故障下的转子不平衡磁拉力

通过结合式（3-23）和式（5-17）可得在气隙轴向静偏心故障下，作用于转子 x 方向与 y 方向的不平衡磁拉力为

$$\begin{cases} F_x = LR\int_0^{2\pi}q(\alpha_m,t)\cos\alpha_m d\alpha_m \\ \quad = LR\int_0^{2\pi}\frac{F_{c1}^2\Lambda_0^2}{4\mu_0}[1+\cos(2\omega t-2\alpha_m+2\beta_1)]\cos\alpha_m d\alpha_m = 0 \\ F_y = LR\int_0^{2\pi}q(\alpha_m,t)\sin\alpha_m d\alpha_m \\ \quad = LR\int_0^{2\pi}\frac{F_{c1}^2\Lambda_0^2}{4\mu_0}[1+\cos(2\omega t-2\alpha_m+2\beta_1)]\sin\alpha_m d\alpha_m = 0 \end{cases} \quad (5-23)$$

由式（5-23）可知，在气隙轴向静偏心故障下，发电机转子在 x 方向与 y 方向所受到的不平衡磁拉力均为零，故理论上发电机转子在气隙轴向静偏心故障下不产生径向振动。

结合式（5-14）可得气隙轴向静偏心故障下转子轴向不平衡磁拉力表达式为

$$F_{ZR} = 3.68817k\frac{F_{c1}^2\Lambda_0^2v^2L_0[1+\cos(2\omega t-2\alpha_m+2\beta_1)]}{Z}\left(\frac{2}{\pi}\text{arccot}\frac{\Delta z}{g_0}-1\right) \quad (5-24)$$

气隙轴向静偏心故障发生后定转子间将产生轴向的相对位移，故 Δz 不再为零，转子将受到轴向不平衡磁拉力，该力包含直流成分和二倍频成分，故发电机转子将产生轴向二倍频振动。随着气隙轴向静偏心故障程度的加剧，轴向不平衡磁拉力也将增大。

5.3.4 三维复合静偏心故障下的转子不平衡磁拉力

通过式（5-15）和式（5-17）可得，气隙三维复合静偏心故障下作用于转子 x 方向与 y 方向的不平衡磁拉力为

$$\begin{cases} F_x = \dfrac{LRF_{c1}^2 \varLambda_0^2 \pi}{4\mu_0}\left[\left(2+\dfrac{3}{2}\delta_s^2\right)\delta_s + (1+\delta_s^2)\delta_s\cos(2\omega t + 2\beta_1)\right] \\ F_y = \dfrac{LRF_{c1}^2 \varLambda_0^2 \pi}{4\mu_0}(1+\dfrac{1}{2}\delta_s^2)\delta_s\sin(2\omega t + 2\beta_1) \end{cases} \tag{5-25}$$

由式（5-25）可知，在气隙三维复合静偏心故障下，转子 x 方向的不平衡磁拉力出现直流分量与二倍频成分，转子 y 方向的不平衡磁拉力出现二倍频成分。转子在 x 方向不平衡磁拉力直流分量的长期作用下可能会产生一定程度的径向变形，在 x 方向与 y 方向不平衡磁拉力二倍频成分的作用下会产生二倍频的径向振动。

比较复合故障与单一故障下定子轴向不平衡磁拉力，可以得出以下结论：气隙轴向静偏心故障程度相同时，复合故障下转子所受径向不平衡磁拉力各频率成分的幅值要大于单一气隙轴向静偏心故障下相应频率成分的幅值，且随着气隙径向静偏心故障程度的加剧，转子所受的径向不平衡磁拉力幅值与转子径向变形趋势都将增大；气隙径向静偏心故障程度相同时，由于气隙合成磁势减小，故复合故障下转子所受径向不平衡磁拉力各频率成分的幅值要小于单一气隙径向静偏心故障下相应成分的幅值，且随着气隙轴向静偏心故障程度的加剧，转子径向不平衡磁拉力幅值与转子径向变形趋势都将减小。

结合式（5-18），可得气隙三维复合静偏心故障下转子轴向不平衡磁拉力表达式为

$$F_{ZR} = 3.68817k\frac{F_{c1}^2 \varLambda_0^2 v^2 L_0}{z}\left(\frac{2}{\pi}\operatorname{arccot}\frac{\Delta z}{g_0(1-\delta_s\cos\alpha_m)} - 1\right)$$

$$\times\left[1 + \frac{3\delta_s^2}{2} + \frac{3\delta_s^4}{8} + \left(2+\frac{3}{2}\delta_s^2\right)\delta_s\cos\alpha_m + \frac{\delta_s^2}{2}(3+\delta_s^2)\cos2\alpha_m + \frac{\delta_s^3}{2}\cos3\alpha_m\right.$$

$$+ \frac{\delta_s^4}{8}\cos4\alpha_m + \frac{\delta_s^4}{16}\cos(2\omega t - 6\alpha_m + 2\beta_1) + \frac{\delta_s^3}{4}\cos(2\omega t - 5\alpha_m + 2\beta_1)$$

$$\left.+ \frac{\delta_s^2}{4}(3+\delta_s^2)\cos(2\omega t - 4\alpha_m + 2\beta_1)\right.$$

$$+ \left(1 + \frac{3}{4}\delta_s^2\right)\delta_s \cos(2\omega t - 3\alpha_m + 2\beta_1) + \left(1 + \frac{3\delta_s^2}{2} + \frac{3\delta_s^4}{8}\right)$$

$$\cos(2\omega t - 2\alpha_m + 2\beta_1) + \left(1 + \frac{3}{4}\delta_s^2\right)\delta_s \cos(2\omega t - \alpha_m + 2\beta_1)$$

$$+ \frac{\delta_s^2}{4}(3 + \delta_s^2)\cos(2\omega t + 2\beta_1) + \frac{\delta_s^3}{4}\cos(2\omega t + \alpha_m + 2\beta_1)$$

$$+ \frac{\delta_s^4}{16}\cos(2\omega t + 2\alpha_m + 2\beta_1) \Bigg]$$

$$(5\text{-}26)$$

根据式（5-26），在气隙三维复合静偏心故障下，发电机转子轴向不平衡磁拉力中含有直流分量与二倍频成分，且气隙径向偏心和气隙轴向静偏心都会影响转子轴向不平衡磁拉力。同理，由于气隙径向偏心单一故障下转子轴向不平衡磁拉力为零，故只有在气隙轴向静偏心故障已经发生的前提下气隙径向偏心故障才能对转子轴向不平衡磁拉力产生影响。

通过比较复合故障与单一故障下转子轴向不平衡磁拉力可以得出以下结论：气隙轴向静偏心故障程度相同时，复合故障下转子所受轴向不平衡磁拉力各频率成分的幅值要大于单一气隙轴向静偏心故障下相应频率成分的幅值，且随着气隙径向静偏心故障程度的加剧，转子轴向不平衡磁拉力幅值与二倍频振动都将增大；气隙径向静偏心故障程度相同时，随着气隙轴向静偏心故障程度的加剧，转子轴向不平衡磁拉力幅值与二倍频振动也将增大。

综上所述，在气隙三维复合静偏心故障下，径向偏心和轴向静偏心都会影响转子轴向不平衡磁拉力大小及其频率成分幅值，但是最终结果取决于两种偏心故障类型的相对故障程度。

本 章 小 结

本章对正常状态、气隙径向偏心故障、气隙轴向静偏心故障及气隙三维复合静偏心故障下的定子所受径向单位面积磁拉力、定转子轴向不平衡磁拉力、转子所受径向不平衡磁拉力进行理论分析，结论如下：

（1）正常状态下，发电机定子径向单位面积磁拉力中含有直流分量与二倍频成分，定转子轴向不平衡磁拉力为零，转子所受径向不平衡磁拉力也为零。

（2）在气隙径向静偏心故障下，发电机定子径向单位面积磁拉力中仍然包含直流成分和二倍频成分，其幅值要比正常情况下相应成分的幅值更大；同时，转子将产生径向不平衡磁拉力，转子 x 方向的不平衡磁拉力同样会出现直流分量与二倍频成分，转子 y 方向的不平衡磁拉力仅含有二倍频成分；由于定转子间轴向相对位置不发生改变，故定转子轴向不平衡磁拉力依然为零。随着气隙静偏心故障程度的加剧，定子径向单位面积磁拉力与转子径向不平衡磁拉力都将增大，相应频率成分对应的振动也将增大。

在气隙径向动偏心故障下，定子径向单位面积磁拉力中除含有直流成分外，还含有一～六倍频的频率成分，且直流成分与二倍频成分的幅值同样要大于正常情况下的相应频率成分幅值；转子同样产生径向不平衡磁拉力，转子 x 方向与 y 方向的不平衡磁拉力仅出现基频成分；定转子轴向不平衡磁拉力为零。随着气隙动偏心故障程度的加剧，定子径向单位面积磁拉力将增大，定子一～六倍频振动幅度与定子铁芯径向变形趋势将更为明显；同时，转子所受的径向不平衡磁拉力基频成分幅值将增大，转子基频振动幅度也将增大。

在气隙径向动静混合偏心故障下，定子径向单位面积磁拉力中含有直流分量以及一～六倍频的频率成分，且在故障程度相同的情况下其频率成分幅值大于单一故障下相应频率成分幅值；转子 x 方向的不平衡磁拉力将出现直流分量与一～三倍频的频率成分，同时，转子 y 方向的不平衡磁拉力仅出现一～三倍频的频率成分；定转子轴向不平衡磁拉力同样为零。随着气隙动静混合偏心故障程度的加剧，定子径向单位面积磁拉力与转子径向不平衡磁拉力将增大，相应频率成分对应的振动也将增大。

（3）在气隙轴向静偏心故障下，定子径向单位面积磁拉力仍然包含直流成分和二倍频成分，但其幅值相较于正常情况下有所减小；发电机转子在 x 方向与 y 方向将不再受到径向不平衡磁拉力；同时，由于定转子间轴向相对位置发生变化，故定转子将受到轴向不平衡磁拉力，该力包含直流成分和二倍频成分。随着气隙轴向静偏心故障程度的加剧，定子径向单位面积磁拉力将逐渐减小，定转子轴向不平衡磁拉力将增大。

（4）在气隙三维复合静偏心故障下，定子径向单位面积磁拉力中同样含有直流分量与二倍频成分；转子 x 方向的径向不平衡磁拉力将出现直流分量与二倍频成分，转子 y 方向的径向不平衡磁拉力仅出现二倍频成分；同时，发电机定转子轴向不平衡磁拉力中将含有直流分量与二倍频成分。在该故障类型下径向偏心故障和轴向静偏心故障都将对定子径向单位面积磁拉力、定转子轴向不平衡磁拉力及转子所受径向不平衡磁拉力产生影响，定转子轴向不平衡磁拉力将随故障程度的增大而增大，而定子径向单位面积磁拉力与转子径向不平衡磁拉力的变化趋势应根据两种单一故障类型的相对故障程度而定。

第6章

气隙偏心对电磁转矩波动特性的影响

6.1 正常运行下的电磁转矩

电磁转矩是另一个机电耦合项，产生电动势和电磁转矩是实现机电能量转换的关键。

忽略损耗，发电机在正常时气隙磁场能量可表示为

$$W = \int_v \frac{\left[B(\alpha_m, t)\right]^2}{2\mu_0} dv$$
$$= \frac{1}{2}L \int_0^{2\pi} R(\alpha_m) \Lambda(\alpha_m) \left[f(\alpha_m, t)\right]^2 d\alpha_m \tag{6-1}$$

式中：W 为气隙磁场能量；p 为极对数；v 为作用于转子在气隙内部参与机电能量转换的有效体积；ψ 为发电机内功角；L 为发电机轴向有效长度；$R(\alpha_m)$ 为气隙的平均半径。

$$R(\alpha_m) = r + \frac{g(\alpha_m)}{2} = \frac{R+r}{2} = R_0 \tag{6-2}$$

式中：r 为转子外圆半径；R 为定子内圆半径；R_0 为正常运行时气隙平均半径。

当转子的微小角位移 $\Delta\psi$（既可以是实际角位移，也可以是设想的虚角位移）引起系统的磁场能量变化时，转子上将受到电磁转矩的作用；电磁转矩的大小等于单位微小角位移时磁能的变化率，即

$$T_{em} = p \frac{\partial W}{\partial \psi} \tag{6-3}$$

式中：p 为极对数，目前国内大型汽轮发电机均为一对极，故 $p=1$。

下面计算电磁转矩均采用能量法。

联立式（3-2）、式（3-5）、式（6-1）和式（6-2），即可得到发电机正常状态下的气隙磁场能量可表示为

$$W(t)=\frac{1}{2}L\int_0^{2\pi}R(\alpha_m)\Lambda(\alpha_m)\left[f(\alpha_m,t)\right]^2\mathrm{d}\alpha_m$$

$$=\frac{R_0L\Lambda_0}{2}\int_0^{2\pi}\left[F_r\cos\left(\omega t-\alpha_m+\psi+\frac{\pi}{2}\right)+F_s\cos(\omega t-\alpha_m)\right]^2\mathrm{d}\alpha_m$$

$$=\frac{R_0L\Lambda_0}{2}\int_0^{2\pi}\left[F_r^2\cos^2\left(\omega t-\alpha_m+\psi+\frac{\pi}{2}\right)+F_s^2\cos^2(\omega t-\alpha_m)\right.$$

$$\left.+2F_rF_s\cos\left(\omega t-\alpha_m+\psi+\frac{\pi}{2}\right)\cos(\omega t-\alpha_m)\right]\mathrm{d}\alpha_m$$

$$=\frac{R_0L\Lambda_0}{2}\int_0^{2\pi}\left[F_r^2\frac{1+\cos 2\left(\omega t-\alpha_m+\psi+\frac{\pi}{2}\right)}{2}+F_s^2\frac{1+\cos 2(\omega t-\alpha_m)}{2}\right.\quad(6\text{-}4)$$

$$\left.+2F_rF_s\frac{\cos\left(2\omega t-2\alpha_m+\psi+\frac{\pi}{2}\right)+\cos\left(\psi+\frac{\pi}{2}\right)}{2}\right]\mathrm{d}\alpha_m$$

$$=\frac{R_0L\Lambda_0\pi}{2}\left[F_r^2+F_s^2+2F_rF_s\cos\left(\psi+\frac{\pi}{2}\right)\right]$$

$$=\frac{R_0L\Lambda_0\pi}{2}(F_r^2+F_s^2-2F_rF_s\sin\psi)$$

联立式（6-3）和式（6-4），即可得到发电机正常状态下的电磁转矩特性公式：

$$T(t)=-R_0L\Lambda_0\pi F_rF_s\cos\psi\qquad(6\text{-}5)$$

由式（6-5）可见，电磁转矩的大小与参数 F_r、F_s 和 L 等有关，且均为正比。故在发电机正常状况下的电磁转矩为一定值，大小不发生改变。即正常运行时，电磁转矩是为常值，仅存在直流分量（0Hz）。

6.2　径向偏心故障下的电磁转矩

联立式（3-2）和式（3-11），即可得到发电机气隙径向偏心下的气隙磁场能量可表示为

$$W(t) = \frac{1}{2}L\int_0^{2\pi} R(\alpha_{\mathrm{m}})\Lambda(\alpha_{\mathrm{m}})\left[f(\alpha_{\mathrm{m}},t)\right]^2 \mathrm{d}\alpha_{\mathrm{m}}$$

$$= \frac{R_0 L \Lambda_0 \pi}{2}\left\{\left[\left(1+\frac{\delta_{\mathrm{s}}^2}{2}+\frac{\delta_{\mathrm{d}}^2}{2}\right)+\cos(\omega t+\Phi_0)\right]\left[F_{\mathrm{r}}^2+F_{\mathrm{s}}^2+2F_{\mathrm{r}}F_{\mathrm{s}}\cos\left(\psi+\frac{\pi}{2}\right)\right]\right.$$

$$+\frac{\delta_{\mathrm{s}}^2}{4}\left[F_{\mathrm{r}}^2\cos(2\omega t+2\psi+\pi)+F_{\mathrm{s}}^2\cos 2\omega t\right.$$

$$+2F_{\mathrm{r}}F_{\mathrm{s}}\cos\left(2\omega t+\psi+\frac{\pi}{2}\right)\right]+\frac{\delta_{\mathrm{d}}^2}{4}\left[F_{\mathrm{r}}^2\cos(2\psi+\pi-2\Phi_0)\right. \qquad (6\text{-}6)$$

$$+F_{\mathrm{s}}^2\cos 2\Phi_0+2F_{\mathrm{r}}F_{\mathrm{s}}\cos\left(\psi+\frac{\pi}{2}-2\Phi_0\right)\right]+\frac{\delta_{\mathrm{s}}\delta_{\mathrm{d}}}{2}\left[F_{\mathrm{r}}^2\cos(\omega t\right.$$

$$+2\psi+\pi-\Phi_0)+F_{\mathrm{s}}^2\cos(\omega t-\Phi_0)+2F_{\mathrm{r}}F_{\mathrm{s}}\cos\left(\omega t+\psi+\frac{\pi}{2}-\Phi_0\right)\right]\right\}$$

联立式（6-3）和式（6-6），即可得到发电机气隙径向偏心下的电磁转矩特性公式：

$$T(t) = p\frac{\partial W}{\partial \psi}$$

$$= -\frac{R_0 L \Lambda_0 \pi}{2}\left\{2F_{\mathrm{r}}F_{\mathrm{s}}\cos\psi\left[\left(1+\frac{\delta_{\mathrm{s}}^2}{2}+\frac{\delta_{\mathrm{d}}^2}{2}\right)+\delta_{\mathrm{s}}\delta_{\mathrm{d}}\cos(\omega t+\Phi_0)\right]\right.$$

$$+\frac{\delta_{\mathrm{s}}^2}{4}[2F_{\mathrm{r}}^2\sin(2\omega t+2\psi+\pi)+2F_{\mathrm{r}}F_{\mathrm{s}}\cos(2\omega t+\psi)]$$

$$+\frac{\delta_{\mathrm{d}}^2}{4}[2F_{\mathrm{r}}^2\sin(2\psi+\pi-2\Phi_0)+2F_{\mathrm{r}}F_{\mathrm{s}}\cos(\psi-2\Phi_0)]$$

$$+\frac{\delta_{\mathrm{s}}\delta_{\mathrm{d}}}{2}[2F_{\mathrm{r}}^2\sin(\omega t+2\psi+\pi-\Phi_0)+2F_{\mathrm{r}}F_{\mathrm{s}}\cos(\omega t+\psi-\Phi_0)]\right\} \qquad (6\text{-}7)$$

$$= -\frac{R_0 L \Lambda_0 \pi}{2}\left\{2F_{\mathrm{r}}F_{\mathrm{s}}\cos\psi\left[\left(1+\frac{\delta_{\mathrm{s}}^2}{2}+\frac{\delta_{\mathrm{d}}^2}{2}\right)+\delta_{\mathrm{s}}\delta_{\mathrm{d}}\cos(\omega t+\Phi_0)\right]\right.$$

$$+\frac{\delta_{\mathrm{s}}^2}{2}[F_{\mathrm{r}}^2\sin(2\omega t+2\psi+\pi)+F_{\mathrm{r}}F_{\mathrm{s}}\cos(2\omega t+\psi)]$$

$$+\frac{\delta_{\mathrm{d}}^2}{2}[F_{\mathrm{r}}^2\sin(2\psi+\pi-2\Phi_0)+F_{\mathrm{r}}F_{\mathrm{s}}\cos(\psi-2\Phi_0)]$$

$$+\delta_{\mathrm{s}}\delta_{\mathrm{d}}[F_{\mathrm{r}}^2\sin(\omega t+2\psi+\pi-\Phi_0)+F_{\mathrm{r}}F_{\mathrm{s}}\cos(\omega t+\psi-\Phi_0)]\right\}$$

将 $\delta_{\mathrm{s}}\neq 0$，$\delta_{\mathrm{d}}=0$ 代入式（6-7），即可得到气隙径向静偏心故障下发电机电磁转矩表达式：

$$T(t) = -\frac{R_0 L \Lambda_0 \pi}{2} \left\{ 2\left(1 + \frac{\delta_s^2}{2}\right) F_r F_s \cos\psi \right.$$

$$\left. + \frac{\delta_s^2}{2}[F_r^2 \sin(2\omega t + 2\psi + \pi) + F_r F_s \cos(2\omega t + \psi)] \right\}$$
（6-8）

由式（6-8）可知，在气隙径向静偏心故障下，将正常时的电磁转矩作为参考，发电机电磁转矩除了直流分量增大了 $0.5\delta_s^2 L R_0 \Lambda_0 \pi F_r F_s$ [气隙径向静偏心故障下直流值为 $L R_0 \Lambda_0 \pi F_r F_s (1 + 0.5\delta_s^2)\cos\psi$，而在正常状态只有 $L R_0 \Lambda_0 \pi F_r F_s \cos\psi$] 外，还新增了二次谐波分量。换言之，气隙静态偏心将会使发电机的稳态电磁转矩呈现出二倍基频的波动特性，可见随着气隙静态偏心程度的加剧，二倍频波动程度也将加剧。

将 $\delta_s = 0$，$\delta_d \neq 0$ 代入式（6-7），即可得到气隙径向动偏心故障下发电机电磁转矩表达式：

$$T(t) = -\frac{R_0 L \Lambda_0 \pi}{2} \left\{ \left(1 + \frac{\delta_d^2}{2}\right) 2 F_r F_s \cos\psi \right.$$

$$\left. + \frac{\delta_d^2}{2}[F_r^2 \sin(2\psi + \pi - 2\Phi_0) + F_r F_s \cos(\psi - 2\Phi_0)] \right\}$$
（6-9）

由式（6-9）可知，在气隙径向动偏心故障下，将正常时的电磁转矩式（6-5）作为参考，通过与其对比可以发现，两者电磁转矩均为常值，仅存在直流分量（0Hz）。

当 $\delta_s \neq 0$ 且 $\delta_d \neq 0$ 时，式（6-7）即为气隙径向动静混合偏心故障下发电机电磁转矩表达式。在气隙径向动静混合偏心故障下，电磁转矩含有直流分量、基频成分、二倍频成分。当保持动偏心量不变而静偏心量增加时，发电机电磁转矩也呈增加趋势，且电磁转矩的直流分量、基频分量与二倍频分量都随着动偏心量的增加而增加；当保持静偏心量不变而动偏心量增加时，发电机电磁转矩呈增加趋势，且电磁转矩的直流分量与基频分量都随着动偏心量的增加而增加，而二倍频成分不变。

与正常气隙相比，在电磁转矩成分上，气隙径向动静混合偏心故障多出两个额外的频率成分，分别是基频成分和二倍频成分，且气隙径向动静混合偏心故障下电磁转矩直流分量的幅值要大于正常气隙下电磁转矩直流分量的幅值。与气隙径向静偏心故障相比，气隙径向动静混合偏心故障在电磁转矩成分上多出一个基频成分，且气隙径向动静混合偏心故障下电磁转矩的直流分量和二倍频成分的幅值也要大于气隙径向静偏心故障下电磁转矩的直流分量和二倍频成分的幅值。最后，将气隙径向动静混合偏心故障与气隙径向动偏心故障进行比较，发现在电磁转矩成分上，气隙径向动静混合偏心故障多出两个额外的成分，即基频成分和二倍频成分，且气隙径向动静混合偏心故障下电磁转矩直流分量的幅值要大于气隙径向动偏心故障下电磁转矩直流分量的幅值。

6.3　轴向静偏心故障下的电磁转矩

联立式（3-3）、式（3-5）和式（6-1），即可得到发电机气隙轴向静偏心下的气隙磁场能量可表示为

$$
\begin{aligned}
W(t) &= \frac{1}{2}L(1-\Delta z)\int_0^{2\pi} R(\alpha_{\mathrm{m}})\varLambda(\alpha_{\mathrm{m}})\left[f(\alpha_{\mathrm{m}},t)\right]^2 \mathrm{d}\alpha_{\mathrm{m}} \\
&= \frac{R_0 L(1-\Delta z)\varLambda_0}{2}\int_0^{2\pi}\left[F_{\mathrm{r}1}\cos\left(\omega t-\alpha_{\mathrm{m}}+\psi+0.5\pi\right)+F_{\mathrm{s}1}\cos(\omega t-\alpha_{\mathrm{m}})\right]^2\mathrm{d}\alpha_{\mathrm{m}} \\
&= \frac{R_0 L(1-\Delta z)\varLambda_0}{2}\int_0^{2\pi}\left[F_{\mathrm{r}1}^2\cos^2\left(\omega t-\alpha_{\mathrm{m}}+\psi+\frac{\pi}{2}\right)+F_{\mathrm{s}1}^2\cos^2(\omega t-\alpha_{\mathrm{m}})\right. \\
&\quad \left.+2F_{\mathrm{r}1}F_{\mathrm{s}1}\cos\left(\omega t-\alpha_{\mathrm{m}}+\psi+\frac{\pi}{2}\right)\cos(\omega t-\alpha_{\mathrm{m}})\right]\mathrm{d}\alpha_{\mathrm{m}} \\
&= \frac{R_0 L(1-\Delta z)\varLambda_0}{2}\int_0^{2\pi}\left[F_{\mathrm{r}1}^2\frac{1+\cos^2\left(\omega t-\alpha_{\mathrm{m}}+\psi+\frac{\pi}{2}\right)}{2}\right. \\
&\quad +F_{\mathrm{s}1}^2\frac{1+\cos^2(\omega t-\alpha_{\mathrm{m}})}{2} \\
&\quad \left.+2F_{\mathrm{r}1}F_{\mathrm{s}1}\frac{\cos\left(2\omega t-2\alpha_{\mathrm{m}}+\psi+\frac{\pi}{2}\right)+\cos(\psi+\frac{\pi}{2})}{2}\right]\mathrm{d}\alpha_m \\
&= \frac{R_0 L(1-\Delta z)\varLambda_0\pi}{2}\left[F_{\mathrm{r}1}^2+F_{\mathrm{s}1}^2+2F_{\mathrm{r}1}F_{\mathrm{s}1}\cos\left(\psi+\frac{\pi}{2}\right)\right] \\
&= \frac{R_0 L(1-\Delta z)\varLambda_0\pi}{2}(F_{\mathrm{r}1}^2+F_{\mathrm{s}1}^2-2F_{\mathrm{r}1}F_{\mathrm{s}1}\sin\psi)
\end{aligned}
$$

$$（6\text{-}10）$$

联立式（6-3）和式（6-10），即可得到发电机气隙轴向静偏心下的电

磁转矩特性表达式：

$$T(t) = -R_0 L(1-\Delta z)\Lambda_0 \pi F_{r1} F_{s1} \cos\psi \qquad (6\text{-}11)$$

可见，气隙轴向静偏心主要通过改变气隙磁势来影响气隙磁场能量，进而改变电磁转矩。在气隙轴向静偏心故障下，发电机电磁转矩只有直流分量，但由于 $F_{r1} < F_r$，$F_{s1} < F_s$，且转子轴向有效长度由 L 变为 $L(1-\Delta z)$，因此气隙轴向静偏心下的电磁转矩将小于正常情况下的电磁转矩。

6.4　三维复合静偏心下的电磁转矩

联立式（3-4）、式（3-12）和式（6-1），即可得到发电机气隙三维复合静偏心下的气隙磁场能量可表示为

$$
\begin{aligned}
W(t) &= \frac{1}{2}L\int_0^{2\pi} R(\alpha_m)\Lambda(\alpha_m)\big[f(\alpha_m,t)\big]^2 \,\mathrm{d}\alpha_m \\
&= \frac{R_0 L\Lambda_0 \pi}{2}\Bigg\{ \Big[(1+\frac{\delta_s^2}{2}) \\
&\quad + \cos(\omega t + \Phi_0)\Big]\Big[F_{r1}^2 + F_{s1}^2 + 2F_{r1}F_{s1}\cos\Big(\psi + \frac{\pi}{2}\Big)\Big] \\
&\quad + \frac{\delta_s^2}{4}\Big[F_{r1}^2\cos(2\omega t + 2\psi + \pi) \\
&\quad + F_{s1}^2\cos 2\omega t + 2F_{r1}F_{s1}\cos\Big(2\omega t + \psi + \frac{\pi}{2}\Big)\Big]\Bigg\}
\end{aligned}
\qquad (6\text{-}12)
$$

联立式（6-3）和式（6-12），即可得到发电机气隙三维复合静偏心下的电磁转矩特性公式：

$$
\begin{aligned}
T(t) &= p\frac{\partial W}{\partial \psi} \\
&= -\frac{R_0 L\Lambda_0 \pi}{2}\Bigg\{ 2F_{r1}F_{s1}\cos\psi\Big(1+\frac{\delta_s^2}{2}\Big) \\
&\quad + \frac{\delta_s^2}{4}[2F_{r1}^2\sin(2\omega t + 2\psi + \pi) + 2F_{r1}F_{s1}\cos(2\omega t + \psi)] \\
&\quad + 2F_{r1}F_{s1}\cos(\psi - 2\Phi_0) + 2F_{r1}F_{s1}\cos(\omega t + \psi - \Phi_0)\Bigg\} \\
&= -\frac{R_0 L\Lambda_0 \pi}{2}\Bigg\{ 2\Big(1+\frac{\delta_s^2}{2}\Big)F_{r1}F_{s1}\cos\psi
\end{aligned}
$$

$$+ \frac{\delta_s^2}{2} [F_{r1}^2 \sin(2\omega t + 2\psi + \pi) + F_{r1}F_{s1}\cos(2\omega t + \psi)] \Bigg\} \qquad (6\text{-}13)$$

在气隙径向静偏心与气隙轴向静偏心复合故障下，发电机电磁转矩含有直流分量与二倍频成分。保持气隙轴向静偏心故障程度不变，随着气隙径向静偏心程度的加剧，电磁转矩的直流分量和二倍频幅值均增大；保持气隙径向静偏心程度不变，随着气隙轴向静偏心故障程度的加剧，电磁转矩的直流分量和二倍频幅值均减小。

在发生气隙三维复合静偏心故障时，径向偏心和轴向静偏心都会影响电磁转矩，但是最终的结果取决于两种偏心的相对程度。

本 章 小 结

本章对发电机正常运行及气隙偏心典型故障下的电磁转矩波动特性行分析，所得结论如下：

（1）通过理论分析可得，在正常时电磁转矩为常值，大小不发生改变，且无其他次谐波分量，仅存在直流分量。

（2）在气隙径向静偏心故障下，电磁转矩除了直流分量外，电磁转矩还产生二倍频成分，且随着径向静偏心程度加剧，电磁转矩的直流分量和二倍频幅值均增大。在气隙径向动偏心故障下，电磁转矩仅存在直流分量，且直流分量幅值比正常情况下大。在气隙径向动静混合偏心故障下，电磁转矩含有直流分量、基频成分、二倍频成分。

（3）在气隙轴向静偏心故障下，谐波成分和正常时一样，由于转子轴向有效长度由 L 变为 $L(1-\Delta z)$，因此轴向静偏心下的电磁转矩将小于正常情况下的电磁转矩。

（4）在气隙径向偏心与气隙轴向静偏心复合故障下，发电机电磁转矩含有直流分量与二倍频成分。保持气隙轴向静偏心故障程度不变，随着气隙径向静偏心程度的加剧，电磁转矩的直流分量和二倍频幅值均增大；保持气隙径向静偏心程度的加剧，随着气隙轴向静偏心故障下，电磁转矩的直流分量和二倍频幅值均减小。在混合静偏心时，径向静偏心和轴向静偏心都会影响电磁转矩的最大幅值，但是最终的结果取决于两种偏心的相对程度。

第 7 章

气隙偏心对定子绕组电磁力的影响

定子绕组是发电机的重要组成部分，可分为直线段绕组和端部绕组两部分，其中的端部绕组部分处于漏磁场中，结构复杂，且随着发电机容量不断增大，端部绕组所受电磁力也随之增大，故障率急剧上升。当发生气隙偏心故障时，不同位置的气隙磁通密度发生变化，定子铁芯会受到力的作用，从而导致定子绕组直线段会受到一定影响。同时，气隙磁通密度的改变也会导致定子绕组端部受力改变。因此，偏心故障下定子端部绕组受力更加复杂，绕组振动也更为复杂，绕组线棒上的绝缘或者构件损坏可能性大大上升，影响汽轮发电机的正常运行，甚至造成安全事故。

7.1　定子绕组力学模型

发电机定子绕组直线部分在定子本体是用槽契将绕组固定在定子槽内的，由于定子铁芯是用电工钢片叠装而成，在铁芯内主磁场方向大多为径向，定子绕组受到电磁力多为周向，故定子绕组直线部分振动可忽略不计。相比而言，发电机定子绕组端部是用绑扎方式固定在端部的支架上，同时又处于端部漏磁场中，会受到较大的电磁力作用。此外，绕组端部近似为悬臂梁，结构刚度比绕组直线部分低，所以定子绕组端部受力带来的振动将会更加剧烈，因此绕组端部受力将会是本章考虑的重点。通常，同步发电机中的定子端部绕组形成一个吊篮结构，绕组通常分布在槽内的两层，即上层和下层，上层更靠近转子，下层更靠近定子铁芯的外表面，端部绕组线圈由两个渐开线杆组成，一个在上层，另一个在下层，二者通过鼻部连接，如图 7-1（a）所示。

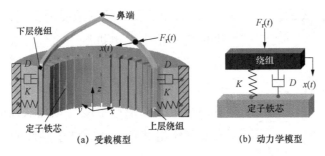

图 7-1　定子绕组端部结构及其受载示意

在端部绕组上有三种脉动电磁力，即径向力、轴向力和切向力。因此，端部绕组将承受沿着与力相同的方向的周期性运动，即振动。学者们发现径向振动具有最大振幅，故主要关注径向振动。定子铁芯被视为绕组的基础支撑，端部绕组等效动力学模型见图 7-1（b），表示激励和响应的动力学方程为

$$\begin{cases} \{F_r(t)\} - [D]\{x'(t)\} - [K]\{x'(t)\} = \{F_m(t)\} \\ a = x''(t) \\ \{F_m(t)\} = [M_0]\{a\} \end{cases} \tag{7-1}$$

式中：M_0 为绕组质量矩阵；D、K 分别为阻尼矩阵和刚度矩阵；$F_r(t)$ 为定子绕组电磁力；$x(t)$ 为位移；$x'(t)$ 为速度；a、$x''(t)$ 为加速度。

根据绕组电磁力与振动响应同频对应关系，绕组振动具有与绕组电磁力相同的频率成分。

7.2　正常及径向偏心故障下的绕组电磁力

根据式（3-19）和图 7-2 所示的绕组端部绕组电磁力模型示意图，通过安培定理和电磁感应定律，端部绕组所受的电磁力为

$$\begin{aligned} F(\alpha_m, t) &= \int_0^l B_1(\alpha_m, t) i(\alpha_m, t) \cos(\alpha_1) \sin(\beta_1) \mathrm{d}l \\ &= \int_0^l B_1(\alpha_m, t)[B(\alpha_m, t)Lv/Z] \cos(\alpha_1) \sin(\beta_1) \mathrm{d}l \\ &= \eta B^2(\alpha_m, t) L l_0 v / Z \\ &= \frac{F_c^2 \Lambda_0^2 \eta L l_0 v}{2Z}[1 + \cos(2\omega t - 2\alpha_m + 2\beta)] \end{aligned} \tag{7-2}$$

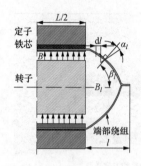

图 7-2　端部绕组电磁力模型

式中：$B(\alpha_{\mathrm{m}},t)$ 为绕组直线段气隙磁通密度；$B_l(\alpha_{\mathrm{m}},t)$ 为绕组端部气隙磁通密度；i 为电枢绕组电流，由于发电机绕组直线段和端部为一个有机整体，该电流可视为常值分量；L_{s} 为绕组直线段的长度；l_0 为端部绕组轴向长度；α_l 为端部绕组某点磁通密度与该点法线的夹角；β_l 为端部绕组某点法线与转子轴线的夹角；v 为直线段绕组切割磁感线的速度（近似于转子外缘的线速度）；η 为端部磁场相对于直线磁场间的衰减系数，$\eta=0\sim1$；Z 为绕组的阻抗。

由式（7-2）可以发现，发电机正常运行时定子绕组电磁力包含直流分量与二倍频分量，直流分量的长期作用下会使定子绕组产生一定程度上的变形，二倍频分量则会引起定子绕组产生二倍频振动。

由式（3-20）及式（7-2）可得，径向偏心故障下发电机定子绕组电磁力可表示为

$$
\begin{aligned}
F(\alpha_{\mathrm{m}},t) = \frac{F_{\mathrm{c}}^2 \Lambda_0^2 \eta L l_0 v}{2Z} \Bigg[&1 + \frac{3\delta_{\mathrm{s}}^2}{2} + \frac{3\delta_{\mathrm{d}}^2}{2} + \frac{3\delta_{\mathrm{s}}^2 \delta_{\mathrm{d}}^2}{2} + \frac{3\delta_{\mathrm{s}}^4}{8} + \frac{3\delta_{\mathrm{d}}^4}{8} \\
&+ \left(2 + \frac{3}{2}\delta_{\mathrm{s}}^2 + 3\delta_{\mathrm{d}}^2\right)\delta_{\mathrm{s}}\cos\alpha_{\mathrm{m}} + \frac{\delta_{\mathrm{s}}^2}{2}(3 + \delta_{\mathrm{s}}^2 + 3\delta_{\mathrm{d}}^2)\cos2\alpha_{\mathrm{m}} \\
&+ \frac{\delta_{\mathrm{s}}^3}{2}\cos3\alpha_{\mathrm{m}} + \frac{\delta_{\mathrm{s}}^4}{8}\cos4\alpha_{\mathrm{m}} + \frac{3\delta_{\mathrm{s}}^2\delta_{\mathrm{d}}^2}{8}\cos(2\beta - 2\alpha_{\mathrm{m}} - 2\Phi_0) \\
&+ \frac{3\delta_{\mathrm{s}}^2\delta_{\mathrm{d}}^2}{4}\cos(2\beta - \alpha_{\mathrm{m}} - 2\Phi_0) + \frac{\delta_{\mathrm{s}}^2}{4}(3 + 3\delta_{\mathrm{s}}^2 + \delta_{\mathrm{d}}^2)\cos(2\beta - 2\Phi_0) \\
&+ \frac{3\delta_{\mathrm{s}}^2\delta_{\mathrm{d}}^2}{4}\cos(2\beta + \alpha_{\mathrm{m}} - 2\Phi_0) + \frac{3\delta_{\mathrm{s}}^2\delta_{\mathrm{d}}^2}{8}\cos(2\beta + 2\alpha_{\mathrm{m}} - 2\Phi_0) \\
&+ \frac{3}{2}\delta_{\mathrm{s}}\delta_{\mathrm{d}}(2 + \delta_{\mathrm{s}}^2 + \delta_{\mathrm{d}}^2)\cos(\omega t + \Phi_0) + \left(2 + 3\delta_{\mathrm{s}}^2 + \frac{3}{2}\delta_{\mathrm{d}}^2\right) \\
&\delta_{\mathrm{d}}\cos(\omega t - \alpha_{\mathrm{m}} + \Phi_0) + \frac{3\delta_{\mathrm{s}}^2\delta_{\mathrm{d}}}{2}\cos(\omega t + \alpha_{\mathrm{m}} + \Phi_0) \\
&+ \left(3 + \frac{3}{2}\delta_{\mathrm{s}}^2 + \frac{3}{2}\delta_{\mathrm{d}}^2\right)\delta_{\mathrm{s}}\delta_{\mathrm{d}}^2\cos(\omega t - 2\alpha_{\mathrm{m}} + \Phi_0) \\
&+ \frac{\delta_{\mathrm{s}}^3\delta_{\mathrm{d}}}{2}\cos(\omega t + 2\alpha_{\mathrm{m}} + \Phi_0) + \frac{3\delta_{\mathrm{s}}^2\delta_{\mathrm{d}}}{2}\cos(\omega t - 3\alpha_{\mathrm{m}} + \Phi_0)
\end{aligned}
$$

$$+\frac{\delta_s^3\delta_d}{2}\cos(\omega t-4\alpha_m+\Phi_0)+\frac{\delta_s^3\delta_d}{4}\cos(\omega t-4\alpha_m+2\beta-\Phi_0)$$

$$+\frac{3\delta_s^2\delta_d}{4}\cos(\omega t-3\alpha_m+2\beta-\Phi_0)+\frac{3}{4}\delta_s\delta_d(2+\delta_s^2+\delta_d^2)\cos(\omega t-2\alpha_m$$

$$+2\beta-\Phi_0)+\frac{\delta_s\delta_d^3}{4}\cos(\omega t-2\alpha_m-2\beta+3\Phi_0)+\left(1+\frac{3}{2}\delta_s^2+\frac{3}{4}\delta_d^2\right)\delta_d$$

$$\cos(\omega t-\alpha_m+2\beta-\Phi_0)+\frac{\delta_d^3}{4}\cos(\omega t-\alpha_m-2\beta+3\Phi_0)$$

$$+\frac{3}{4}\delta_s\delta_d(2+\delta_s^2+\delta_d^2)\cos(\omega t+2\beta-\Phi_0)+\frac{\delta_s\delta_d^3}{4}\cos(\omega t-2\beta+3\Phi_0)$$

$$+\frac{3\delta_s^2\delta_d}{4}\cos(\omega t+\alpha_m+2\beta-\Phi_0)+\frac{\delta_s^3\delta_d}{4}\cos(\omega t+2\alpha_m+2\beta-\Phi_0)$$

$$+\frac{3\delta_s^2\delta_d^2}{4}\cos(2\omega t+2\Phi_0)+\frac{3\delta_s\delta_d^2}{2}\cos(2\omega t-\alpha_m+2\Phi_0)$$

$$+\frac{\delta_d^2}{2}(3+3\delta_s^2+\delta_d^2)\cos(2\omega t-2\alpha_m+2\Phi_0)$$

$$+\frac{3\delta_s\delta_d^2}{2}\cos(2\omega t-3\alpha_m+2\Phi_0)+\frac{3\delta_s\delta_d^2}{4}\cos(2\omega t-4\alpha_m+2\Phi_0)$$

$$+\frac{\delta_s^4}{16}\cos(2\omega t-6\alpha_m+2\beta)+\frac{\delta_s^3}{4}\cos(2\omega t-5\alpha_m+2\beta)$$

$$+\frac{\delta_s^2}{4}(3+\delta_s^2+3\delta_d^2)\cos(2\omega t-4\alpha_m+2\beta)$$

$$+\left(1+\frac{3}{4}\delta_s^2+\frac{3}{2}\delta_d^2\right)\delta_s\cos(2\omega t-3\alpha_m+2\beta)$$

$$+\left(1+\frac{3\delta_s^2}{2}+\frac{3\delta_d^2}{2}+\frac{3\delta_s^2\delta_d^2}{2}+\frac{3\delta_s^4}{8}+\frac{3\delta_d^4}{8}\right)\cos(2\omega t-2\alpha_m+2\beta)$$

$$+\frac{\delta_d^4}{16}\cos(2\omega t-2\alpha_m-2\beta+4\Phi_0)+\left(1+\frac{3}{4}\delta_s^2+\frac{3}{2}\delta_d^2\right)\delta_s$$

$$\cos(2\omega t-\alpha_m+2\beta)+\frac{\delta_s^2}{4}(3+\delta_s^2+3\delta_d^2)\cos(2\omega t+2\beta)$$

$$+\frac{\delta_s^3}{4}\cos(2\omega t+\alpha_m+2\beta)+\frac{\delta_s^4}{16}\cos(2\omega t+2\alpha_m+2\beta)$$

$$+\frac{\delta_s\delta_d^3}{2}\cos(3\omega t-2\alpha_m+3\Phi_0)+\frac{\delta_d^3}{2}\cos(3\omega t-3\alpha_m+3\Phi_0)$$

$$+\frac{\delta_s\delta_d^3}{2}\cos(3\omega t-4\alpha_m+3\Phi_0)+\frac{\delta_s^3\delta_d}{4}\cos(3\omega t-6\alpha_m+2\beta+\Phi_0)$$

$$+\frac{3\delta_s^2\delta_d}{4}\cos(3\omega t-5\alpha_m+2\beta+\Phi_0)+\frac{3}{4}\delta_s\delta_d(2+\delta_s^2+\delta_d^2)$$

$$\cos(3\omega t-4\alpha_m+2\beta+\Phi_0)+\left(1+\frac{3}{2}\delta_s^2+\frac{3}{4}\delta_d^2\right)\delta_d$$

$$\cos(3\omega t-3\alpha_m+2\beta+\Phi_0)+\frac{3}{4}\delta_s\delta_d(2+\delta_s^2+\delta_d^2)$$

$$\cos(3\omega t-2\alpha_m+2\beta+\Phi_0)+\frac{3\delta_s^2\delta_d}{4}\cos(3\omega t-\alpha_m+2\beta+\Phi_0)$$

$$+\frac{\delta_s^3\delta_d}{4}\cos(3\omega t+2\beta+\Phi_0)+\frac{\delta_d^4}{8}\cos(4\omega t-4\alpha_m+4\Phi_0) \qquad (7\text{-}3)$$

$$+\frac{3\delta_s^2\delta_d^2}{8}\cos(4\omega t-2\alpha_m+2\beta+2\Phi_0)+\frac{3\delta_s\delta_d^2}{4}\cos(4\omega t-3\alpha_m+2\beta$$

$$+2\Phi_0)+\frac{\delta_d^2}{4}(3+3\delta_s^2+\delta_d^2)\cos(4\omega t-4\alpha_m+2\beta+2\Phi_0)$$

$$+\frac{3\delta_s\delta_d^2}{4}\cos(4\omega t-5\alpha_m+2\beta+2\Phi_0)+\frac{3\delta_s^2\delta_d^2}{8}\cos(4\omega t-6\alpha_m+2\beta+2\Phi_0)$$

$$+\frac{\delta_s\delta_d^3}{4}\cos(5\omega t-4\alpha_m+3\Phi_0+2\beta)+\frac{\delta_d^3}{4}\cos(5\omega t-5\alpha_m+3\Phi_0+2\beta)$$

$$+\frac{\delta_s\delta_d^3}{4}\cos(5\omega t-6\alpha_m+3\Phi_0+2\beta)+\frac{\delta_d^4}{16}\cos(6\omega t-6\alpha_m+4\Phi_0+2\beta)\Bigg]$$

将 $\delta_s\neq0$，$\delta_d=0$ 代入式（7-3），即可得到径向静偏心故障下发电机定子绕组电磁力表达式：

$$F(\alpha_m,t)=\frac{F_c^2A_0^2\eta Ll_0v}{2Z}\Bigg[1+\frac{3\delta_s^2}{2}+\frac{3\delta_s^4}{8}+\left(2+\frac{3}{2}\delta_s^2\right)\delta_s\cos\alpha_m$$

$$+\frac{\delta_s^2}{2}(3+\delta_s^2)\cos2\alpha_m+\frac{\delta_s^3}{2}\cos3\alpha_m+\frac{\delta_s^4}{8}\cos4\alpha_m$$

$$+\frac{\delta_s^4}{16}\cos(2\omega t-6\alpha_m+2\beta)+\frac{\delta_s^3}{4}\cos(2\omega t-5\alpha_m+2\beta)$$

$$+\frac{\delta_s^2}{4}(3+\delta_s^2)\cos(2\omega t-4\alpha_m+2\beta)+\left(1+\frac{3}{4}\delta_s^2\right)\delta_s \qquad (7\text{-}4)$$

$$\cos(2\omega t-3\alpha_m+2\beta)+\left(1+\frac{3\delta_s^2}{2}+\frac{3\delta_s^4}{8}\right)\cos(2\omega t-2\alpha_m+2\beta)$$

$$+(1+\frac{3}{4}\delta_s^2)\delta_s\cos(2\omega t-\alpha_m+2\beta)+\frac{\delta_s^2}{4}(3+\delta_s^2)\cos(2\omega t+2\beta)$$

$$+\frac{\delta_s^3}{4}\cos(2\omega t+\alpha_m+2\beta)+\frac{\delta_s^4}{16}\cos(2\omega t+2\alpha_m+2\beta)\Bigg]$$

由式（7-4）可知，径向静偏心故障下发电机定子绕组电磁力与正常一样只有直流分量与二倍频分量。直流分量的长期作用下会使定子绕组产生一定程度上的变形，二倍频成分会引起定子绕组产生二倍频振动。通过与发电机正常运行时定子绕组电磁力即式（7-2）对比可知，径向静偏心故障下发电机定子绕组电磁力直流分量与二倍频分量的幅值较发电机正常运行情况下的相应幅值明显增加，定子绕组径向变形的趋势将增大，同时其二倍频振动幅值也将增大，且都随着径向静偏心故障程度的增大而增大。

将 $\delta_{\mathrm{s}}=0$，$\delta_{\mathrm{d}}\neq0$ 代入式（7-3），即可得到径向动偏心故障下发电机定子绕组电磁力表达式：

$$
\begin{aligned}
F(\alpha_{\mathrm{m}},t) = \frac{F_{\mathrm{c}}^2 \Lambda_0^2 \eta L l_0 v}{2Z} &\left[1 + \frac{3\delta_{\mathrm{d}}^2}{2} + \frac{3\delta_{\mathrm{d}}^4}{8} + \frac{\delta_{\mathrm{d}}^2}{4}(3+\delta_{\mathrm{d}}^2)\cos(2\beta-2\Phi_0) + \left(2+\frac{3}{2}\delta_{\mathrm{d}}^2\right) \right. \\
&\delta_{\mathrm{d}}\cos(\omega t-\alpha_{\mathrm{m}}+\Phi_0) + \left(1+\frac{3}{4}\delta_{\mathrm{d}}^2\right)\delta_{\mathrm{d}}\cos(\omega t-\alpha_{\mathrm{m}}+2\beta-\Phi_0) \\
&+ \frac{\delta_{\mathrm{d}}^3}{4}\cos(\omega t-\alpha_{\mathrm{m}}-2\beta+3\Phi_0) + \frac{\delta_{\mathrm{d}}^2}{2}(3+\delta_{\mathrm{d}}^2)\cos(2\omega t-2\alpha_{\mathrm{m}}+2\Phi_0) \\
&+ \left(1+\frac{3\delta_{\mathrm{d}}^2}{2}+\frac{3\delta_{\mathrm{d}}^4}{8}\right)\cos(2\omega t-2\alpha_{\mathrm{m}}+2\beta) + \frac{\delta_{\mathrm{d}}^4}{16}\cos(2\omega t-2\alpha_{\mathrm{m}}-2\beta \\
&+4\Phi_0) + \frac{\delta_{\mathrm{d}}^3}{2}\cos(3\omega t-3\alpha_{\mathrm{m}}+3\Phi_0) + \left(1+\frac{3}{4}\delta_{\mathrm{d}}^2\right)\delta_{\mathrm{d}}\cos(3\omega t-3\alpha_{\mathrm{m}} \\
&+2\beta+\Phi_0) + \frac{\delta_{\mathrm{d}}^4}{8}\cos(4\omega t-4\alpha_{\mathrm{m}}+4\Phi_0) + \frac{\delta_{\mathrm{d}}^2}{4}(3+\delta_{\mathrm{d}}^2)\cos(4\omega t \\
&-4\alpha_{\mathrm{m}}+2\beta+2\Phi_0) + \frac{\delta_{\mathrm{d}}^3}{4}\cos(5\omega t-5\alpha_{\mathrm{m}}+3\Phi_0+2\beta) \\
&\left. + \frac{\delta_{\mathrm{d}}^4}{16}\cos(6\omega t-6\alpha_{\mathrm{m}}+4_0+2\beta) \right]
\end{aligned}
\tag{7-5}
$$

由式（7-5）可知，径向动偏心故障下定子绕组电磁力谐波特性与正常情况时有所不同，除了共同存在的直流分量和二倍频分量以外，径向动偏心故障下定子绕组电磁力还存在一倍频分量、三倍频分量、四倍频分量、五倍频分量、六倍频分量。通过与发电机正常运行时定子绕组电磁力即式（7-2）对比可知，径向静偏心故障下发电机定子绕组电磁力直流分量与二倍频分量的幅值较正常运行情况下有所增大，且随着气隙动偏心故障程度的增大，直流成分和一～六倍频的幅值都将增大，定子绕组一～六倍频振动将增大，定子绕组变形趋势也将增大。

当 $\delta_s \neq 0$ 且 $\delta_d \neq 0$ 时，式（7-3）即为径向动静混合偏心故障下发电机定子绕组电磁力表达式，径向动静混合偏心故障下定子绕组所受电磁力谐波特性与径向静偏心故障谐波特性有所不同，但与径向动偏心故障谐波特性一致，即发电机定子绕组所受电磁力包含直流分量及一～六倍频的频率分量，且随着偏心故障的增大，定子绕组所受电磁力各频率分量幅值都相应地增大。

通过与发电机正常运行时定子绕组电磁力即式（7-2）对比可知，径向动静混合偏心故障下发电机定子绕组电磁力直流分量与二倍频分量的幅值较正常运行情况下明显增大，定子绕组二倍频振动幅值明显增大。与发电机径向静偏心故障时定子绕组电磁力即式（7-4）对比可知，径向动静混合偏心故障下定子绕组电磁力直流分量与二倍频分量的幅值比径向静偏心故障下相应频率幅值大，相应地定子绕组二倍频振动幅值也比径向静偏心故障下振动幅值大。与发电机径向动偏心故障时定子绕组电磁力即式（7-5）对比可知，径向动静混合偏心故障下定子绕组电磁力直流分量、一～五倍频分量的幅值比气隙径向动偏心故障下相应频率成分幅值要大，而六倍频分量的幅值相近，相应的定子绕组一～五倍频振动的幅值都比径向动偏心故障下的相应振动频率幅值大。

7.3　轴向静偏心故障下的绕组电磁力

与正常情况相比，气隙轴向静偏心故障下发电机气隙磁通密度减小，绕组电磁力总体减小，但由于轴向静偏心故障下发电机定转子相对位置的特殊性，此时转子两侧端部磁场不对称，从而导致转子两侧的定子绕组受力不同，故需要区分转子伸出端与转子抽空端两种情况分别进行讨论。

通过结合式（3-24）和式（7-2）分析可得，位于转子抽空端的定子绕组受力可由式（7-6）表示：

$$F_{\mathrm{L}}(\alpha_{\mathrm{m}}, t) = \frac{F_{\mathrm{cL}}{}^2 \Lambda_0^2 \eta L l_0 v}{2Z}[1 + \cos(2\omega t - 2\alpha_{\mathrm{m}} - 2\beta_1)] \qquad (7-6)$$

通过结合式（3-25）和式（7-2）可得分析，位于转子伸出端部处的定子绕组受力可由式（7-7）表示：

$$F_R(\alpha_m, t) = \frac{F_{cR}^2 \Lambda_0^2 \eta L l_0 v}{2Z}[1 + \cos(2\omega t - 2\alpha_m - 2\beta_1)] \qquad (7\text{-}7)$$

由式（7-6）和式（7-7）可知，气隙轴向静偏心故障下定子绕组电磁力包含直流分量与二倍频分量，转子抽空端与转子伸长端定子绕组电磁力变化趋势有所不同。由于转子抽空端部处磁通密度的减小，气隙轴向静偏心故障下定子绕组所受电磁力较发电机正常运行下减小，且随着轴向静偏心故障程度增大而减小；而在转子伸出端处磁通密度增加，气隙轴向静偏心故障下定子绕组所受电磁力较发电机正常运行下增大，且随着轴向静偏心故障程度增大而增大；无论是转子抽空端还是转子伸出端处，定子绕组所受电磁力只包含直流分量与二倍频分量。

7.4　三维复合静偏心故障下的绕组电磁力

通过结合式（3-24）、式（3-26）和式（7-2）可得，气隙三维复合静偏心故障下转子抽空端的定子绕组电磁力表达式：

$$
\begin{aligned}
F_{hL}(\alpha_m, t) = \frac{F_{cL}^2 \Lambda_0^2 \eta L l_0 v}{2Z}\Bigg[& 1 + \frac{3\delta_s^2}{2} + \frac{3\delta_s^4}{8} + \left(2 + \frac{3}{2}\delta_s^2\right)\delta_s \cos\alpha_m \\
& + \frac{\delta_s^2}{2}(3 + \delta_s^2)\cos 2\alpha_m + \frac{\delta_s^3}{2}\cos 3\alpha_m + \frac{\delta_s^4}{8}\cos 4\alpha_m \\
& + \frac{\delta_s^4}{16}\cos(2\omega t - 6\alpha_m + 2\beta_1) + \frac{\delta_s^3}{4}\cos(2\omega t - 5\alpha_m + 2\beta_1) \\
& + \frac{\delta_s^2}{4}(3 + \delta_s^2)\cos(2\omega t - 4\alpha_m + 2\beta_1) \\
& + \left(1 + \frac{3}{4}\delta_s^2\right)\delta_s\cos(2\omega t - 3\alpha_m + 2\beta_1) \\
& + \left(1 + \frac{3\delta_s^2}{2} + \frac{3\delta_s^4}{8}\right)\cos(2\omega t - 2\alpha_m + 2\beta_1) \\
& + \left(1 + \frac{3}{4}\delta_s^2\right)\delta_s\cos(2\omega t - \alpha_m + 2\beta_1) \\
& + \frac{\delta_s^2}{4}(3 + \delta_s^2)\cos(2\omega t + 2\beta_1) \\
& + \frac{\delta_s^3}{4}\cos(2\omega t + \alpha_m + 2\beta_1) + \frac{\delta_s^4}{16}\cos(2\omega t + 2\alpha_m + 2\beta_1)\Bigg]
\end{aligned}
\qquad (7\text{-}8)
$$

通过结合式（3-25）、式（3-26）和式（7-2）可得，气隙三维复合静偏心下转子伸出端的定子绕组电磁力表达式：

$$F_{hR}(\alpha_m, t) = \frac{F_{cL}^2 \Lambda_0^2 \eta L l_0 v}{2Z} \left[1 + \frac{3\delta_s^2}{2} + \frac{3\delta_s^4}{8} + \left(2 + \frac{3}{2}\delta_s^2\right)\delta_s \cos\alpha_m \right.$$

$$+ \frac{\delta_s^2}{2}(3 + \delta_s^2)\cos 2\alpha_m + \frac{\delta_s^3}{2}\cos 3\alpha_m + \frac{\delta_s^4}{8}\cos 4\alpha_m$$

$$+ \frac{\delta_s^4}{16}\cos(2\omega t - 6\alpha_m + 2\beta_1) + \frac{\delta_s^3}{4}\cos(2\omega t - 5\alpha_m + 2\beta_1)$$

$$+ \frac{\delta_s^2}{4}(3 + \delta_s^2)\cos(2\omega t - 4\alpha_m + 2\beta_1)$$

$$+ \left(1 + \frac{3}{4}\delta_s^2\right)\delta_s \cos(2\omega t - 3\alpha_m + 2\beta_1) \qquad (7\text{-}9)$$

$$+ \left(1 + \frac{3\delta_s^2}{2} + \frac{3\delta_s^4}{8}\right)\cos(2\omega t - 2\alpha_m + 2\beta_1)$$

$$+ \left(1 + \frac{3}{4}\delta_s^2\right)\delta_s \cos(2\omega t - \alpha_m + 2\beta_1)$$

$$+ \frac{\delta_s^2}{4}(3 + \delta_s^2)\cos(2\omega t + 2\beta_1)$$

$$\left. + \frac{\delta_s^3}{4}\cos(2\omega t + \alpha_m + 2\beta_1) + \frac{\delta_s^4}{16}\cos(2\omega t + 2\alpha_m + 2\beta_1) \right]$$

由式（7-8）和式（7-9）可知，径向静偏心与轴向静偏心复合故障下，无论转子抽空端还是转子伸出端，定子绕组电磁力都只含直流分量与二倍频分量，电磁力中直流成分的长期作用会使定子绕组发生变形，二倍频分量会使定子绕组产生二倍频振动。保持气隙轴向静偏心故障程度不变，随着气隙径向静偏心故障程度的加剧，无论转子抽空端还是转子伸出端，其定子绕组电磁力直流分量与二倍频分量的幅值都将增大，绕组变形趋势增大，定子绕组二倍频振动幅值也将增大；保持气隙径向静偏心故障程度不变，随着气隙轴向静偏心故障程度的加剧，在转子抽空端处的定子绕组受到的电磁力各频率成分幅值将减小，二倍频振动幅值也减小，而在转子伸出端处的定子绕组所受到的电磁力各频率成分幅值将增大，二倍频振动幅值也将增大。

本 章 小 结

本章对正常状态、气隙径向偏心故障、气隙轴向静偏心故障、气隙三维复合静偏心故障下的定子绕组受力进行理论分析，结论如下：

（1）正常情况下，定子绕组电磁力包含直流分量与二倍频成分，在直流分量的长期作用下会使定子绕组产生一定程度上的变形，二倍频分量则会使定子绕组产生二倍频振动。

（2）在气隙径向静偏心故障下，发电机定子绕组电磁力谐波特性与正常情况下一致，只包含直流分量和二倍频分量，在直流分量的长期作用下会使定子绕组产生一定程度上的变形，二倍频成分会引起定子绕组产生二倍频振动。气隙径向静偏心故障下定子绕组电磁力直流分量与二倍频分量的幅值要比正常情下的相应成分幅值要大，且随着气隙静偏心故障程度的加剧，直流成分和二倍频成分的幅值将增大。

在气隙径向动偏心故障下，定子绕组电磁力谐波特性除了与正常情况下绕组电磁力一致的直流分量和二倍频分量外，还有一倍频、三倍频、四倍频、五倍频、六倍频分量，定子绕组将产生一～六倍频振动。气隙径向动偏心故障下定子绕组电磁力直流分量与二倍频分量的幅值要比正常情下的相应幅值大。随着气隙动偏心故障程度的加剧，绕组电磁力直流分量和一～六倍频分量的幅值将增大，定子绕组一～六倍频振动幅值也将增大。

在气隙径向动静混合偏心故障下，发电机定子绕组电磁力谐波特性与径向动偏心故障一致，都包含直流分量及一～六倍频的频率成分，定子绕组会产生一～六倍频振动。随着动静混合偏心故障程度的加剧，定子绕组电磁力直流成分和一～六倍频的幅值将增大，定子绕组一～六倍频径向振动幅值也将增大。

与径向静偏心故障相比，径向动静混合偏心故障下定子绕组电磁力直流分量与二倍频分量的幅值比单一静偏心故障下相应频率成分幅值要大；与径向动偏心故障相比，径向动静混合偏心故障下定子绕组电磁力直流分量及一～五倍频分量的幅值比单一动偏心故障下相应频率成分幅值要大，而定子绕组电磁力六倍频分量幅值二者相近。

（3）在气隙轴向静偏心故障下，定子绕组电磁力包含直流分量与二倍频成分。转子抽空端部由于气隙磁通密度减小，导致其绕组受力也减小，绕组电磁力中的直流分量与二倍频分量幅值减小，绕组的二倍频振动减小；转子伸出端部由于气隙磁通密度增大，其定子绕组受力增大，绕组电磁力的直流分量与二倍频分量幅值增大，绕组的二倍频振动增加。随轴向静偏心故障程度的加剧，转子抽空侧绕组受到的电磁力将减小，绕组二倍频振动减小；反之，转子伸出端绕组受到的电磁力将增大，绕组二倍频振动增大。

（4）在气隙三维复合静偏心故障下，径向偏心和轴向静偏心都会影响定子绕组受力的最大幅值，但是最终的结果取决于两种偏心的相对程度。

在气隙径向静偏心与气隙轴向静偏心复合故障下，无论是转子抽空端还是伸出端，定子绕组电磁力中含有直流分量与二倍频分量，定子绕组会产生一定程度的形变与二倍频振动。

保持气隙轴向静偏心故障程度不变，随着径向静偏心故障程度的加剧，定子绕组电磁力中的直流分量与二倍频分量的幅值将增大，定子绕组二倍频振动幅值将增大；保持气隙径向静偏心故障程度不变，随着轴向静偏心故障程度的加剧，在转子抽空端的绕组，受到的电磁力各频率成分幅值将减小，二倍频振动减小；在转子伸出端的绕组，受到的电磁力各频率成分幅值将增大，二倍频振动增大。

第8章

气隙偏心对机组损耗及温升的影响

发电机发热是发电机设计过程中一个永恒的话题，发电机在运行过程中会产生损耗，这些损耗造成了电机温度的增加。过高的温度可以使绝缘老化，造成电机短路，影响使用寿命。气隙偏心故障的发生会使发电机磁场产生畸变，导致发电机局部温度过高，使发电机的安全稳定运行环境发生恶化。因此，为保证发电机安全稳定地运行，研究气隙偏心故障对发电机损耗和温升的影响是十分必要的。本章探究不同气隙偏心故障对发电机损耗和温度的影响。

8.1 发电机内部的主要损耗

在发电机运行过程中，由于处于复杂的电磁场中，在输出电能的同时，也会在发电机关键部件中产生损耗，并最终以热量的形式散发，热量从高温介质传递给低温介质，引起发电机温度升高。根据损耗产生的原理和位置不同，将损耗主要分为定转子铁芯损耗、绕组铜损耗、机械摩擦等其他杂散损耗。发电机的损耗问题对发电机运行和发展至关重要，主要体现在以下三个方面：

（1）损耗直接影响发电机效率，间接影响发电机运行成本。

$$\eta_0 = 1 - \frac{\Sigma P}{P_1} \tag{8-1}$$

式中：η_0 为发电机效率；ΣP 为发电机总损耗；P_1 为输入功率。

（2）损耗引起发电机关键部件发热，温度升高，并降低发电机绝缘系统材料性能。

（3）与损耗相关的电流和压降变化等因素影响发电机设计方案。

8.1.1　铁芯损耗

作为电磁损耗的重要部分，定子铁芯损耗的准确计算和分布特性的研究是电机领域的一个研究热点。铁芯损耗主要存在于定子和转子铁芯部分，是发电机的主要损耗之一，在总损耗中所占比重较大，因此研究铁芯损耗的影响因素，对降低发电机总损耗、提高效率、提升发电机的性能都有重要的意义。铁芯损耗产生的物理过程比较复杂，很难用精确的数学模型进行描述，因此如何建立较为准确的铁耗计算模型一直受到很多学者的重视。目前，比较常见的铁芯损耗计算模型有经典损耗分离模型、椭圆旋转模型和正交分解模型。近几十年来，Bertotti 经典铁损模型成为应用最广泛的模型，根据该模型，铁芯中的磁场是随时间和空间变化的，这种变化的磁场会在铁芯中产生磁滞损耗、涡流损耗和附加损耗。其中，磁滞损耗是指磁性材料在磁化过程中，磁畴要克服磁畴壁的摩擦而损失的能量，它与磁性材料的矫顽力和磁场频率有关；同时，交变磁场使得定子铁芯感生出环电流，环电流在铁芯中产生涡流损耗；附加损耗是指除了磁滞损耗和涡流损耗之外的其他因素造成的能量损失，附加损耗的大小与磁畴有关，铁磁材料周围的交变磁场与感应电动势所产生的涡流磁场，二者相互作用改变了磁畴的结构，运动磁畴壁周围产生了附加损耗。因此，定转子铁芯总铁耗可以写为

$$P_{Fe} = P_H + P_C + P_E = k_h f B^2 + k_c f^2 B^2 + k_e f^{1.5} B^{1.5} \tag{8-2}$$

式中：P_{Fe}、P_H、P_C、P_E 分别为铁芯损耗、磁滞损耗、涡流损耗和附加损耗，W；k_h 为磁滞损耗系数；k_c 为涡流损耗系数；k_e 为附加损耗系数；B 为磁通密度幅值，T；f 为磁场频率，Hz。

进一步可得单位时间体积铁芯损耗为

$$dP_{Fe}(t) = \sigma \frac{d_c^2}{12}\left[\frac{dB(t)}{dt}\right]^2 + k_h B_m^2 f + k_e \left[\frac{dB(t)}{dt}\right]^{1.5} \tag{8-3}$$

式中：σ 为材料电导率；d_c 为叠片厚度；f 为磁场频率；B_m 为磁密峰值，是时变磁场中磁感应强度在某时刻达到的最大值。

根据式（8-3），定转子铁芯损耗主要取决于铁芯材料、交变磁场的频率和磁通密度幅值。对于同步发电机，正常情况下其铁芯所处的时变磁场

频率为 50Hz；铁芯结构为大量硅钢片叠压而成，三种铁芯损耗分量系数同样为定值。因此，同步发电机铁芯损耗主要取决于磁通密度的幅值。

进一步，基于有限元的思想对损耗进行计算，将定子铁芯分为有限个单元体，其损耗可写为

$$\begin{cases} P_E = K_e \rho l_m \sum_j \left[A_j \sum_n \xi_{(j,n)} B_{(j,n)}^2 f_{(j,n)}^2 \right] \\ \xi(j,n) = k_{(j,n)} B_{(j,n)}^{\beta_{(j,n)}} \end{cases} \tag{8-4}$$

式中：A_j 为发电机有限元模型中第 j 个单元的面积；ρ 为定子铁芯密度，kg/m^3；l_m 为铁芯的有效长度；$f_{(j,n)}$ 为第 j 个单元由傅里叶分解得到的第 n 次谐波磁密的频率；$B_{(j,n)}$ 为第 j 个单元由傅里叶分解得到的第 n 次谐波磁密；$x_{(j,n)}$ 为附加损耗磁密项；$k_{(j,n)}$、$\beta_{(j,n)}$ 的值由 $f_{(j,n)}$ 和 $B_{(j,n)}$ 确定。

8.1.2　绕组铜耗

作为发电机能量转换、输出电能的关键部件，定子绕组是发电机定子侧发热损耗最严重的地方。绕组铜耗是指电流通过绕组线圈时遇到导线电阻而产生的能量损耗，这种损耗与电流的平方成正比，因此在高电流负载下，绕组铜耗会显著增加。为了减少绕组铜耗，发电机设计中通常会采用更粗的导线或材料具有较低的电阻。发电机绕组铜耗主要包括基本铜耗和附加铜耗。其中绕组基本铜损耗为定子绕组的直流电阻损耗，主要表现为焦耳损耗，由电流的热效应产生。定子绕组电流主要为基频和高次谐波，但高次谐波的幅值远小于基波幅值。同时，考虑到集肤效应依赖于高频电流，因此可忽略集肤效应对绕组铜耗的影响。定子基本铜损耗可表示为

$$P_{Cu(b)} = bI^2 R_p \tag{8-5}$$

式中：$P_{Cu(b)}$ 为定子绕组铜耗；b 为相数；I 为定子绕组电流有效值；R_p 为每相绕组的电阻。

绕组附加损耗是由发电机绕组在定转子工作电流所产生的交变漏磁场和谐波磁场中产生的涡流引起，是定转子绕组涡流损耗。具体来说，在额定工况下，定转子绕组中分别存在工作电流和励磁电流，由此产生槽磁通势及漏磁通，定子磁通势从槽底朝定子内圆逐渐增大，而沿股线分布的漏磁通感应出股线截面上大小不等的电动势，因此在绕组中产生涡流。涡流的产生使导体截面电流密度分布不均匀，导致绕组电阻增大。为计算这部

分损耗，定义交流电阻与直流电阻的比值为定子绕组电阻增大系数，也称弗立特系数，即

$$k_r = \frac{R_\sim}{R_=} \tag{8-6}$$

式中：k_r 为定子绕组电阻增大系数；$R_\sim$ 和 $R_=$ 分别为交流电阻和直流电阻。

对于定子绕组电阻增大系数的数值计算，利用有限元法对定子绕组槽内磁场分布和股线电流密度分布进行分析，然后根据电流密度与电阻之间的关系，可对定子绕组电阻损耗增大系数进行数值计算。在完成对定子绕组电阻增大系数计算的基础上，可通过以下公式得到定子绕组附加铜耗：

$$P_{Cu(a)} = (k_r - 1)P_{Cu(b)}\frac{l_t}{l_t + l_s} \tag{8-7}$$

式中：$P_{Cu(a)}$ 为定子绕组附加铜耗；l_t 为定子槽部长度；l_s 为定子端部长度。

8.1.3　其他损耗

其他损耗包括电气附加损耗和机械损耗，机械损耗又可细分为通风损耗和轴承摩擦损耗。轴承摩擦损耗是由于轴承在旋转时的摩擦产生的，它会导致轴承部件的磨损和热量产生。风阻损耗是由于发电机旋转时在空气中产生阻力而导致的机械能损失，这种损耗通常在风力涡轮机等依赖于风力来产生机械运动的风力发电机中更为显著。电气附加损耗组成比较复杂，主要有端部漏磁通在其附近铁质构件中产生的损耗、各种谐波磁通产生的损耗、齿谐波和高次谐波在转子表层产生的铁损等。相对于铁耗和铜耗，其他类型损耗与诸多因素有关，难以建立精确的计算公式进行准确精密的计算，常常根据工厂发电机的经验值进行近似计算或估算。

1. 通风损耗

当发电机通风冷却介质为空气时，其总的通风损耗计算如下：

$$W_{air} = 9.81 P_{vant} Q_{vent} \frac{10^3}{\eta_{fan}} \tag{8-8}$$

式中：P_{vant} 为风扇有效静压；Q_{vent} 为通风总风量；η_{fan} 为风扇效率。

当发电机通风冷却介质为氢气时，其总的通风损耗计算如下：

$$W_h = 0.1 W_{air}\frac{P_a}{P_{atm}} \tag{8-9}$$

式中：P_a 为运行绝对压力；P_{atm} 为大气压。

2. 轴承摩擦损耗

影响轴承摩擦损耗大小的因素有很多，其通常与摩擦接触面上的压强、表面摩擦系数及两个接触表面的相对运动速度有关。

对于使用滚动轴承的发电机来说，损耗计算可参考如下公式：

$$W_f = 0.15 \frac{F_b}{d} v_r \times 10^{-8} \tag{8-10}$$

式中：F_b 为轴承负荷；d 为滚动轴承中滚珠中心所处的直径；v_r 为滚珠中心的圆周速度。

8.2　气隙偏心对铁芯损耗的影响

发电机铁芯损耗分布与空间磁场分布密切相关，当汽轮发电机出现偏心故障，定转子之间气隙分布呈现不均匀的现象，导致定子和转子内部的磁路发生改变，进而对铁芯损耗产生影响，降低发电机性能和效率。

8.2.1　正常运行状态下的铁耗

当汽轮发电机处于正常状态下时，结合式（3-17）及式（8-3），可得单位时间体积发电机的铁芯损耗表达式：

$$
\begin{aligned}
\mathrm{d}P_{Fe}(t) = {} & \sigma \frac{d_c^2 \varLambda_0^2 \rho^2}{12} \left\{ \mathrm{d}\left[\sum_n F_c \cos(\omega t - \alpha_m + \beta) \right] \middle/ \mathrm{d}t \right\}^2 \\
& + k_h f \varLambda_0^2 \rho^2 \sum_n \left[F_c \cos(\omega t - \alpha_m + \beta)^2 \right] \\
& + k_e \varLambda_0^{1.5} \rho^{1.5} \left\{ \mathrm{d}\left[\sum_n F_c \cos(\omega t - \alpha_m + \beta) \right] \middle/ \mathrm{d}t \right\}^{1.5}
\end{aligned}
\tag{8-11}
$$

其中，在时变磁场 $t=t_m$ 时，磁通密度达到峰值。

由式（8-11）可知，由于材料电导率 σ、磁场频率 f、磁滞损耗系数 k_h、附加损耗系数 k_e 及叠片厚度 d_c 均为常值，所以定子铁芯损耗主要取决于铁芯材料及其所处时变磁场的频率和磁通密度的幅值。对于同步发电机，正常情况下其铁芯所处的时变磁场频率为 50Hz，故同步发电机铁芯损耗主要取决于磁通密度的幅值。因此，求解故障状态下应从磁通密度的变化切入考虑。

8.2.2　径向偏心故障下的铁耗

气隙径向偏心故障下的定子铁芯损可基于磁密推导得到，气隙径向偏心故障可分为气隙径向静偏心、气隙径向动偏心以及气隙径向动静混合偏心三种类型。因此，将式（3-18）代入式（8-3），可得到不同径向偏心类型下的铁芯损耗公式。

1. 气隙径向静偏心

当 $\delta_s \neq 0$，$\delta_d = 0$ 时，可得到气隙径向静偏心下的铁芯损耗表达式：

$$
\begin{aligned}
\mathrm{d}P_{\mathrm{Fe}}(t) = {} & \sigma \frac{d_c^2 \Lambda_0^2 \rho^2 (1 + 2\delta_s \cos\alpha_m)}{12} \left\{ \mathrm{d}\left[\sum_n F_c \cos(\omega t - \alpha_m + \beta) \right] \middle/ \mathrm{d}t \right\}^2 \\
& + k_h f \Lambda_0^2 \rho^2 (1 + 2\delta_s \cos\alpha_m) \sum_n [F_c \cos(\omega t - \alpha_m + \beta)]^2 \qquad （8\text{-}12） \\
& + k_e \Lambda_0^{1.5} \rho^{1.5} (1 + \delta_s \cos\alpha_m)^{1.5} \left\{ \mathrm{d}\left[\sum_n F_c \cos(\omega t - \alpha_m + \beta) \right] \middle/ \mathrm{d}t \right\}^{1.5}
\end{aligned}
$$

对比式（8-11）与式（8-12）可知，径向静偏心导致发电机气隙磁通密度发生变换，铁芯损耗也随之变化，由于（$1+2\delta_s\cos\alpha_m$）和（$1+\delta_s\cos\alpha_m$）的存在，径向静偏心故障下铁芯损耗较正常工况下增加，进而导致定子铁芯整体温度值升高，且随着故障程度的加剧，铁芯损耗也随之增加。故当发电机处于径向静偏心故障时，定子铁芯的温度高于正常情形，且随着偏心故障量的增大而升高。

2. 气隙径向动偏心

当 $\delta_s = 0$，$\delta_d \neq 0$ 时，可得到气隙径向动偏心下的铁芯磁密表达式：

$$
\begin{aligned}
\mathrm{d}P_{\mathrm{Fe}}(t) = {} & \sigma \frac{d_c^2 \Lambda_0^2 \rho^2 \left[1 + \delta_d^2 + 2\delta_d \cos(\alpha_m - \omega t - \Phi_0) + \delta_d^2 \cos 2(\alpha_m - \omega t - \Phi_0) \right]}{12} \\
& \left\{ \mathrm{d}\left[\sum_n F_c \cos(\omega t - \alpha_m + \beta) \right] \middle/ \mathrm{d}t \right\}^2 \\
& + k_h f \Lambda_0^2 \rho^2 \left[1 + \delta_d^2 + 2\delta_d \cos(\alpha_m - \omega t - \Phi_0) + \delta_d^2 \cos 2(\alpha_m - \omega t - \Phi_0) \right] \\
& \sum_n F_c \cos(\omega t - \alpha_m + \beta)^2 \\
& + k_e \Lambda_0^{1.5} \rho^{1.5} \left[1 + \frac{\delta^2}{2} + \delta_d \cos(\alpha_m - \omega t - \Phi_0) + \frac{\delta_d^2 \cos 2(\alpha_m - \omega t - \Phi_0)}{2} \right]^{1.5}
\end{aligned}
$$

$$\left\{ d\left[\sum_n F_c \cos(\omega t - \alpha_m + \beta) \right] \bigg/ dt \right\}^{1.5} \tag{8-13}$$

对比式（8-11）与式（8-13）可知，由于 $1+\delta_d^2$ 和 $1+0.5\,\delta_d^2$ 的存在，径向动偏心故障下铁芯损耗较正常工况下增加，进而导致定子铁芯的整体温度值升高，且随着故障程度的加剧，铁芯损耗的增长趋势更为明显。故当发电机发生径向动偏心故障时，定子铁芯的温度高于正常情形，且随着偏心故障量的增大而升高。

3. 气隙径向动静混合偏心

当 $\delta_s \neq 0$，$\delta_d \neq 0$ 时，可得到气隙径向动偏心下的铁芯损耗表达式：

$$\begin{aligned}
\mathrm{d}P_{Fe}(t) = {} & \sigma \frac{d_c^2 \varLambda_0^2 \rho^2 \left[\begin{array}{l} 1 + \delta_d^2 + 2\delta_s \cos\alpha_m + 2\delta_d \cos(\alpha_m - \omega t - \varPhi_0) \\ + \delta_d^2 \cos 2(\alpha_m - \omega t - \varPhi_0) \end{array} \right]}{12} \\
& \left\{ d\left[\sum_n F_c \cos(\omega t - \alpha_m + \beta) \right] \bigg/ dt \right\}^2 \\
& + k_h f \varLambda_0^2 \rho^2 [1 + \delta_d^2 + 2\delta_s \cos\alpha_m + 2\delta_d \cos(\alpha_m - \omega t - \varPhi_0) \\
& + \delta_d^2 \cos 2(\alpha_m - \omega t - \varPhi_0)] \sum_n [F_c \cos(\omega t - \alpha_m + \beta)]^2 \\
& + k_e \varLambda_0^{1.5} \rho^{1.5} \left[1 + \frac{\delta_d^2}{2} + \delta_s \cos\alpha_m + \delta_d \cos(\alpha_m - \omega t - \varPhi_0) \right. \\
& \left. + \frac{\delta_d^2 \cos 2(\alpha_m - \omega t - \varPhi_0)}{2} \right]^{1.5} \left\{ d\left[\sum_n F_c \cos(\omega t - \alpha_m + \beta) \right] \bigg/ dt \right\}^{1.5}
\end{aligned} \tag{8-14}$$

对比式（8-11）与式（8-14）可知，由于 $1+\delta_d^2 + 2\delta_s \cos\alpha_m$ 和 $1+0.5\,\delta_d^2 + \delta_s \cos\alpha_m$ 的存在，气隙径向动静混合偏心故障下铁芯损耗较正常工况下增加，进而导致定子铁芯的整体温度值升高，且随着故障程度的加剧，铁芯损耗也随之增长。当动偏心量不变时，静偏心量的增加会引起铁芯损耗的增加，进而导致定子铁芯的整体温度值升高；同理，静偏心量不变而动偏心量的增加也会引起铁芯损耗的增加，进而导致定子铁芯的整体温度值升高；只要动偏心与静偏心同时发生，定子铁芯损耗都比同程度下单一偏心故障大。

8.2.3　轴向静偏心故障下的铁耗

将式（3-19）代入到式（8-3）可得到气隙轴向静偏心故障下的单位时

间体积定子铁芯损耗表达式：

$$dP_{Fe}(t) = \sigma \frac{d_c^2 \Lambda_0^2 \rho^2}{12} \left\{ d\left[\sum_n F_{c1} \cos(\omega t - \alpha_m + \beta_1) \right] \middle/ dt \right\}^2$$

$$+ k_h f \Lambda_0^2 \rho^2 \sum_n [F_{c1} \cos(\omega t - \alpha_m + \beta_1)]^2 \qquad （8-15）$$

$$+ k_e \Lambda_0^{1.5} \rho^{1.5} \left\{ d\left[\sum_n F_{c1} \cos(\omega t - \alpha_m + \beta_1) \right] \middle/ dt \right\}^{1.5}$$

对比式（8-11）与式（8-15）可知，由于在轴向静偏心故障下 F_{c1} 小于 F_c，所以轴向静偏心故障下铁芯损耗较正常工况下明显减小，且随着故障程度加剧，铁芯损耗减小更为明显。

8.2.4　三维复合静偏心故障下的铁耗

为了进一步分析气隙三维复合静偏心故障下的定子铁芯损耗，将式（3-22）代入式（8-3）中可得气隙复合静偏心的单位时间体积铁芯损耗：

$$dP_{Fe}(t) = \sigma \frac{d_c^2 \Lambda_0^2 \rho^2 (1 + 2\delta_s \cos\alpha_m)}{12} \left\{ d\left[\sum_n F_{c1} \cos(\omega t - \alpha_m + \beta) \right] \middle/ dt \right\}^2$$

$$+ k_h f \Lambda_0^2 \rho^2 (1 + 2\delta_s \cos\alpha_m) \sum_n [F_{c1} \cos(\omega t - \alpha_m + \beta)]^2 \qquad （8-16）$$

$$+ k_e \Lambda_0^{1.5} \rho^{1.5} (1 + \delta_s \cos\alpha_m)^{1.5} \left\{ d\left[\sum_n F_{c1} \cos(\omega t - \alpha_m + \beta) \right] \middle/ dt \right\}^2$$

气隙复合静偏心下铁芯损耗与轴、径向偏心量密切相关，对比式（8-14）～式（8-16）可知，在气隙复合静偏心故障下，铁芯损耗随着径向静偏心程度的加剧而增加，随着轴向静偏心程度的加剧而减小，而定子损耗总体变化趋势取决于轴向静偏心与径向静偏心的程度。

8.3　气隙偏心对绕组铜耗的影响

由于发电机通过转子绕组通电励磁提供磁场，故在计算发电机绕组铜损耗时，需要同时考虑定子绕组和转子绕组中的铜损耗。由焦耳-楞次定律可知，绕组铜损耗由通过绕组电流的平方与绕组电阻相乘得到。

8.3.1　正常情况下的绕组铜耗

由式（8-5）和式（8-7）可知，汽轮发电机基本铜损耗与附加铜损耗呈线性关系，故两者受到气隙磁场变化的影响趋势一致，可通过计算基本铜损耗的大小变化得到附加铜耗的变化趋势。

发电机在正常工作状态下，根据电磁感应定律与式（4-2）得到，瞬时相电流的有效值可表示为

$$I_{pmy} = \frac{I(\alpha_m, t)}{\sqrt{2}} = \frac{B(\alpha_m, t)lv}{\sqrt{2}Z} = \frac{\sqrt{2}B(\alpha_m, t)l\pi R_s n_r}{60Z} \tag{8-17}$$

式中：l 为定子绕组的有效长度；Z 为绕组电抗；I_{pmy} 为电流有效值。

则发电机的绕组铜耗表达式为

$$
\begin{aligned}
P_{Cu\,(b)} &= \frac{ml^2\pi^2 R_s^2 n_r^2 R_p}{1800Z^2} B^2 \\
&= \frac{m\Lambda_0^2 l^2 \pi^2 R_s^2 n_r^2 R_p}{1800Z^2} F_c^2 \cos^2(\omega t - \alpha_m + \beta)
\end{aligned}
\tag{8-18}
$$

8.3.2　径向偏心故障下的绕组铜耗

气隙径向偏心故障下的绕组铜耗也可基于磁密推导得到将式（3-18）代入式（8-18），可得到不同径向偏心类型下的绕组铜耗公式。

1. 气隙径向静偏心

当 $\delta_s \neq 0$，$\delta_d = 0$ 时，可得到气隙径向静偏心下的绕组铜耗表达式：

$$P_{Cu(b)} = \frac{m\Lambda_0^2 l^2 \pi^2 R_s^2 n_r^2 R_p}{1800Z^2}(1 + 2\delta_s \cos\alpha_m) \cdot F_c^2 \cos^2(\omega t - \alpha_m + \beta) \tag{8-19}$$

对比式（8-18）与式（8-19）可知，由于 $1 + 2\delta_s \cos\alpha_m$ 的存在，气隙径向静偏心故障下铜耗较正常工况下增加，且随着故障程度的加剧，铜耗的增加更为明显。

2. 气隙径向动偏心

当 $\delta_s = 0$，$\delta_d \neq 0$ 时，可得到气隙径向动偏心下的绕组铜耗表达式：

$$
\begin{aligned}
P_{Cu(b)} = \frac{m\Lambda_0^2 l^2 \pi^2 R_s^2 n_r^2 R_p}{1800Z^2}[1 + \delta_d^2 + 2\delta_d \cos(\alpha_m - \omega t - \Phi_0) \\
+ \delta_d^2 \cos^2(\alpha_m - \omega t - \Phi_0)]F_c^2 \cos^2(\omega t - \alpha_m + \beta)
\end{aligned}
\tag{8-20}
$$

对比式（8-18）与式（8-20）可知，由于 $1+\delta_d^2$ 的存在，气隙径向动偏心故障下铜耗较正常工况下增加，且随着故障程度的加剧，铜耗的增长更为明显。

3. 气隙径向动静混合偏心

当 $\delta_s \neq 0$，$\delta_d \neq 0$ 时，可得到气隙径向动偏心下的绕组铜耗表达式：

$$P_{\text{Cu (b)}} = \frac{m\varLambda_0^2 l^2 \pi^2 R_s^2 n_r^2 R_p}{1800Z^2}[1 + \delta_s \cos\alpha_m + \delta_d^2 \tag{8-21}$$
$$+ 2\delta_d \cos(\alpha_m - \omega t - \varPhi_0) + \delta_d^2 \cos^2(\alpha_m - \omega t - \varPhi_0)]$$

对比式（8-18）与式（8-21）可知，由于 $1 + \delta_d^2 + 2\delta_s \cos\alpha_m F_c^2 \cos^2(\omega t - \alpha_m + \beta)$ 的存在，气隙径向动静混合偏心故障下铜耗较正常工况下增加，且随着故障程度的加剧，铜耗的增加更为明显。当动偏心与静偏心同时发生时，相同故障程度下混合偏心故障下绕组铜耗比单一故障下要高。

8.3.3　轴向静偏心故障下的绕组铜耗

根据式（3-23）和式（8-18）可知，气隙轴向静偏心故障下的定子绕组铜耗可表示为

$$P_{\text{Cu (b)}} = \frac{m\varLambda_0^2 l^2 \pi^2 R_s^2 n_r^2 R_p}{1800Z^2} F_{c1}^2 \cos^2(\omega t - \alpha_m + \beta_1) \tag{8-22}$$

对比式（8-18）与式（8-22）可知，由于定子绕组相电流有效值的明显减小，所以气隙轴向静偏心故障下绕组铜耗损耗较正常工况下减小，且随着故障程度的加剧，绕组铜耗的下降更为明显。

8.3.4　三维复合静偏心故障下的绕组铜耗

根据式（3-26）和式（8-18）可知，气隙三维复合静偏心故障下的定子绕组铜耗可表示为

$$P_{\text{Cu (b)}} = \frac{m\varLambda_0^2 l^2 \pi^2 R_s^2 n_r^2 R_p}{1800Z^2}(1 + 2\delta_s \cos\alpha_m) F_{c1}^2 \cos^2(\omega t - \alpha_m + \beta_1) \tag{8-23}$$

由式（8-23）可知，由于定子绕组相电流有效值的变化，在气隙复合静偏心故障下，绕组损耗随着径向静偏心程度的加剧而增加，随着轴向静偏心程度的加剧而减小，而绕组铜耗总体变化趋势取决于轴向静偏心与径向静偏心的程度。

本 章 小 结

本章对正常状态、气隙径向偏心状态、气隙轴向静偏心状态及气隙三维复合混合偏心下的发电机组损耗进行理论分析，结论如下：

（1）发电机运行过程中部分能量转化为热能，以损耗的形式表现出来。发电机损耗类型主要有定转子铁芯损耗、绕组铜损耗及其他附加损耗。损耗作为发电机温度场的内部热源，会导致各部件温度升高。过高的温度不仅会降低发电机的能量转换效率，还会对关键部件的强度、性能等产生严重的负面影响，如绕组绝缘的老化及磨损，定子铁芯的强度降低及变形等。

（2）气隙径向静偏心状态下：在电磁场中，气隙径向静偏心工况下定转子铁芯中的铁耗与绕组中的铜耗与正常工况下相比均明显增加，且随着径向偏心程度的加剧，各种损耗增加的趋势愈发明显；在温度场中，气隙径向静偏心工况下定子最高温度高于正常工况，且随着径向偏心程度的加剧，最高温度也升高。

气隙径向动偏心状态下：在电磁场中，气隙径向动偏心工况下定转子铁芯中的铁耗与绕组中的铜耗与正常工况下相比均明显增加，且随着径向偏心程度的加剧，各种损耗增加的趋势愈发明显；在温度场中，气隙径向静偏心工况下定子最高温度高于正常工况，且随着径向偏心程度的加剧，最高温度也升高。

气隙径向动静混合偏心状态下：在电磁场中，气隙径向动静混合偏心工况下定转子铁芯中的铁耗与绕组中的铜耗与正常工况下相比均明显增加，且随着偏心程度的加剧，各种损耗增加的趋势愈发明显，当动偏心与静偏心同时发生时，相同故障程度下混合偏心故障定转子铁芯中的铁耗与绕组中的铜耗都比单一故障下要高。在温度场中，气隙径向动静混合偏心工况下定子最高温度高于正常工况，且相同故障程度混合偏心故障下定子最高温度高于单一故障工况温度，随着偏心程度的加剧，最高温度也升高。

（3）气隙轴向静偏心状态下：在电磁场中，气隙轴向静偏心工况下定转子铁芯中的铁耗与绕组中的铜耗与正常工况下的损耗相比均有所降低，且随着轴向静偏心程度的加剧，各种损耗降低的趋势愈发明显。在温度场中，气隙轴向静偏心工况下定子最高温度低于正常工况，且随着轴向静偏心程度的加剧，最高温度越低。

（4）在气隙径向静偏心与气隙轴向静偏心复合故障下：在电磁场中，气隙复合静偏心工况下定转子铁芯中的铁耗与绕组中的铜耗变化随着单一偏心程度的增加而表现出同单一故障相同的趋势，即随着径向偏心量增加而增加，随着轴向静偏心量增加而减小。在温度场中，气隙复合静偏心工况下定子温度场分布同其他工况基本一致，其最高温度随着径向偏心量增加而升高，随着轴向静偏心量增加而降低。

第Ⅲ篇　气隙偏心的有限元仿真计算

　　本篇介绍了发电机气隙径向、轴向及三维复合偏心故障下有限元模型的建立及求解，并对不同故障类型下发电机机电特性参量的有限元仿真结果进行对比分析，同时机电特性参量的有限元计算结果验证了理论分析的准确性，并将为后续的实验模拟提供参考。

第 9 章

发电机气隙偏心典型故障仿真
模型的构建与分析

有限元分析是利用数学近似的方法对真实物理系统（几何和载荷工况）进行模拟，利用简单而又相互作用的元素（即单元），就可以用有限数量的未知量去逼近无限未知量的真实系统。有限元分析方法是将一个复杂的系统划分为由几个简单、独立的系统组成的网格，然后通过实际应用物理模型的解析公式来求解网格中的每个元素。在一个确定的范围里面，虽然网格数目增加可以提高计算精度，但伴随着网格数目增多，计算量及存储空间也会增加。如何剖分以及是否均匀剖分对仿真结果有很大影响。在手动剖分时，对结果影响较大的区域，要剖分得更细小些；而对结果影响较小的区域，就可以剖分得稍大些，以便更好利用硬件资源，并缩短计算时间而又不损失计算精度。然而，手动剖分既有优点也有缺点，最终结果的准确性取决于经验。ANSYS Electromangeics 是著名的商用电磁有限元分析软件之一，是 ANSYS 机电系统设计和解决方案的重要组成部分，在各工程电磁领域中都得到了广泛的应用，它的前身是著名电磁软件 Ansoft，于 2008 年被 ANSYS 收购。ANSYS Electromangeics 需要独立安装，既可作为一个独立的软件单独运行，也可以嵌套入 ANSYS 主程序中实现机-电-磁-固-热多场耦合分析。

ANSYS Electromangeics 可实现电磁器件分析、电路设计分析、电路板分析、电子器件封装设计等多个功能，其中器件分析又有低频和高频两部分，低频部分为 Maxwell，高频部分为 HFSS。本章主要使用其低频的

Maxwell 对发电机进行分析。

　　Maxwell 是基于麦克斯韦微分方程，采用有限元离散的形式，将工程中的电磁场计算转化为庞大的矩阵进行求解，其特点是功能强大、结果精确、便于使用。Maxwell 包含电场、涡流场、静磁场、温度场和瞬时场分析模块，可用于分析发电机、传感器、变压器、激励器、永磁设备等电磁装置的静态、瞬态、稳态、正常和故障工况的特性，不但可以对单个的电磁机构进行数值计算，还可对整个系统进行联合仿真。

9.1　CS-5 故障模拟发电机介绍

　　本章建模分析对象为图 9-1 所示的 CS-5 型故障模拟发电机。该发电机为 1 对极同步发电机，驱动电动机与同步发电机通过联轴器连接，利用变频器令驱动电动机转速可调从而使得发电机转速可调。气隙偏心故障与定转子绕组匝间短路故障程度多挡可调，并且在定子绕组上保留安装小型加速度传感器的空间。驱动电动机为异步电动机，配有变频器，输入电压为 380V 的交流电。

图 9-1　CS-5 型模拟发电机组

发电机励磁采取旋转整流方式，发电机输出电压采用三相四线制输出方式，每相相电压为 220V、50Hz。CS-5 型故障模拟发电机可模拟多种故障，例如气隙径向偏心故障、气隙轴向静偏心故障、气隙三维复合静偏心故障、转子绕组匝间短路故障、定子绕组匝间短路故障、气隙偏心与转子绕组匝间短路复合故障、气隙偏心与定子绕组匝间短路复合故障等。

　　对于发电机模型的建立，ANSYS Electromangeics 提供了三种方法。第一种是利用 Maxwell 2D/3D 模块直接绘制发电机的结构部件，然后对发电机绕组的连接方式、材料、激励源等进行设定，从而建立完整的发电机模型。由于 Maxwell 是以有限元分析见长的软件，而绘图功能比较局限，所以用此方法绘制大型发电机的结构时会比较费时费力。第二种方法对第一种方法进行了弥补，即先利用专业绘图软件，例如 AutoCAD、SolidWorks 等绘制发电机结构，再导入 Ansoft 中将模型完善。这种方法可能在剖分时出错，尤其是对于发电机尺寸比较大、边角齿槽部件局部尖角较细的三维模型，容易在剖分时报错或卡死。第三种是运用其自带的 RMxprt 模块进行参数化设计，该模块是专门对发电机的磁路设计而开发的，只要按其要求输入发电机相应的技术参数就能得出完整的发电机模型。利用此方法建模过程较为简单，但用该模块建模需要知道发电机较为详细的技术参数，该模块的分析主要集中于发电机的运行性能，例如输入励磁电流与输出相电流的关系，速度与效率、功率因数之间的关系，速度与输出功率之间的关系等，这些数据都可自动生成表格，方便比较查看。工程实际中多采用第三种方法进行建模和预求解，然后生成二维或三维分析模型，如果有特殊的结构，可以在生成的二维和三维模型上结合第一种建模方法进行更改。CS-5 型模拟发电机模型建立采用的是第三种方法，使用 RMxprt 模块对CS-5 型发电机进行建模，CS-5 型发电机基本参数见表 9-1。在使用 RMxprt模块建模完成后，再将发电机的模型导入 Maxwell 2D/3D 模块中，并进行局部结构和参数的修改完善，然后进行发电机运行的瞬态分析。

表 9-1　　　　　　　　　　CS-5 型发电机基本参数

参数名称	数值	参数名称	数值
额定容量	5kV・A	轴向长度	l=130mm
额定电压	380V	定子槽数	Z_1=36
功率因数	0.8	节距因数	k_y=0.83
额定转速	n_r=3000r/min	绕组短距系数	k_p=0.966
极对数	p=1	绕组分布系数	k_d=0.958
径向气隙长度	1.2mm	并联支路数	α=2

　　发电机是一个复杂的机电耦合整体，因此除了表 9-1 中参数实际上还有很多其他技术参数指标，例如线负荷、正负序电阻、气隙磁通密度、电压波形正弦畸变率、交轴同步电抗、励磁绕组漏抗等，这些参数在利用RMxprt 模块进行发电机建模时不是必需的，因此表 9-1 中没有将发电机参数一一列出。另外，RMxprt 模块建模时还会涉及其他一些参数，例如定子绕组的底角半径、端部绕组限定尺寸、定子端部压板厚度，这些参数有的在发电机建模及仿真计算过程中也不是必需的，有的对仿真结果无影响或者是软件能够自动给出，因此在表 9-1 中也没有列出，在建模时可将这样的参数

用软件默认设置值（将其值设置为"0"即为采用软件默认数值设置）。

9.2　二维模型的建立及求解

9.2.1　使用 RMxprt 模块建立模型模拟方法

1. 发电机设计类型确定

打开 ANSYS Electronics Desktop 2017.2，界面如图 9-2（a）所示。

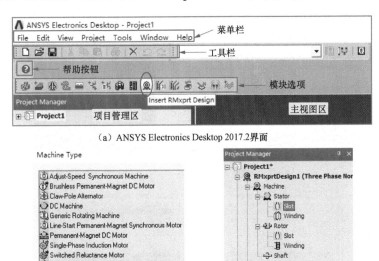

（a）ANSYS Electronics Desktop 2017.2界面

（b）RMxprt集成发电机设计类别选择对话　（c）三相隐极同步发电机项目目录

图 9-2　同步发电机 RMxprt 设计路径

　　单击发电机设计模块"RMxprt"按钮🔍，在图 9-2（b）所示的选择界面，单击"Three Phase Non-Salient Synchronous Machine"（三相隐极同步发电机），单击"OK"，会在图 9-2（a）左侧"Project"下方新增一个发电机设计🔍 **RMxprtDesign1 (Three Phase Non-Salient Synchronous Machine)**，点开左侧的加号，会出现一个带有加号的"Machine"（发电机）选项 Machine，若需要修改极数（极数为极对数的两倍），只需双击"Machine"，在弹出对话框的"Number of Poles"（极数）对应的框中输入极数，设置为2，在"Reference Speed"（参考转速，指的是计算摩擦损耗和风阻损耗时的对应转速环境）输入工作转速，设置为 3000r/min，另外两个选项"Frictional Loss"（摩擦损耗）、"Windage Loss"（风阻损耗）均采用默认值设置（即使其数值为 0 不变），单击"确定"按钮。将所有加号点开，各目录展开后如图 9-2（c）所示。

2. 发电机定子参数设定

单击"Machine"（发电机）前面的加号，下方会出现"Stator"（定子）⊞ 🚂 Stator、"Rotor"（转子）⊞ 🚊 Rotor、"Shaft"（转轴）🔩 Shaft 三个选项。双击"Stator"（定子），按照图 9-3（a）所设置的数值进行参数定义。其中，"Slot Type"（槽型）设置，单击"2"按钮，出现如图 9-3（b）所示的槽型类别示意。系统提供了发电机常用的 6 种槽型，此处选择"2"号槽型。

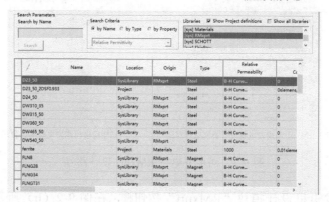

Name	Value	Unit	Evaluate...	Description
Outer Diameter	250.5	mm	250.5mm	Outer diameter of ...
Inner Diameter	145	mm	145mm	Inner diameter of t...
Length	130	mm	130mm	Length of the stato...
Stacking Factor	0.95			Stacking factor of t...
Steel Type	D23_50			Steel type of the st...
Number of Slots	36			Number of slots o...
Slot Type	2			Slot type of the sta...
Lamination Secto...	0			Number of laminat...
Press Board Thic...	0	mm		Magnetic press bo...
Skew Width	0		0	Skew width measu...

（a）定子参数 　　　　　　　　　（b）槽型类别示意

/	Name	Location	Origin	Type	Relative Permeability	C...
D23_50		SysLibrary	RMxprt	Steel	B-H Curve...	0
D23_50_2DSF0.933		Project		Steel	B-H Curve...	0siemens
D24_50		SysLibrary	RMxprt	Steel	B-H Curve...	0
DW310_35		SysLibrary	RMxprt	Steel	B-H Curve...	0
DW315_50		SysLibrary	RMxprt	Steel	B-H Curve...	0
DW360_50		SysLibrary	RMxprt	Steel	B-H Curve...	0
DW465_50		SysLibrary	RMxprt	Steel	B-H Curve...	0
DW540_50		SysLibrary	RMxprt	Steel	B-H Curve...	0
ferrite		Project	Materials	Steel	1000	0.01sieme...
FLN8		SysLibrary	RMxprt	Magnet	B-H Curve...	0
FLNG28		SysLibrary	RMxprt	Magnet	B-H Curve...	0
FLNG34		SysLibrary	RMxprt	Magnet	B-H Curve...	0
FLNGT31		SysLibrary	RMxprt	Magnet	B-H Curve...	0

（c）铁芯类别

Name	Value	Unit	Evaluate...	Description
Auto Design	☐			Auto design Hs2, Bs1 and Bs2
Parallel Tooth	☐			Design Bs1 and Bs2 based on...
Hs0	1.5	mm	1.5mm	Slot dimension: Hs0
Hs1	1.5	mm	1.5mm	Slot dimension: Hs1
Hs2	14.7	mm	14.7mm	Slot dimension: Hs2
Bs0	3	mm	3mm	Slot dimension: Bs0
Bs1	7.7	mm	7.7mm	Slot dimension: Bs1
Bs2	10.2	mm	10.2mm	Slot dimension: Bs2

Name	Value	Unit	Ev...	Description
Winding Layers	2			Number of winding layers
Winding Type	Editor			Stator winding type
Parallel Branches	2			Number of parallel bran...
Conductors per Slot	2		2	Number of conductors ...
Coil Pitch	14			Coil pitch measured in ...
Number of Strands	22		22	Number of strands (nu...
Wire Wrap	0	mm		Double-side wire wrap t...
Wire Size	Diameter: 0.912mm			Wire size, 0 for auto-de...

（d）定子齿槽尺寸 　　　　　　　　（e）定子绕组参数设置

图 9-3　定子参数定义

图 9-3（a）中的"Steel Type"（铁芯类别）的设置方法：单击后面的"Not Assigned"（未赋值）按钮，弹出如图 9-3（c）所示的对话框。从"Libraries"（材料库）中选择"［sys］RMxprt"，然后在下方的材料列表中选择对应的铁芯材料"D23_50"，单击"确定"按钮。

单击"Stator"（定子）前面的加号，下方会出现"Slot"（齿槽）() Slot 和"Winding"（绕组）(() Winding 两个选项。双击"Slot"（齿槽）选项，弹出如图 9-3（d）所示的对话框，将"Auto Design"（自动设计）取消勾选，单击"确定"按钮，再次双击"Slot"（齿槽）选项，按图 9-3（d）中的数值进行设置。

双击"Winding"（绕组）选项，弹出如图 9-3（e）所示的对话框，图示参数为设置完毕的情况，参照这些数值对绕组参数进行设置。在"Winding Layers"（绕组层数）中填入 2，单击"Winding Type"（绕组类别）后面的"Whole-Coiled"（整距绕组）按钮，会出现绕组节距对话框，其中有三个选项，默认的是"Whole-Coiled"（整距绕组），指绕组的节距（Coil Pitch）与极距（Pole Pitch）相等；第二种是"Half-Coiled"（半距绕组），指绕组的节距（Coil Pitch）为极距（Pole Pitch）的一半；第三种是"Editor"（自主编辑），指绕组的节距（Coil Pitch）和极距（Pole Pitch）可自主设定，本书选择第三种。在实际的发电机设计和特性分析中，选择"Editor"（自主编辑）节距和极距通常通过定子槽数来进行表示。绕组节距是指一个线圈的两个在定子齿槽中的直线段部分的圆周距离，极距是指相邻两个磁极在圆周方向上的距离。在"Coil Pitch"（节距）中设置为 14，即绕组两个直线边的圆周距离为 14 槽。由于定子总槽数为 36 槽，发电机为两极（一对极）发电机，所以其极距为 18，绕组为短距绕组（节距比极距小）。在"Parallel Branches"（并联支路）中填入 2；在"Conductors per Slot"（每槽导体数）中输入 2；在"Number of Strands"（绞线股数，即每个导体棒对应的匝数）中输入 22：22*6*2=264 匝。单击"Wire Size"（导线尺寸）后面的按钮，出现"Wire Size"（导线线径选择）对话框，在对话框中选择线径为 0.912mm，单击"OK"。

3. 发电机转子参数设定

双击"Rotor"（转子）选项，弹出如图 9-4（a）所示的对话框，图中为各参数数值设置完毕的结果。其中，"Indexing Slots"（标称槽数，即虚槽数）是指将转子表面平均分割设置的槽数，"Real Slots"（实槽数）是指转子除去大齿（转子铁芯上未开槽的部分）的实际齿槽数。

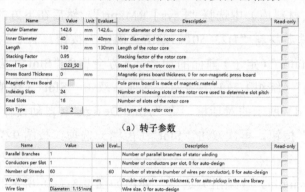

（a）转子参数

（b）转子绕组参数设置

（c）转子齿槽参数设置

图 9-4　转子参数定义

单击"Rotor"（转子）前面的加号，出现"Slot"（齿槽）和"Winding"（绕组）两个选项。双击"Slot"（齿槽），将"Hs0"的值设置为 2mm，将"Bs0"设置为 3mm，如图 9-4（c）所示单击"确定"按钮。双击"Winding"（绕组），按照如图 9-4（b）所示数值完成参数设置。此处绞线股数设置为60：60×8=480，即有效匝数为 480 匝。

4. 求解设置及预求解

右击图 9-2（c）中的"Analysis"（分析）选项，在弹出的即时选项中单击"Add Solution Setup"（添加求解设置） ，弹出如图 9-5（a）所示的对话框，按图中数值进行"General"（总体）参数设置。其中，"Rated Apparent Power"（额定视载功率）对应表 9-1 中的额定容量；"Load Type"（载荷类别）选择为"Independent Generator"（独立发电机）；"Rated Voltage"（额定电压）是指额定线电压的有效值，为相电压的根号三倍；"Rated Speed"（额定速度）对应表 9-1 中的额定转速。单击上方的"Non-Salient Synchronous Machine"（隐极同步发电机）选项，在"Exciter

Efficiency"（激励器效率）中输入 95%，在"Rated Power Factor"（额定功率因数）中输入 0.8，这一参数对应于表 9-1 中的功率因数。

单击上方工具栏中的"Validate"（检测）按钮，若所有选项均为绿色对钩，则表示设置符合系统内部设定，如图 9-5（b）所示；若有红色叉号选项，则需返回修改对应的参数设置，直至所有选项检测通过。

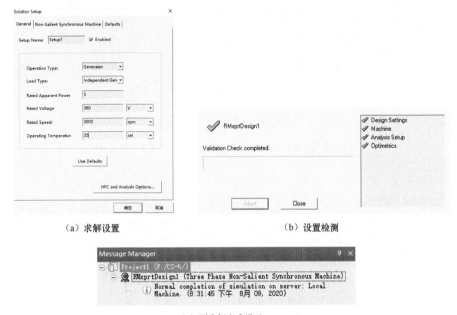

（a）求解设置　　　　　　　　　　　　（b）设置检测

（c）预求解完成提示

图 9-5　求解设置及预求解

单击上方工具栏的"求解"按钮，直至左下方"Message Manager"（信息管理器）下方出现求解完成的提示，如图 9-5（c）所示。至此，预求解完成。

9.2.2　2D 麦克斯韦模型建立

RMxprt 中的预求解只是针对使用者输入参数所生成的基础模型进行的初步验证计算，对于模型的进一步设置和参数的进一步求解，需要在 RMxprt 计算基础上生成麦克斯韦（Maxwell）模型。

1. 麦克斯韦全模型生成预设置

打开所建立的 RMxprt 文件，单击上方菜单栏中的"RMxprt"→"Design Settings"（设计设置）→"User Defined Data"（用户定义数据）中勾选

"Enable"，再在下方的框中填入"Fractions 1""halfAxial 0"，需注意大小写和空格，如图 9-6（a）所示。

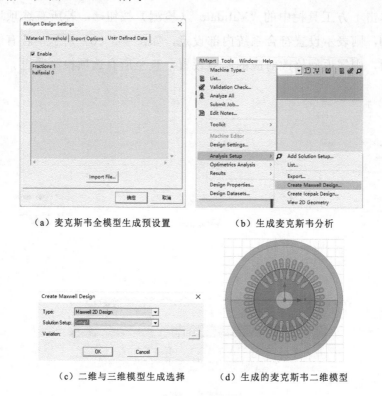

（a）麦克斯韦全模型生成预设置　　　（b）生成麦克斯韦分析

（c）二维与三维模型生成选择　　　（d）生成的麦克斯韦二维模型

图 9-6　求解设置及预求解

预设置完毕后，单击上方的"求解"按钮 进行再次求解。这是因为 ANSYS Electromagnetics 为了节约计算资源，默认会对模型进行处理，只取全模型的一部分（对称组成部分，如 1/6 模型、1/4 模型、1/2 模型），而发电机出现气隙偏心故障时为非对称模型，需要进行此步操作，从而生成麦克斯韦全模型。

2. 麦克斯韦全模型生成

依次单击上方菜单栏"RMxprt"→"Analysis Setup"（分析设置）→"Create Maxwell Design"（创建麦克斯韦设计），如图 9-6（b）所示，弹出如图 9-6（c）所示的对话框。在"Type"（类型）下拉选项中选择"Maxwell 2D Design"（麦克斯韦二维设计），单击"OK"，即可生成如图 9-6（d）所示的二维麦克斯韦模型，低版本的 Ansoft 软件还需要取消勾选"Auto

Setup"选项才能生成全模型。

3. 绕组匝数设置

可通过加载外部耦合电路方式实现发电机的激励加载，设置匹配外部耦合电路前需要先对绕组的匝数进行设置。

单击左侧项目管理器下"Maxwell2Ddesign1"的"Excitations"（激励）→"Field"（励磁绕组），依次单击励磁绕组根目录下的各个线圈，例如，单击"Field_0"，会在下方"Properties"（特性）显示框中显示详细的属性参数，在"Number of Conductors"（导体数）中输入60，相当于每槽60匝线圈，如图9-7（a）所示。采用相同操作，将所有的励磁绕组线圈导体数更改为60。这个参数设置的依据是励磁绕组总共为480匝，每极共8槽，每槽为60匝。在设置过程中需注意，"Field_0"至"Field_7"的"Polarity Type"（极性）属性为"Positive"（正），意味着电流方向为正向（垂直向里）；而"FieldRe_0"至"FieldRe_7"的"Polarity Type"（极性）属性为"Negative"（负），意味着电流方向为负向（垂直向外）。

单击"Excitations"（激励）下"PhaseA"（A相绕组）前面的加号，会显示所有A相绕组的附属线圈，依次单击这些线圈，修改其导体数为22（每相每条支路6个串联线圈，每相两条支路，总匝数为22×6×2=264匝），如图9-7（b）所示。与励磁绕组类似，A相绕组中不带"Re"标识的12个线圈（两条支路，每条支路6个串联线圈）的"Polarity Type"（极性）属性为"Positive"（正），带"Re"标识的12个线圈的"Polarity Type"（极性）属性为"Negative"（负）。

采用相同的操作，将"PhaseB"和"PhaseC"下的所有线圈的导体数设置为22。

在进行对象"Properties"（特性）参数修改时，除了单击相应对象（如绕组线圈），在下方属性框中直接修改外，也可双击对应的对象，在弹出的对话框中进行修改。例如，双击"Field"（励磁绕组）下的"Field_0"，弹出如图9-7（c）所示的对话框，对话框中所列的属性参数与图9-7（a）中所展现的属性参数相同。

9.2.3　外电路耦合模型建立

在设置外部耦合电路激励前，需要将绕组类型更改为外部耦合电路模式。更改的方法为依次单击"Excitation"（激励）下方的"Field"（励磁绕组）、"PhaseA"（A 相绕组）、"PhaseB"（B 相绕组）、"PhaseC"（C 相绕组），并在其"Properties"（属性）选项中将"Winding Type"（绕组类型）设置为"External"（外部），如图 9-8（a）所示。

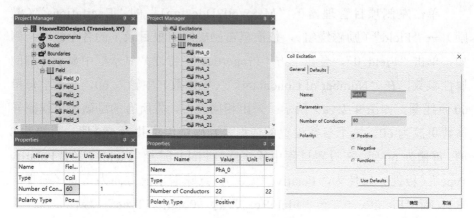

（a）励磁绕组匝数设置　　　（b）A 相绕组匝数设置　　　（c）双击励磁绕组线圈弹出的属性对话框

图 9-7　绕组匝数设置

在左侧项目管理器下方的"Excitation"（激励）处右击，在弹出的快速选项列表中单击"External Circuit"（外部电路）→"Edit External Circuit"（编辑外部电路），如图 9-8（b）所示；单击图 9-8（b）下方的"Create Circuit"按钮，弹出已创建麦克斯韦耦合电路的提示，如图 9-8（c）所示；单击"确定"按钮，会直接显示系统所创建的外部耦合电路，如图 9-8（d）所示，同时在左侧项目管理器中多出一个名为"Project1_ckt"的外部耦合电路列表项。事实上系统生成的外部电路只有绕组器件，且这些绕组器件的连接关系是空白的，需要读者自行定义。

电路常用的电源及电阻、电感等器件在主视图右侧，如图 9-8（f）所示。单击"Passive Elements"（无源器件）前面的加号，从下方选择"Res：Resistor"（电阻）拖入。18.2 版本的 ANSYS Electromangetics 自带重复功能，进行首次拖入后默认可多次单击鼠标进行器件的重复拖入，拖入完成后单击键盘上的 Esc 键即可退出重复。在主视图中再单击两次左键，完成三个电阻的拖入。类似地，单击"Ind：Inductor"（电感），并将其拖入主视图中，单击左键复重拖入两次，完成三个电感的拖入。

　　单击右侧"Component Libraries"（器件库）下方"Sources"（电源）前面的加号，将下方列表中的"IDC：DC Current Source"（直流电源）拖入主视图中。ANSYS Electromangetics 内电路的构建规则中要求有零电位点（接地点），故在构建电路时需添加接地器件"Ground"。这一器件不在主视图右侧的器件库中，而在主视图上方的常用工具栏中，如图 9-8（g）所示。单击接地按键，然后将光标移到主视图中单击两次，完成接地器件的两次置入。

（a）激励类型设置

（b）外部耦合电路创建对话框

（c）生成外部耦合电路信息提示

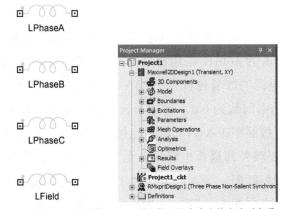

（d）生成的外部电路器件　　（e）项目管理器中多出的电路列表项　　（f）常用器件库

图 9-8　外部耦合电路创建（一）

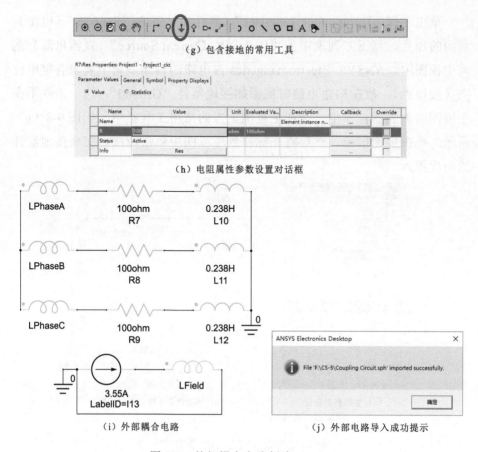

（g）包含接地的常用工具

（h）电阻属性参数设置对话框

（i）外部耦合电路

（j）外部电路导入成功提示

图 9-8 外部耦合电路创建（二）

　　器件拖入完毕，需要双击各器件，打开"Parameter Values"（属性参数设置）对话框，以电阻为例，弹出的属性参数设置对话框如图 9-8（h）所示。在"R"的"Value"栏中将电阻的阻值设置为 100Ω。重复上述操作，将另外两个电阻的阻值也修改为 100Ω。采用相同的方法，将三个电感的数值设置为 0.238H，将直流电源的数值设置为 3.55A。此处，100Ω 电阻与0.238H 电感构成的负载其功率因数为 0.8，对应于表 9-1 中的功率因数。

　　器件数值设置完毕后，按照图 9-8（i）所示连接电路，完成对外部耦合电路的创建。创建完毕需要将外部耦合电路导入至麦克斯韦分析模型中，使其与前面建立的物理模型相匹配。导入的方法如下：单击主视图上方菜单栏的"Maxwell Circuit"（麦克斯韦电路）→"Export Netlist"（导出电路列表），弹出保存路径及文件名设置对话框，读者可自行选择相应的文件夹并将其进行命名保存。保存路径选择时尽量将其存储在与前面所建立的麦克斯韦模型相同的文件夹下，且文件路径尽量不要出现汉字。所保存的文件类型为".sph"文件。导出后需要将这个导出的文件导入到"Excitation"（激励）中，导入的方法如下：在左侧项目管理器下方的"Excitation"（激励）处右击，在弹出的快速选项列表中单击"External Circuit"（外部电路）→"Edit External Circuit"（编辑外部电路），如图9-8（b）所示；单击图9-8（b）下方的"Import Circuit Netlist"按钮，弹出"Select File"（选择耦合电路文件）对话框，选择上一步导出".sph"文件存储所在路径文件夹，并选中保存的".sph"文件，单击"打开"按钮，出现文件成功导入的提示，如图9-8（j）所示。

需要特别说明的是，在 ANSYS Eelctromagnetics 中，外部耦合电路元器件与麦克斯韦物理模型器件之间是通过名称进行自动匹配的，如图9-8（i）所示的"LPhaseA"器件与 Excitation 下的"PhaseA"绕组自动匹配。编辑外电路时如果要修改器件名称，切记同时修改物理模型中的绕组名称，使两者能够相互匹配。

9.2.4　2D 模型适用的气隙偏心种类

在有限元仿真中，二维模型通常用于描述平面内的气隙偏心情况，其适用的气隙偏心种类有气隙径向静偏心、气隙径向动偏心、气隙径向动静混合偏心。

9.2.5　气隙径向静偏心二维物理模型的建立方法

在 Maxwell 软件中，有一款内置的偏心故障设置模块，可以方便地实现气隙偏心故障的设置。偏心故障是一种机械故障，只对转子位置及旋转有影响，对发电机电路、控制器没有影响，因此只需要在 Maxwell 中修改物理模型即可设置偏心故障。仿真计算时，旋转边界内所有部分都是旋转的，旋转中心为旋转边界的几何中心；旋转边界以外的部分固定不动。发电机定子属于固定部分，转子属于旋转部分，这与实际情况相符。而发电机的气隙被分为两层，其中靠近定子的一层是固定不动的，靠近转子的一层随转子旋转。设置偏心过程的步骤如下：

首先，单击菜单栏中的"View"（视图），打开"ACT Extensions"（ACT

扩展模块），如图9-9（a）所示，在屏幕的右侧将显示ACT扩展模块界面。

在ACT扩展模块界面中，选择"Maxwell Eccentricity"（麦克斯韦偏心），如图9-9（b）所示。打开麦克斯韦偏心模块界面，分为"Project/Design"（项目树选择窗口）、"Rotating Part Eccentricity"（旋转部件偏移窗口）、"Rotating Axis Eccentricity"（旋转轴线偏移窗口）三个部分。

在界面中，旋转部件指的是发电机转子及其附属结构，旋转轴线是指转子旋转中心的轴线，如图9-9（c）所示。

在"Project/Design"（项目树选择窗口）中选择要设置故障的原始模型。

根据故障类型，分别在"Rotating Part Eccentricity"（旋转部件偏移窗口）和"Rotating Axis Eccentricity"（旋转轴线偏移窗口）中输入对应的偏移坐标。需要注意的是，偏移窗口采用相对坐标系，其中 dx、dy 和 dz 分别表示故障发电机相对于原始模型在 x 轴、y 轴和 z 轴上的偏移量。

完成输入后，单击"Finish"即可生成故障模型。

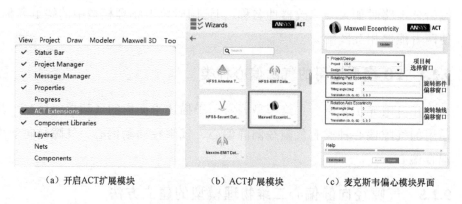

|（a）开启ACT扩展模块|（b）ACT扩展模块|（c）麦克斯韦偏心模块界面|

图9-9   麦克斯韦偏心模块

发电机发生气隙径向静偏心故障时，转子部件的旋转轴线仍位于转子中心，但与定子中心存在径向偏移，因此，设置气隙径向静偏心故障时，旋转部件和旋转轴线需要同时移动。

例如，以 x 轴正方向为偏心方向，设置气隙径向静偏心 0.1mm 故障，具体操作步骤如下：①在"Project/Design"（项目树选择窗口）中选中待设置故障的原始模型；②在"Rotating Part Eccentricity"（旋转部件偏移窗口）中输入旋转部件的偏移坐标（0.1，0，0）；③在"Rotating Axis Eccentricity"（旋转轴线偏移窗口）中输入旋转轴线的偏移坐标（0.1，0，0）。

　　输入完成后界面如图 9-10（a）所示，单击"Finish"按钮即可生成故障模型。在项目树中单击故障模型，左下角将显示相关的偏移数据，如图 9-10（b）所示。

（a）气隙径向静偏心 0.1mm 故障　　　　　（b）偏移数据

图 9-10　气隙径向静偏心故障设置

9.2.6　气隙径向动偏心二维物理模型的建立方法

　　发电机发生气隙径向动偏心故障时，转子的旋转轴线与转子部件本身的中心轴线存在径向偏移，最小气隙位置随转子旋转改变，因此，设置气隙径向动偏心故障时，偏移旋转轴线或旋转部件中心轴线任意一项即可，但一般故障设置选择偏移旋转部件的中心轴线。

　　例如，以 x 轴正方向为偏心方向，设置气隙径向动偏心 0.1mm 故障，具体操作步骤如下：①在"Project/Design"（项目树选择窗口）中选中待设置故障的原始模型；②在"Rotating Part Eccentricity"（旋转部件偏移窗口）中输入旋转部件的偏移坐标（0.1，0，0）；③在"Rotating Axis Eccentricity"（旋转轴线偏移窗口）中输入旋转轴线的偏移坐标（0，0，0）。

　　输入完成后界面如图 9-11（a）所示，单击"Finish"按钮即可生成故障模型，在项目树中单击故障模型，左下角将显示相关的偏移数据，如图 9-11（b）所示。

9.2.7　气隙径向动静混合偏心二维物理模型的建立方法

　　发电机发生气隙径向动静混合偏心故障时，定子中心轴线、转子中心轴线、转子旋转轴线三者均相互存在径向偏移，最小气隙位置随转子旋转改变，因此，设置气隙径向动静混合偏心故障时，旋转轴线和旋转部件中心轴线都需要偏移，且偏移距离不同。

Name	Value	Unit	Evaluated Value	Type
fractions	1		1	Design
halfAxial	0		0	Design
endRegion	110	mm	110mm	Design
_Eccentricit...	0	deg	0deg	Design
_Eccentricit...	[0.1, 0, 0]	mm	[0.1, 0, 0] mm	Design
_Eccentricit...	0	deg	0deg	Design
_Eccentricit...	0	deg	0deg	Design
_Eccentricit...	[0, 0, 0]		[0, 0, 0] mm	Design
_Eccentricit...	0	deg	0deg	Design

（a）气隙径向动偏心 0.1mm 故障　　　　（b）偏移数据

图 9-11　气隙径向动偏心故障设置

例如，以 x 轴正方向为径向偏心方向，设置气隙径向静偏心 0.1mm&动偏心 0.1mm 混合故障，具体操作步骤如下：①在"Project/Design"（项目树选择窗口）中选中待设置故障的原始模型；②在"Rotating Part Eccentricity"（旋转部件偏移窗口）中输入旋转部件的偏移坐标（0.2，0，0）；③在"Rotating Axis Eccentricity"（旋转轴线偏移窗口）中输入旋转轴线的偏移坐标（0.1，0，0）。

输入完成后界面如图 9-12（a）所示，单击"Finish"按钮即可生成故障模型。在项目树中单击故障模型，左下角将显示相关的偏移数据，如图 9-12（b）所示。

Name	Value	Unit	Evaluated Value	Type
fractions	1		1	Design
halfAxial	0		0	Design
endRegion	110	mm	110mm	Design
_Eccentricit...	0	deg	0deg	Design
_Eccentricit...	[0.2, 0, 0]	mm	[0.2, 0, 0] mm	Design
_Eccentricit...	0	deg	0deg	Design
_Eccentricit...	0	deg	0deg	Design
_Eccentricit...	[0.1, 0, 0]	mm	[0.1, 0, 0] mm	Design
_Eccentricit...	0	deg	0deg	Design

（a）气隙径向静偏心 0.1mm&　　　　　（b）偏移数据
　　动偏心 0.1mm 混合故障

图 9-12　气隙径向动静混合偏心故障设置

9.3　三维模型的建立及求解

9.3.1　3D 麦克斯韦模型建立

RMxprt 中的预求解只是针对使用者输入参数生成的基础模型进行的初步验证式计算，对于模型的进一步设置和参数的进一步求解，需要在 RMxprt 计算基础上生成麦克斯韦（Maxwell）模型。其具体步骤如下：

1. 麦克斯韦全模型生成预设置

首先，创建与二维模型建立时相同发电机的 RMxprt 模型，然后单击上方菜单栏中的"RMxprt"→"Design Settings"（设计设置）→"User Defined Data"（用户定义数据）中勾选"Enable"，再在下方的框中填入"Fractions 1""halfAxial 0"，需注意大小写和空格，如图 9-13（a）所示。

（a）麦克斯韦全模型生成预设置

（b）生成麦克斯韦分析

（c）三维模型生成选择

（d）生成的麦克斯韦三维模型

图 9-13　求解设置及预求解

预设置完毕后，单击上方的"求解"按钮 进行再次求解。这是因为

ANSYS Electromagnetics 为了节约计算资源，默认会对模型进行处理，只取全模型的一部分（对称组成部分，如 1/6 模型、1/4 模型、1/2 模型），而发电机出现气隙偏心故障时为非对称模型，需要进行此步操作，从而生成麦克斯韦全模型。

2. 麦克斯韦全模型生成

依次单击上方菜单栏"RMxprt"→"Analysis Setup"（分析设置）→"Create Maxwell Design"（创建麦克斯韦设计），如图 9-13（b）所示，弹出如图 9-13（c）所示的对话框。在"Type"（类型）下拉选项中选择"Maxwell 3D Design"（麦克斯韦三维设计），单击"OK"，生成如图 9-13（d）所示的三维麦克斯韦模型，低版本的 Ansoft 软件平台还需要取消勾选"Auto Setup"选项才能生成全模型。

3. 绕组匝数设置

拟通过加载外部耦合电路方式实现对发电机的激励加载，设置匹配外部耦合电路前需要先对绕组的匝数进行设置。

单击左侧项目管理器下"Maxwell 3D Design1"的"Excitations"（激励）→"Field"（励磁绕组），依次单击励磁绕组根目录下的各个线圈，例如，单击"FieldTerm_0"，会在下方"Properties"（特性）显示框中显示详细的属性参数，在"Number of Conductors"（导体数）中输入 60，相当于每槽 60 匝线圈，如图 9-14（a）所示。采用相同操作，将所有的励磁绕组线圈导体数更改为 60。这个参数设置的依据是中励磁绕组总共为 480 匝，每极共 8 槽，每槽为 60 匝。在设置过程中，读者还需注意观察一点，"FieldTerm_0"至"FieldTerm_3"的"Direction"（方向）属性为"Point into terminal"，意味着电流方向从中间绕组流向绕组端部，而"FieldTermRe_0"至"FieldTermRe_3"的"Direction"（方向）属性为"Point out terminal"，意味着电流方向为从绕组端部流向中间绕组。

单击"Excitations"（激励）下"PhaseA"（A 相绕组）前面的加号，会显示所有 A 相绕组的附属线圈，依次单击这些线圈，修改其导体数为 22（每相每条支路 6 个串联线圈，每相两条支路，总匝数为 22*6*2=264 匝，如图 9-14（b）所示。与励磁绕组类似，"PhA_0"至"PhA_5"的"Direction"（方向）属性为"Point into terminal"，意味着电流方向从中间绕组流向绕组端部；而"PhARe_18"至"PhARe_23"的"Direction"（方向）属性为

"Point out terminal"，意味着电流方向为从绕组端部流向中间绕组。

　　采用相同的操作，将"PhaseB"和"PhaseC"下的所有线圈的导体数设置为22。

　　在进行对象"Properties"（特性）参数修改时，可以单击相应对象（如绕组线圈），在下方属性框中直接修改；也可以双击对应的对象，在弹出的对话框中进行修改。例如，双击"Field"（励磁绕组）下的"FieldTerm_0"，会弹出如图 9-14（c）所示的对话框，对话框中所列的属性参数与图 9-14（a）中所展现的属性参数相同。

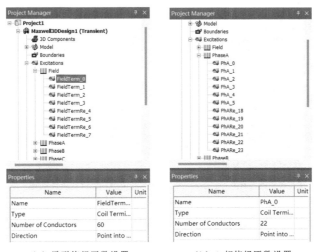

（a）励磁绕组匝数设置　　　　　　（b）A 相绕组匝数设置

（c）双击励磁绕组线圈弹出的属性对话框

图 9-14　绕组匝数设置

9.3.2　外电路耦合模型建立

在设置外部耦合电路激励前，需要将绕组类型更改为外部耦合电路模式。更改的方法如下：依次单击"Excitation"（激励）下方的"Field"（励磁绕组）、"PhaseA"（A 相绕组）、"PhaseB"（B 相绕组）、"PhaseC"（C 相绕组），并在其"Properties"（属性）选项中将"Winding Type"（绕组类型）设置为"External"（外部），如图 9-15（a）所示。

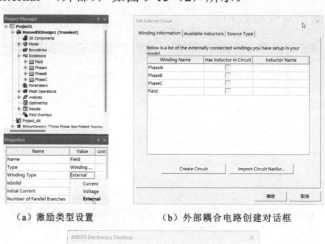

（a）激励类型设置　　　　　　　　（b）外部耦合电路创建对话框

（c）生成外部耦合电路信息提示

（d）生成的外部电路器件　（e）项目管理器中多出的电路列表项　（f）常用器件库

图 9-15　外部耦合电路创建（一）

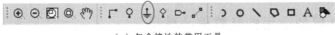

（g）包含接地的常用工具

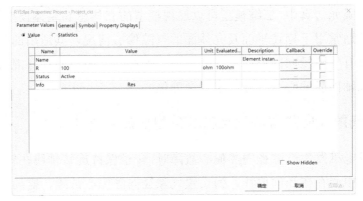

（h）电阻属性参数设置对话框

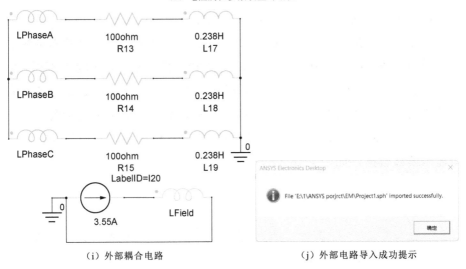

（i）外部耦合电路　　　　　　　　　　　（j）外部电路导入成功提示

图 9-15　外部耦合电路创建（二）

　　在三维模型中，外部耦合电路的导入与导出和二维模型中并无差异，如图 9-15 所示。

　　需要特别说明的是，在 ANSYS Eelctromagnetics 中，外部耦合电路元器件与麦克斯韦物理模型器件之间是通过名称进行自动匹配的，如图 9-15（i）所示的"LPhaseA"器件与 Excitation 下的"PhaseA"绕组自动匹配。编辑外电路时如果要修改器件名称,切记同时修改物理模型中的绕组名称,使两者能够相互匹配。

9.3.3　3D 模型适用的气隙偏心种类

在有限元仿真中,三维模型可以展现模型的立体感和整体模型的视觉。三维模型通常用于描述平面及立体面的气隙偏心情况,其适用的气隙偏心种类不仅有气隙径向静偏心、气隙径向动偏心、气隙径向动静混合偏心,还有气隙轴向静偏心与气隙三维复合静偏心。

9.3.4　气隙径向静偏心三维物理模型的建立方法

当发电机发生气隙径向静偏心故障时,转子保持旋转轴线在转子中心,但与定子中心存在径向偏移。为设置气隙径向静偏心故障,需同时移动转子部件和旋转轴线。

以 x 轴正方向为偏心方向,设置气隙径向静偏心 0.1mm 故障,具体操作步骤如下:①在"Project/Design"(项目树选择窗口)选中待设置故障的原始模型;"Rotating Part Eccentricity"(旋转部件偏移窗口)输入(0.1,0,0),表示 x 轴正方向 0.1mm 偏移;③"Rotating Axis Eccentricity"(旋转轴线偏移窗口)输入(0.1,0,0),同样表示 x 轴正方向 0.1mm 偏移。

单击"Finish"按钮生成故障模型,在项目树中单击故障模型,左下角显示偏移数据,如图 9-16(b)所示。

Name	Value	Unit	Evaluated Value	Type
fractions	1		1	Design
halfAxial	0		0	Design
endRegion	110	mm	110mm	Design
_Eccentricit...	0	deg	0deg	Design
_Eccentricit...	[0.1, 0, 0]	mm	[0.1, 0, 0] mm	Design
_Eccentricit...	0	deg	0deg	Design
_Eccentricit...	0	deg	0deg	Design
_Eccentricit...	[0.1, 0, 0]	mm	[0.1, 0, 0] mm	Design
_Eccentricit...	0	deg	0deg	Design

(a)气隙径向静偏心 0.1mm 故障　　　　(b)偏移数据

图 9-16　气隙径向静偏心故障设置

9.3.5　气隙径向动偏心三维物理模型的建立方法

发电机发生气隙径向动偏心故障时,转子旋转轴线与转子部件中心轴线发生径向偏移，且最小气隙位置随着转子旋转而变化。故障设置可选偏移旋转轴线或旋转部件中心轴线，但一般选择偏移旋转部件的中心轴线。

以 x 轴正方向为偏心方向，设置气隙径向动偏心 0.1mm 故障，具体操作步骤如下：①在"Project/Design"（项目树选择窗口）中选中待设置故障的原始模型；②在"Rotating Part Eccentricity"（旋转部件偏移窗口）中输入（0.1，0，0），表示 x 轴正方向 0.1mm 偏移；③在"Rotating Axis Eccentricity"（旋转轴线偏移窗口）中输入（0，0，0），保持旋转轴线不偏移。

单击"Finish"按钮生成故障模型，在项目树中单击故障模型，左下角显示偏移数据，如图 9-17（b）所示。

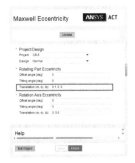

Name	Value	Unit	Evaluated Value	Type
fractions	1		1	Design
halfAxial	0		0	Design
endRegion	110	mm	110mm	Design
_Eccentricit...	0	deg	0deg	Design
_Eccentricit...	[0.1, 0, 0]	mm	[0.1, 0, 0] mm	Design
_Eccentricit...	0	deg	0deg	Design
_Eccentricit...	0	deg	0deg	Design
_Eccentricit...	[0, 0, 0]	mm	[0, 0, 0] mm	Design
_Eccentricit...		deg	0deg	Design

　　（a）气隙径向动偏心 0.1mm 故障　　　　　　　（b）偏移数据

图 9-17　气隙径向动偏心故障设置

9.3.6　气隙径向动静混合偏心三维物理模型的建立方法

发电机发生气隙径向动静混合偏心故障时，定子中心轴线、转子中心轴线、转子旋转轴线三者均相互存在径向偏移，最小气隙位置随着转子旋转而变化。因此，设置这种故障时，旋转轴线和旋转部件中心轴线需要同时偏移，且偏移距离不同。

以 x 轴正方向为径向偏心方向，设置气隙径向静偏心 0.1mm&动偏心 0.1mm 混合故障，具体操作步骤如下：①在"Project/Design"（项目树选择窗口）中选中待设置故障的原始模型；②在"Rotating Part Eccentricity"（旋转部件偏移窗口）中输入（0.2，0，0），表示 x 轴正方向 0.2mm 的偏移；③在"Rotating Axis Eccentricity"（旋转轴线偏移窗口）中输入（0.1，0，0），表示 x 轴正方向 0.1mm 的偏移。

单击"Finish"按钮生成故障模型，在项目树中单击故障模型，左下角显示偏移数据，如图 9-18（b）所示。

Name	Value	Unit	Evaluated Value	Type
fractions	1		1	Design
halfAxial	0		0	Design
endRegion	110	mm	110mm	Design
_Eccentricit...	0	deg	0deg	Design
_Eccentricit...	[0.2, 0, 0]	mm	[0.2, 0, 0] mm	Design
_Eccentricit...	0	deg	0deg	Design
_Eccentricit...	0	deg	0deg	Design
_Eccentricit...	0	deg	0deg	Design
_Eccentricit...	[0.1, 0, 0]	mm	[0.1, 0, 0] mm	Design
_Eccentricit...	0	deg	0deg	Design

（a）气隙径向静偏心 0.1mm&   （b）偏移数据
动偏心 0.1mm 混合故障

图 9-18　气隙径向动静混合偏心故障设置

9.3.7　气隙轴向静偏心三维物理求解模型的构建

发电机发生气隙轴向静偏心故障时，转子部件的旋转中心仍在转子中心，但与定子存在轴向的偏移。故障设置要求转子部件和旋转轴线在轴向上同时发生偏移。

以 z 轴正方向为轴向静偏心方向，设置气隙轴向静偏心 3mm 故障，具体操作步骤如下：①在"Project/Design"（项目树选择窗口）中选中待设置故障的原始模型；②在"Rotating Part Eccentricity"（旋转部件偏移窗口）中输入（0，0，3），表示 z 轴正方向 3mm 的偏移；③在"Rotating Axis Eccentricity"（旋转轴线偏移窗口）中输入（0，0，3），同样表示 z 轴正方向 3mm 的偏移。

单击"Finish"按钮生成故障模型，在项目树中单击故障模型，左下角显示偏移数据，如图 9-19（a）所示。值得注意的是，由于转子部件的轴向偏移可能超出初始发电机模型的边界，可能导致软件报错，为此，可以通过增加模型的计算边界来解决，例如通过修改"endRegion"数值，CS-5模型增加计算边界 10mm，如图 9-19（b）所示。

9.3.8　气隙三维复合静偏心三维物理求解模型的构建

发电机发生气隙三维复合静偏心故障时，转子部件的旋转轴线位于转子中心，但转子部件与定子中心同时存在径向和轴向偏移，因此，设置气隙径向和轴向静偏心混合故障时，转子部件和旋转轴线需要同时沿径向和轴向偏移。

Name	Value	Unit	Evaluated Value	Type
fractions	1		1	Design
halfAxial	0		0	Design
endRegion	120	mm	120mm	Design
_Eccentricit...	0	deg	0deg	Design
_Eccentricit...	[0, 0, 3]		[0, 0, 3] mm	Design
_Eccentricit...	0	deg	0deg	Design
_Eccentricit...	0	deg	0deg	Design
_Eccentricit...	[0, 0, 3]		[0, 0, 3] mm	Design
_Eccentricit...	0	deg	0deg	Design

（a）气隙轴向静偏心 3mm 故障　　　　　（b）偏移数据

图 9-19　气隙轴向静偏心故障设置

以 x 轴正方向为径向静偏心方向，以 z 轴正方向为轴向静偏心方向，设置气隙径向静偏心 0.1mm&轴向静偏心 3mm 混合故障，具体操作步骤如下：①在"Project/Design"（项目树选择窗口）中选中待设置故障的原始模型；②在"Rotating Part Eccentricity"（旋转部件偏移窗口）中输入旋转部件的偏移坐标（0.1，0，3）；③在"Rotating Axis Eccentricity"（旋转轴线偏移窗口）中输入旋转轴线的偏移坐标（0.1，0，3）。

输入完成后界面如图 9-20（a）所示，单击"Finish"按钮即可生成故障模型，在项目树中单击故障模型，左下角将显示相关的偏移数据。值得注意的是，由于转子部件运动域轴向偏移距离较大，可能超过发电机模型

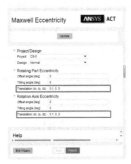

Name	Value	Unit	Evaluated Value	Type
fractions	1		1	Design
halfAxial	0		0	Design
endRegion	120	mm	120mm	Design
_Eccentricit...	0	deg	0deg	Design
_Eccentricit...	[0.1, 0, 3]	mm	[0.1, 0, 3] mm	Design
_Eccentricit...	0	deg	0deg	Design
_Eccentricit...	0	deg	0deg	Design
_Eccentricit...	[0.1, 0, 3]	mm	[0.1, 0, 3] mm	Design
_Eccentricit...	0	deg	0deg	Design

（a）气隙径向静偏心 0.1mm&　　　　　　（b）偏移数据
　　轴向静偏心 3mm 混合故障

图 9-20　气隙三维复合静偏心故障设置

的初始边界导致软件报错，因此需要增加模型的计算边界，可以通过修改"endRegion"数值实现，CS-5 模型增加计算边界 10mm，如图 9-20（b）所示。

9.4　关键电磁参数的求取

发电机关键的电磁参数有气隙磁通密度、定子电压、定子电流、电磁转矩、定转子磁拉力、并联支路环流、绕组电磁力等。本节将介绍在麦克斯韦模块中如何求取这些关键的电磁参数。

9.4.1　参数预设置

在 ANSYS Electronics 中，对定子并联支路环流进行求取时，需要进行外电路模型的修改。

在左侧项目管理器下方的"Excitation"（激励）处右击，在弹出的快速选项列表中单击"External Circuit"（外部电路）→"Edit External Circuit"（编辑外部电路），单击 "Create Circuit" 按钮，弹出已创建麦克斯韦耦合电路的提示；单击"确定"按钮，会直接显示系统所创建的外部耦合电路，同时在左侧项目管理器中多出一个名为"Project1_ckt"的外部耦合电路列表项。系统常用的电源及电阻、电感等器件在主视图右侧。单击"Passive Elements"（无源器件）前面的加号，从下方选择"Res：Resistor"（电阻）拖入。类似的，其他器件的添加在前面已经叙述过，不再赘述。

器件拖入完毕后，需要双击各器件，会打开属性参数设置对话框，以电阻为例，弹出的属性参数设置对话框，在"R"的"Value"栏中可修改电阻的阻值，采用相同的方法，也可修改电感的数值。器件数值设置完毕，按照图 9-21 所示连接电路，完成对定子外部耦合电路的创建，注意每一相有两条支路，转子电路与之前相同。创建完毕需要将外部耦合电路导入至麦克斯韦分析模型中，使其与前面建立的物理模型相匹配。

在 ANSYS Electronics 中，对定转子磁拉力和电磁转矩参数进行求取时，需要进行参数的预设置，告诉系统用户需要求取这些参数。

在主视图中选中转子铁芯面域，单击右键，在弹出的快捷菜单列表中选择"Assign Parameters"（赋给参数）→"Force"（力），系统弹出"Force

Setup"（力设置）对话框，如图 9-22（a）所示，将力的名称更改为
"RotorForce"，表示转子磁拉力；采用相同的操作，选中定子铁芯所在面
域，定义定子磁拉力参数将其命名为"StatorForce"；再次采用相同的操作，
选中定子绕组所在面域，定义定子绕组电磁力参数将其命名为
"StatorwindingForce"；再次单击选中转子铁芯所在面域，单击右键，在弹
出的快捷菜单列表中选择"Assign Parameters"（赋给参数）→"Torque"
（转矩），系统弹出"Torque Setup"（转矩设置）对话框，如图 9-22（b）所
示。无须更改转矩名称，直接采用默认的名称"Torque1"（转矩 1）即可。

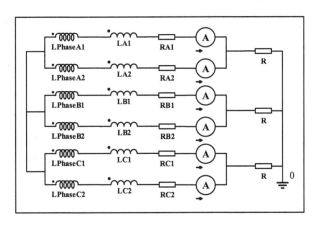

图 9-21　定子外部耦合电路的创建

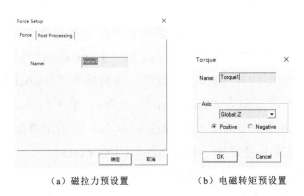

（a）磁拉力预设置　　　　（b）电磁转矩预设置

图 9-22　磁拉力与电磁转矩参数预设置

9.4.2　模型运算求解

一个完整的模型在进行求解前需要先对模型设置边界条件和激励。发

电机的边界一般选择"Outer Region"（外域）的外边沿作为平行边界，即认为磁场有效边界为这一外边沿，内部磁力线大致平行于这一外边沿。外域一般设为直径尺寸上大于等于定子外径的闭合圆面，材料默认为真空。外域基本将发电机所有区域均已覆盖。与外域相对应的为"Inner Region"（内域），一般设置为尺寸与转子铁芯外径相等的闭合圆面。除内域和外域外，还有"Band"（运动域）。运动域一般是比转子铁芯外径大、比定子铁芯内径小的闭合圆面，系统通常取为径向气隙厚度的一半加上转子外径组成运动域。运动域的设置将气隙分成了两部分：靠近转子铁芯的一部分气隙与转子具有相同的旋转速度，是运动的；靠近定子铁芯的另一部分气隙与定子一起保持静止不动。

CS-5 发电机模型的激励已通过外电路耦合的方式进行加载。除了外部耦合电路方式外，还有通过对绕组直接进行电压激励和电流激励的方式加载，无须创建和导入外电路，但在瞬态分析时需要将加载的电压和电流设置为按时间变化的函数。本章仅介绍通用性较强的外电路耦合加载方式，对电压激励和电流激励直接加载的方式，感兴趣的读者可自行查阅相应资料学习。

除设置外部激励和边界条件外，还需指定模型的转子旋转转速和计算设置。模型的旋转转速设置方法如下：点开左侧项目管理器下"Model"前面的加号，双击"MotionSetup1"（运动设置 1），如图 9-23（a）所示，弹出如图 9-23（b）所示的对话界面，读者可根据分析对象的类型在"Motion"（运动）处选择转子的相应运动方式为"Translation"（直线运动）或"Rotation"（旋转运动）。选择旋转运动，旋转轴为"Grobal Z"（沿全局坐标系 Z 轴旋转），方向为"Positiove"（正向）。单击图 9-23（b）上方的"Mechanical"（机械）选项，出现如图 9-23（c）的所示界面，将"Angular Velocity"（角速度）设置为"3000 rpm"（3000r/min）。

计算设置的添加可通过单击主视图上方快速工具栏中的求解设置"Solution Setup"按钮 ☑ 来进行添加，如图 9-23（d）和（e）所示。对转速为 3000r/min 的发电机进行求解，其频率为 3000/60=50Hz，周期为 1/50=0.02s。CS-5 型故障模拟发电机模型求解 5 个周期，即求解终结时间为 0.1s，步长根据采样定理要求（采样频率须至少大于等于二倍信号频率，通常为 5～6 倍以上），将步长时间设置为 0.0002s，即采样频率为 5kHz，为信号频率的 100 倍。并在图 9-23（e）"Save Fields"（场数据保存）中采用相同的时步步长设置，单击"Add to List"（添加到列表）按钮，会在右侧显示场数据保存的时间节点信息，如图 9-23（e）所示。

在对模型进行运算求解前，读者需先对模型设置及整体的有效性进行验证。单击上方工具栏中的校验"Validate"按钮，系统会对模型的边界及激励设置等细节进行逐一校验，并弹出校验结果信息提示界面，如图 9-23（f）所示。如果模型所有检验均通过，则各选项前面会出现一个绿钩标志；如果检验不合格，会出现一个红色的叉，并在左下方"Message Manager"中显示出错提示信息。有时除了表示正确的绿钩和表示错误的红叉外，还会出现黄色的感叹号标志，见图 9-23（g）。黄色的感叹号表示警示，告知这一选项有部分参数未进行详细设置，系统将自动按照默认设置进行运算。CS-5 型故障模拟发电机模型警示的为边界与激励当中的涡流效应设置，警示信息如图 9-23（g）所示。因其不涉及涡流损耗等相应参量的计算，故采用默认设置即可。

模型检验无误后，可以开始模型的运算求解。单击上方工具栏中的分析"Analyze All"按钮，系统会自动进行计算，并在主视图右下方显示求解进度，如图 9-23（h）所示。

求解完成后会在左下角信息管理器"Message Manager"一栏显示"Normal completion of simulation on server：Local Machine"。

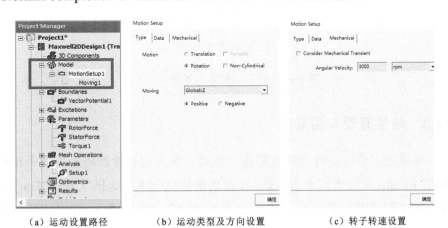

（a）运动设置路径　　　（b）运动类型及方向设置　　　（c）转子转速设置

图 9-23　模型的检验与求解（一）

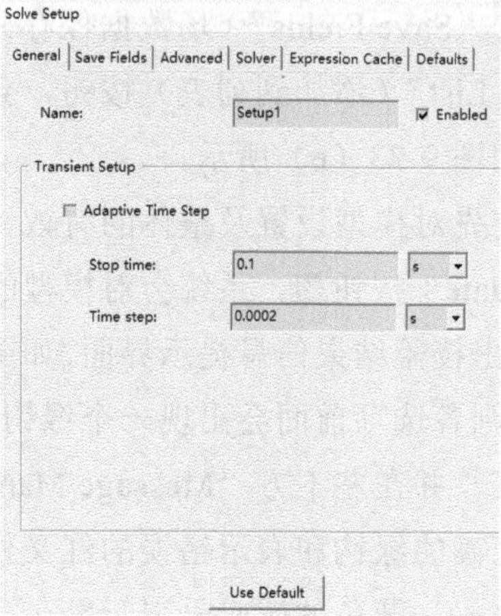

（d）计算时间及步长设置 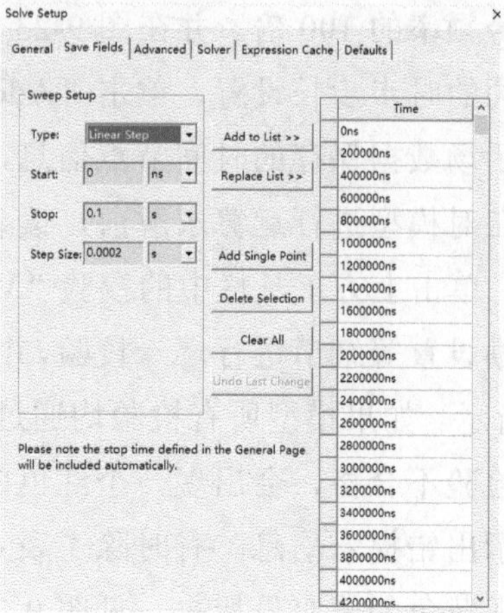　　　　　（e）求解场域数据点设置

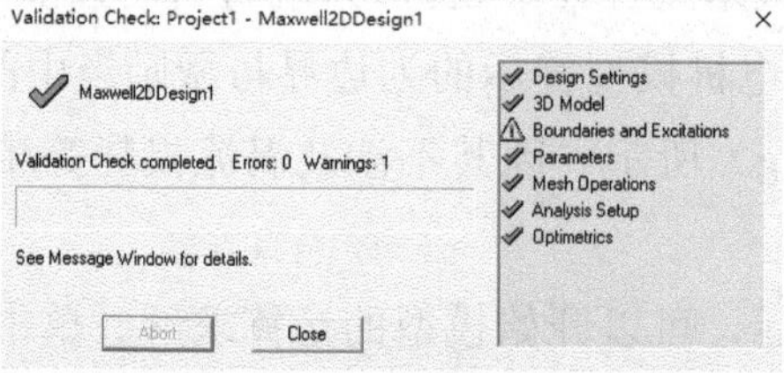

（f）模型校验结果信息提示界面

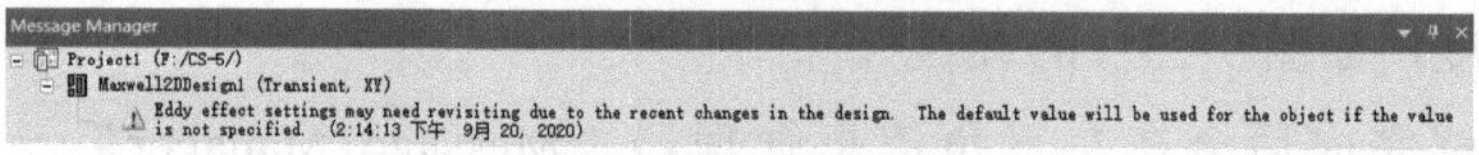

（g）涡流效应采用默认设置提醒

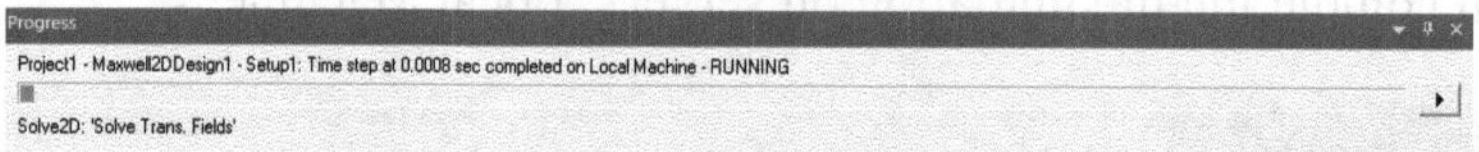

（h）模型计算求解进度

图 9-23　模型的检验与求解（二）

9.4.3　结果查看与后处理

求解完成后即可对求解结果进行查看。单击项目管理器麦克斯韦模型下方"Results"（结果），单击右键，在弹出的快捷选项中选择"Create Trasient Report"（创建瞬态报告）→"Rectangular Plot"（矩形图形），弹出如图 9-24（a）所示的界面。

在"Category"（类别）中单击"Winding"（绕组），按住键盘上的"Ctrl"键，并在"Quantity"（参量）中选择"Current（PhaseA1）"（A1 支路电流），

然后将"Current（PhaseA1）"改为"Current（PhaseA1）- Current（PhaseA2）"，在"Function"（函数）中选择"None"（无），单击"New Report"（新报告），会生成定子并联支路环流电流波形。

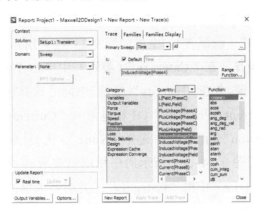

（a）参数结果选择界面

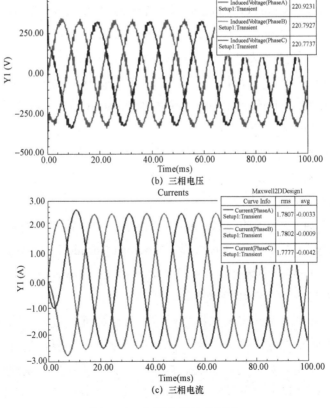

（b）三相电压

（c）三相电流

图 9-24　电压电流结果查看

在"Category"（类别）中单击"Winding"（绕组），按住键盘上的 Ctrl 键，并在"Quantity"（参量）中同时选择"InducedVoltage（PhaseA）"（A 相感应电压）、"InducedVoltage（PhaseB）"（B 相感应电压）、"InducedVoltage（PhaseC）"（C 相感应电压），在"Function"（函数）中选择"None"（无），单击"New Report"（新报告），生成如图 9-24（b）所示的三相电压波形。

采用相同的操作，在"Category"（类别）中单击"Winding"（绕组），按住键盘上的 Ctrl 键，并在"Quantity"（参量）中同时选择"Current（PhaseA）"（A 相电流）、"Current（PhaseB）"（B 相电流）、"Current（PhaseC）"（C 相电流），在"Function"（函数）中选择·"None"（无），单击"New Report"（新报告），生成如图 9-24（c）所示的三相电流波形。

仍然从图 9-24（a）中的"Category"（类别）中单击"Force"（力），按住键盘上的 Ctrl 键，并在"Quantity"（参量）中同时选择"RotorForce.Force_mag"（转子力_力幅值）、"RotorForce.Force_x"（转子力_x 方向分力）、"RotorForce.Force_y"（转子力_y 方向分力），在"Function"（函数）中选择"None"（无），单击"New Report"（新报告），生成如图 9-25（a）所示的转子力波形。

采用相同的方法，从图 9-24（a）中的"Category"（类别）中单击"Force"（力），按住键盘上的 Ctrl 键，并在"Quantity"（参量）中同时选择"StatorForce.Force_mag"（定子力_力幅值）、"StatorForce.Force_x"（定子力_x 方向分力）、"StatorForce.Force_y"（定子力_y 方向分力），在"Function"（函数）中选择"none"（无），单击"New Report"（新报告），生成如图 9-25（b）所示的定子力波形。

从图 9-24（a）中的"Category"（类别）中单击"Torque"（转矩），在"Quantity"（参量）中同时选择"Moving1.Torque"（运动 1_转矩），在"Function"（函数）中选择"None"（无），单击"New Report"（新报告），生成如图 9-25（c）所示的转矩波形。

电磁分析中，尤其在发电机分析中，气隙磁通密度是一个重要参量。下面介绍如何查看磁通密度结果。在主视图物理模型界面选择所有对象，在键盘上同时按下 Ctrl 键和 A 键，再单击右键，从弹出的快速列表选项中选择"Fields"（场）→"A"→"Flux_Lines"（磁力线），弹出如图 9-26（b）所示的对话框，单击"Done"（完成），发现主视图屏幕并未出现预期

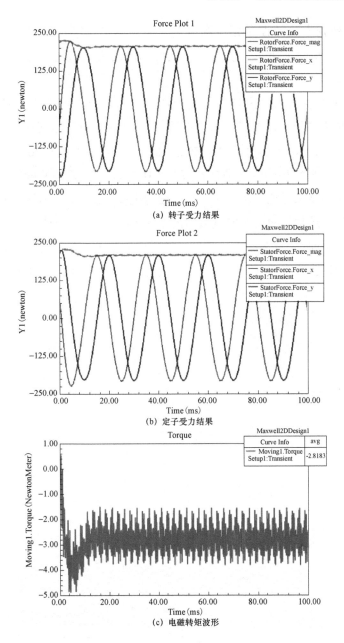

(a) 转子受力结果

(b) 定子受力结果

(c) 电磁转矩波形

图 9-25　定转子受载结果查看

的磁力线分布图，这是因为系统默认将时间设为了"-1"s，双击主视图左下方的"Time=-1"的方框 $\boxed{\text{Time=-1}}$ ，出现如图 9-26（c）所示的时间设置对话框。对话框中默认的时刻是 0s，读者可自行根据需要从"Time"（时间）下拉列表中选择设置相应的时刻，然后单击"确定"。0s 时刻的磁力线图如图 9-26（d）所示。读者也可采用相同的方式查看"A_Vector"查看磁力线向量图。

仍然在主视图物理模型界面选择所有对象，再单击右键，从弹出的快速列表选项中选择"Fields"（场）→"B"→"Mag_B"（磁通密度幅值），弹出如图 9-26（e）所示的对话框，单击"Done"，出现如图 9-26（f）所示的结果。读者也可采用相同的方法自行查看"B_Vector"（磁通密度向量）结果。

磁通密度的表达形式除了磁力线、磁通密度幅值外，还有更直观的气隙磁通密度波形。通常气隙磁通密度波形的查看需要在气隙中设置一个查看路径，一般画一个圆即可；此外需要将系统自动提取的 X 方向的磁通密度和 Y 方向的磁通密度通过公式进行计算得到合成径向磁通密度。下面介绍具体方法。

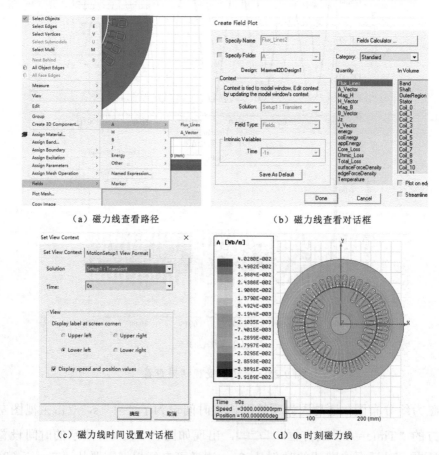

（a）磁力线查看路径　　　　　　（b）磁力线查看对话框

（c）磁力线时间设置对话框　　　　（d）0s 时刻磁力线

图 9-26　磁力线与磁密结果查看（一）

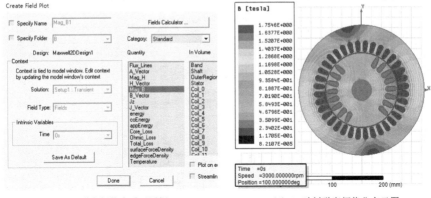

（e）磁密幅值查看对话框　　　　　（f）0s 时刻磁密幅值分布云图

图 9-26　磁力线与磁密结果查看（二）

　　首先说明如何将 X 方向和 Y 方向的磁密进行合成得到综合径向气隙磁通密度。从最上方的菜单栏中的"Maxwell 2D"→"Fields"→"Calculator"（场计算器），弹出如图 9-27（a）所示的界面。场计算器的运算组合原则是"自底而上"，先变量，后函数，最后是加减乘除符号。按图 9-27（a）中所标的次序依次单击并选择相应参量完成径向磁密合成，具体如下：

　　（1）单击"Quantity"（参量）→"B"（磁密）。

　　（2）单击"Scal?"（标量）→"ScalarX"（X 方向量）。

　　（3）单击"Function"（函数）→"PHI"（角度 φ）。

　　（4）单击"Trig"（三角函数）→"Cos"（余弦）。

　　（5）单击"*"。

　　（6）单击"Quantity"（参量）→"B"（磁密）。

　　（7）单击"Scal?"（标量）→"ScalarY"（Y 方向量）。

　　（8）单击"Function"（函数）→"PHI"（角度 φ）。

　　（9）单击"Trig"（三角函数）→"Sin"（正弦）。

　　（10）单击"*"。

　　（11）单击"+"。

　　（12）单击"Add"，在弹出的对话框中输入定义的变量名为"Bn"。

　　（13）单击"Save To…"，会弹出如图 9-27（b）所示界面，单击 Bn 前面的方框将其勾选，单击"OK"。弹出保存路径对话框，默认路径为安装目录下的"PersonalLib"文件夹，选择该默认文件夹进行保存即可。

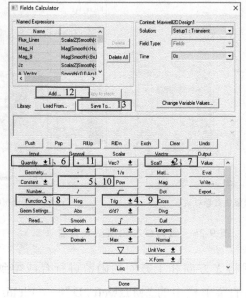

（a）场编辑器界面

（b）保存变量选择

（c）关闭曲线自动闭合成面功能

（d）创建非模型对象对话框

图 9-27　磁密结果查看（一）

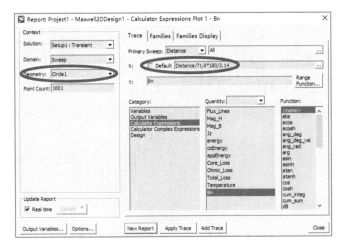

（e）径向磁密选取对话框

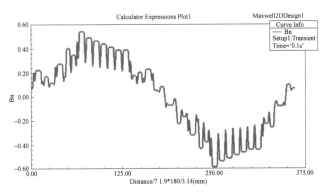

（f）径向磁密初步结果

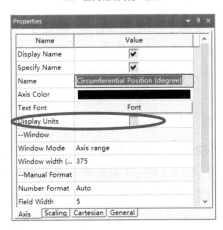

（g）更改横坐标标签及单位

图 9-27　磁密结果查看（二）

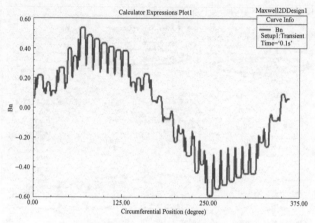

（h）更改横坐标标签及单位后的径向磁密波形

图 9-27　磁密结果查看（三）

接下来需要在气隙中画一个路径圆。在 Maxwell 模块中，默认闭合曲线自动填充成面，因此，首先需要取消闭合曲线自动成面功能，取消路径为"Tools"（工具）→"Options"（选项）→"General Options…"（总体选项），出现如图 9-27（c）所示的界面，将"Polyline Creation"（创建多段线）下的"Automatically cover closed polylines"选项取消勾选。

单击主视图上方的绘制圆弧工具按钮，弹出如图 9-27（d）所示的对话框，提示将要绘制的圆为非模型对象（前面已经完成求解，此处绘制的圆为求解模型外的附加元素，故为非模型对象），单击"是"，以坐标原点为圆心（左键单击），绘制半径为 71.9mm（圆位于气隙中部）的圆，绘制过程中可寻找 Band 的外圆，系统带有自动捕捉功能，随着光标的移动会在左上方显示实时坐标，待光标移动至合适位置后单击左键后即可完成路径圆的绘制。

在左侧项目管理器下的"Results"处单击右键，在弹出的快捷选项中选择"Create Fields Report"（创建场结果）→"Retangular Report"（创建矩形图），会弹出如图 9-27（e）所示界面，从"Geometry"（几何体）下拉列表中选择"Circle1"（即上一步画的路径圆），从"Category"（类别）中选择"Calculator Expressions"（计算表达式），从"Quantity"（参量）中选择"Bn"，从"Function"（函数）中选择"None"（无），将 x 轴变量（椭圆圈起处）前面的"Default"（默认）选项钩除，并在后面的框中将框内内容调整为"Distance/71.9/3.14*180"（直线距离除以半径再除以 π 乘以 180°，将弧长转换为圆周角度），单击"New Report"（新报告），会生成如图 9-27（f）所示的初步结果。仔细观察图 9-27（f），发现其横坐标标签为输入的表达式，且单位显示为"mm"，需要对其横坐标标签及单位进行调整。单击图 9-27（f）横坐标轴的任意一处，会在左侧项目管理器最下方出现如图 9-27（g）所示的横坐标特性编辑对话框，也可直接双击图 9-27（f）子图中的横坐标，弹出对话框，对话框形式与图 9-27（g）类似。将"Specify Name"（指定名称）后面的框中对其进行勾选，并在下方"Name"（名称）后面的方框中输入"Circumferential Position ［degree]"（周向角度，单位为度），同时将下方"Display Units"（显示单位）后面的方框取消勾选，更改完后磁密波形图如图 9-27（h）所示。CS-5 型故障模拟发电机模型建立时，其单位的改变是通过直接在横坐标标签名中输入来完成更改的，同时将原系统默认的长度单位 mm 取消显示，即可达到预期目的。

本 章 小 结

本章主要介绍了有限元仿真计算软件的使用方法与二维模型及三维模型的建立与求解步骤。通过建立正常状态、气隙径向偏心状态、气隙轴向静偏心状态及气隙三维复合偏心状态下的发电机组模型，详细阐述了软件对各类型气隙偏心故障的设置方法，并对关键电磁参数进行描述。此外，本章还对发电机参数预设置、模型运算求解、仿真结果查看与后处理进行了细致讲解，力求使整个仿真步骤更为精细，读者可根据本章内容进行实际动手操作完成从模型建立、参数设置到运算求解、结果可视化分析的整体仿真过程，可帮助读者快速了解软件的具体使用方法，提升实际操作能力。

第 10 章

气隙径向静偏心的有限元求解

10.1 磁密及相电流分析

图 10-1 和图 10-2 所示为发电机在正常状态下以及气隙径向静偏心分别为 0.1、0.2、0.3mm 情况下的气隙磁通密度和相电流的有限元计算结果。首先，从图 10-1 和图 10-2 可以明显看出，在发生气隙径向静偏心故障后，

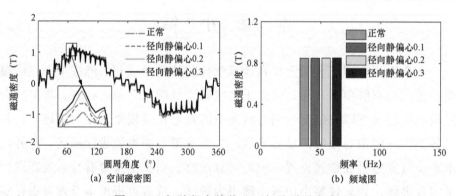

图 10-1　气隙径向静偏心下气隙磁通密度

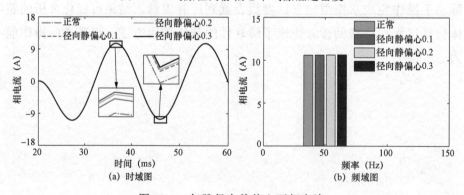

图 10-2　气隙径向静偏心下相电流

气隙磁通密度和相电流曲线都呈现向上偏移的趋势，且随着径向静偏心故障程度的增加，这种趋势逐渐增强，该现象表明气隙磁通密度与相电流之间密切关联。具体而言，因为气隙磁通密度与发电机内部感应电动势之间存在明显的关系，气隙磁通密度的增加导致了相电流的上升。值得注意的是，由于定转子间气隙长度非常小，在发电机运行时难以对气隙磁通密度进行有效的直接测量，所以相电流可以视为反映发电机运行过程中气隙磁通密度的重要指标，通过监测相电流的变化，我们可以有效地评估发电机的性能和潜在故障。进一步观察图 10-2（b），可以发现气隙径向静偏心故障下相电流的谐波成分与正常状态相似，这意味着在故障发生时，相电流仅包含基频成分，并且随着故障程度的增加，基频成分逐渐增加。这一发现说明，在径向静偏心情况下，相电流的主要频率成分不会发生变化，但其幅度会随着故障程度的加剧而增加，对于发电机性能的影响至关重要。此外，图 10-1 的趋势变化也充分验证了之前提到的径向静偏心对气隙磁通密度影响趋势，且有限元仿真结果也与气隙磁通密度的理论分析结果相吻合。

10.2 定子单位面积磁拉力结果分析

图 10-3 所示为发电机在气隙径向静偏心故障下的定子单位面积磁拉力的有限元仿真结果。首先，从图 10-3（a）可观察到，气隙径向静偏心故障导致定子单位面积磁拉力在时域中的总体幅值增加，这意味着定子受到的磁拉力增强，进一步体现了气隙径向静偏心对发电机性能的不利影响。图 10-3（b）展示了在正常情况及气隙径向静偏心情况下，定子受到的单位面积磁拉力的频域成分。值得注意的是，无论是在正常状态还是在气隙径向静偏心故障情况下，定子单位面积磁拉力都主要包含直流成分和二倍频成分，这些成分在频域图中清晰可见，揭示了发电机内部的复杂振动特性。随着气隙径向静偏心故障程度的增加，定子单位面积磁拉力的直流成分和二倍频成分的幅值均会增加。由于直流分量不具备脉动性质，将不引起发电机定子振动，所以在正常及气隙径向静偏心故障下，发电机定子只存在二倍频成分振动。这一现象与之前的理论分析一致，加深了我们对气隙径向静偏心故障影响的理解，并为我们提供了定量的数据支持，有助于准确评估气隙径向静偏心故障对发电机的影响。

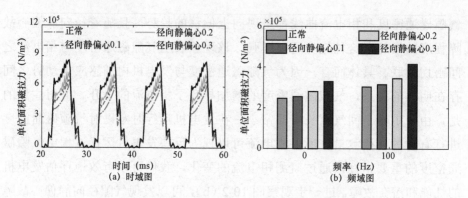

图 10-3   气隙径向静偏心下定子单位面积磁拉力

10.3   转子不平衡磁拉力结果分析

图 10-4 所示为发电机在气隙径向静偏心故障下的转子径向不平衡磁拉力的有限元仿真结果,这些结果提供了有关转子受力的重要信息。首先,从图 10-4 (a) 可见,正常情况下,转子的径向不平衡磁拉力几乎为零,然而在发生气隙径向静偏心故障后,发电机转子开始受到不平衡磁拉力的作用,而且这种磁拉力随着偏心程度的增加而显著增大。此外,图 10-4 (b) 中的发电机转子不平衡磁拉力频谱图提供了更详细的信息,在正常情况下,转子不平衡磁拉力的直流分量和二倍频成分几乎为零,然而随着径向静偏心量的增加,直流分量和二倍频分量的幅值逐渐增大,且与偏心程度的增加呈正相关趋势,这意味着转子开始受到较大的不平衡磁拉力作用,这种现象可以清晰地从频谱图中观察到。需要注意的是,直流分量的增加

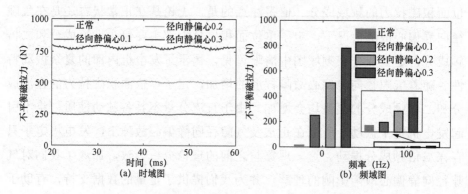

图 10-4   气隙径向静偏心下转子不平衡磁拉力

趋势较二倍频分量增加趋势较快。此外，这种不平衡磁拉力导致转子产生一定水平的径向挠度变形趋势及二倍频径向振动幅值的增加，这与之前的理论分析相一致。

10.4　电磁转矩波动特性结果分析

气隙径向静偏心下电磁转矩仿真结果如图 10-5 所示。通过理论分析可知，正常时电磁转矩直流分量是常值，并且无其他倍频成分。但是在图 10-5 中，由于仿真模型发电机内部因素的影响，正常情况下仿真结果中出现了除直流分量以外的其他倍频成分，但是相对于直流分量来说其他倍频成分都很小可忽略不计。气隙径向静偏心会引起电磁转矩产生二倍频的波动，且随着气隙径向静偏心程度的增加，直流分量与其他倍频分量幅值逐渐增加，其中二倍频增长最为明显。

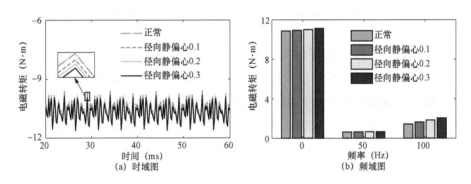

图 10-5　气隙径向静偏心下电磁转矩

10.5　并联支路环流结果分析

发电机在气隙径向静偏心故障下的并联支路环流有限元仿真结果如图 10-6 所示。从图 10-6 可以清晰地观察到，在正常运行情况下，发电机定子并联支路之间不会产生环流，然而在发生气隙径向静偏心故障后，发电机定子并联支路会产生一倍频成分环流，不存在其他倍频成分环流。这个重要结论揭示了气隙静偏心引起的发电机并联支路环流特性。值得注意的是，环流的频率成分幅值会随着气隙偏心程度的增加而增大。这与我们之前的理论分析一致，表明气隙径向静偏心会导致并联支路环流的增加，这可能会对发电机的性能和稳定性产生负面影响。

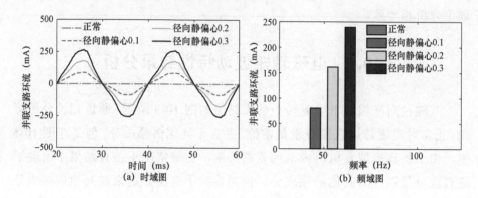

图 10-6　气隙径向静偏心下并联支路环流

10.6　定子绕组电磁力结果分析

发电机在气隙径向静偏心故障下定子绕组电磁力仿真结果如图 10-7 所示。从图 10-7（a）可以明显看出，在气隙径向静偏心故障下，定子绕组电磁力的幅值大于正常情况，这意味着气隙径向静偏心会使绕组受力显著增加，并且随着气隙静偏心故障程度的增加，定子绕组电磁力的幅值也会显著增大。从图 10-7（b）来看，气隙径向静偏心故障下，定子绕组电磁力仅包含直流分量和二倍频成分。此外，气隙径向静偏心故障下，直流成分和二倍频成分的幅值都比正常情况下对应成分的幅值大，且随着气

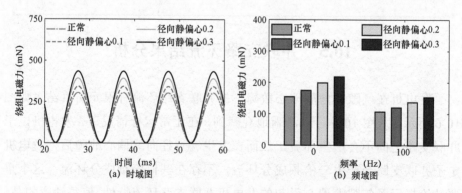

图 10-7　气隙径向静偏心下的定子绕组电磁力

隙静偏心故障程度的增加，这些幅值也呈现出显著增长的趋势，这进一步证明了气隙径向静偏心会导致定子绕组电磁力明显增加。需要指出的是，这种电磁力的直流分量和二倍频成分会导致定子绕组产生一定程度的径向挠度变形及二倍频径向振动，这一现象与之前的理论分析相一致。

10.7　损 耗 结 果 分 析

发电机在气隙径向静偏心故障下铁芯损耗和绕组铜耗的有限元仿真结果如图 10-8 与图 10-9 所示。首先，从图 10-8 可以观察到，在径向静偏心故障情况下，铁芯的涡流损耗和磁滞损耗均呈增长趋势，相较于正常运行时有所增加。随着偏心程度的提高，铁芯的损耗也相应地增加，铁芯的损耗增加导致额外的能源消耗和温度升高，可能对发电机的寿命和性能造成负面影响。同样地，从图 10-9 可以看出，气隙径向静偏心故障导致绕组铜耗上升。随着偏心量的增加，绕组铜耗逐渐增大，绕组的铜耗上升可能导致绕组温度上升，增加绕组的电阻，从而影响发电机性能和效率。

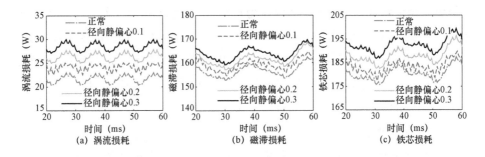

图 10-8　气隙径向静偏心下的铁芯损耗

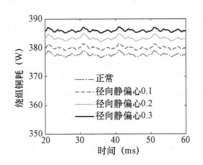

图 10-9　气隙径向静偏心下的绕组铜耗

本 章 小 结

本章对气隙径向静偏心故障下的发电机电磁参数进行仿真分析，根据仿真结果所得结论如下：

（1）在气隙径向静偏心故障下，发电机的气隙磁通密度与相电流幅值都呈增大趋势，且随着偏心故障程度的增加而增大。从频率成分上分析可得，气隙径向静偏心故障发生后相电流的频率成分与正常状态下相同，这意味着在故障发生时，相电流仅包含一倍频成分，并且随着故障程度的增加，一倍频成分幅值随之增加。

（2）在气隙径向静偏心故障下，发电机的定子单位面积磁拉力幅值将随故障程度的增加而增大，且故障发生后定子单位面积磁拉力与正常情况下相似，依然包含直流成分和二倍频成分，且各频率成分幅值都随着径向静偏心故障程度的加剧而增大。

（3）在气隙径向静偏心故障下，转子将出现径向不平衡磁拉力，随着径向静偏心量的增加，径向不平衡磁拉力也增大。静偏心故障下转子径向不平衡磁拉力中包含直流分量和二倍频成分，且随着径向静偏心程度的增加而增大。

（4）在气隙径向静偏心故障下，电磁转矩幅值将增大，且随着故障程度的加剧，电磁转矩幅值也将不断增大。气隙径向静偏心会引起电磁转矩产生二倍频的波动，且随着气隙径向静偏心程度的增加，直流分量与二倍频分量幅值逐渐增加。

（5）气隙径向静偏心故障发生后并联支路间将出现环流，且随着径向静偏心故障程度的增加环流幅值也增大。径向静偏心故障发生后定子并联支路会产生一倍频成分环流，且随着径向静偏心故障程度的加剧，一倍频成分的幅值将增大。

（6）气隙径向静偏心故障下定子绕组电磁力的幅值较正常情况下有所增大，且随着气隙径向静偏心故障程度的增加，定子绕组电磁力的幅值也会增加。气隙径向静偏心故障下定子绕组电磁力同样包含直流分量和二倍频成分，并且各频率成分都随着径向静偏心故障程度的增加而增大。

（7）气隙径向静偏心故障下发电机铁芯损耗与绕组铜耗都有所增加，且随着径向静偏心程度的增大而增加。

第 11 章

气隙径向动偏心的有限元求解

11.1 磁密及相电流分析

图 11-1 和图 11-2 分别展示了发电机在稳定运行后，正常状态以及气隙径向动偏心 0.1、0.2、0.3mm 情况下的气隙磁通密度和相电流的有限元计算结果。从图 11-1 和图 11-2 可以明显看出，在发生气隙径向动偏心故障

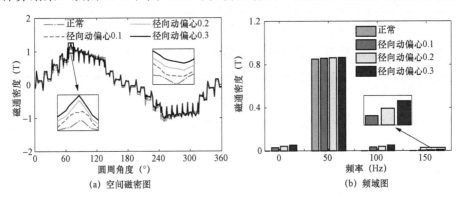

图 11-1　气隙径向动偏心故障下气隙磁通密度

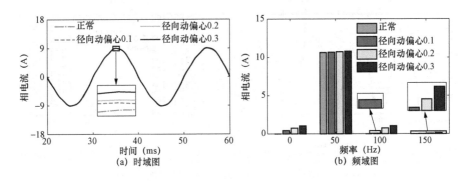

图 11-2　气隙径向动偏心故障下相电流

后，气隙磁通密度和相电流曲线都呈现向上偏移的趋势，且随着径向动偏心程度的增加向上偏移的程度也增大。从图 11-2（b）可以看出，气隙径向动偏心故障下相电流的谐波特性与正常工况下有所区别，气隙径向动偏心故障新增了直流分量、二倍频分量与三倍频分量，且相电流所有频率分量幅值都随着动偏心故障程度的增加而增大，这与理论分析部分结果相吻合。

11.2   定子单位面积磁拉力结果分析

发电机径向动偏心下定子单位面积磁拉力有限元仿真结果如图 11-3 所示。通过观察图 11-3（a）可以看到，在径向动偏心故障下定子单位面积磁拉力幅值将会随着动偏心量的增加而增大。由于径向动偏心故障下定转子间最小气隙位置不断发生变化，但气隙处采样点位置恒定，故当最小气隙位置旋转至采样点位置时图中动偏心 0.3 曲线取得最大值，当最小气隙位置与采样点位置对称分布时图中动偏心 0.3 曲线取得最小值。从图 11-3（b）可以看出，发电机正常情况下定子单位面积磁拉力频率成分只有直流分量与二倍频成分，动偏心故障新增了一倍频成分（由于频率增大相应幅值减小故本节忽略二倍频以上新增成分），且直流分量与各倍频成分幅值都随着动偏心故障程度的加剧而增大，一倍频成分幅值增大幅度最为明显，由此引发的定子一倍频与二倍频径向振动与径向变形趋势也将增大。

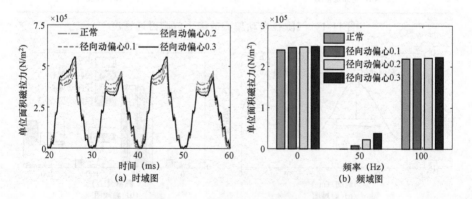

图 11-3   气隙径向动偏心故障下定子单位面积磁拉力

11.3　转子不平衡磁拉力结果分析

发电机径向动偏心故障下转子不平衡磁拉力有限元仿真结果如图11-4所示。由图11-4（a）可知，在正常情况下，转子的径向不平衡磁拉力为零，气隙径向动偏心故障发生后，发电机转子开始受到径向不平衡磁拉力，且该力随着动偏心故障程度的增加而增大；由图11-4（b）可知，径向动偏心故障发生后转子不平衡磁拉力将新增一倍频成分，且随着径向动偏心量的增加，其一倍频成分的幅值也逐渐增大，由此引发的转子一倍频径向振动也将增大。

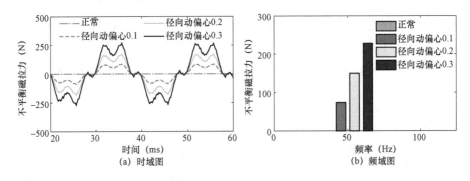

图 11-4　气隙径向动偏心故障下转子不平衡磁拉力

11.4　电磁转矩波动特性结果分析

气隙径向动偏心故障下发电机电磁转矩仿真结果如图 11-5 所示。由图 11-5（a）可知，气隙径向动偏心故障发生后发电机电磁转矩的幅值将增大，

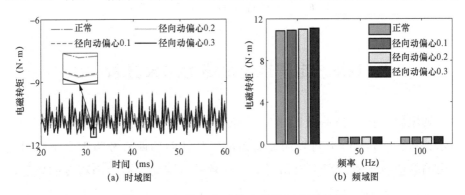

图 11-5　气隙径向动偏心故障下电磁转矩

且随着故障程度的加剧,发电机电磁转矩幅值也将不断增大。由图 11-5(b)可知,发电机气隙径向动偏心故障下电磁转矩频率成分与正常工况下一致,且幅值随径向动偏心故障程度的加剧而增大。

11.5　并联支路环流结果分析

发电机径向动偏心故障下并联支路环流有限元仿真结果如图 11-6 所示。由图 11-6(a)可知,发电机正常运行情况下定子并联支路间无环流,径向动偏心故障发生后并联支路间将出现环流,且随着动偏心故障程度的增加,环流幅值也增大。由图 11-6(b)可知,径向动偏心故障发生后并联支路环流将出现直流分量与二次谐波成分,且随着动偏心故障程度的加剧,直流分量与二次谐波成分的幅值将增大,这与理论分析得到结论一致。

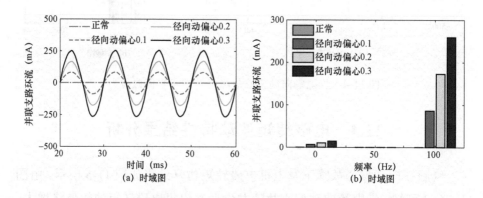

图 11-6　气隙径向动偏心下并联支路环流

11.6　定子绕组电磁力结果分析

发电机径向动偏心故障下定子绕组电磁力有限元仿真结果如图 11-7 所示。从图 11-7(a)可以明显看出,气隙径向动偏心故障下定子绕组电磁力的幅值较正常情况下有所增大,且随着气隙动偏心故障程度的增加,定子绕组电磁力的幅值也会增加。由图 11-7(b)可知,发电机正常情况下定子绕组电磁力只含有直流分量与二次谐波成分，动偏心故障发生后会新增一次谐波成分，并且随着动偏心故障程度的加剧，绕组电磁力直流分量与谐波分量幅值也随之增加,其中以一次谐波幅值的增加幅度最为明显，由此引发的绕组一倍频与二倍频径向振动也将增大。

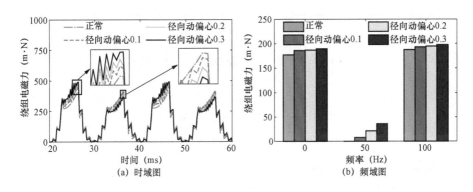

图 11-7　气隙径向动偏心下绕组电磁力

11.7　损 耗 结 果 分 析

气隙径向动偏心故障下发电机铁芯损耗与绕组铜耗仿真结果分别如图11-8 和图 11-9 所示。由图 11-8 可知，在径向动偏心故障下，铁芯的涡流损耗和磁滞损耗相较于正常运行时均有较大幅度增加，故随着径向动偏心故障程度的加剧，铁芯损耗也相应地增加。同样地，图 11-9 表明气隙径向动偏心故障也将导致绕组铜耗增加，且随着偏心量的加大，绕组铜耗增加趋势也越明显。

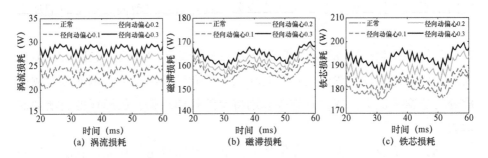

图 11-8　气隙动偏心故障下铁芯损耗

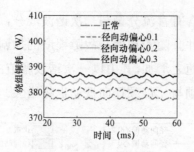

图 11-9   气隙径向动偏心故障下绕组铜耗

本 章 小 结

本章对气隙径向动偏心故障下的发电机组电磁参数进行仿真分析，根据仿真结果所得结论如下：

（1）在气隙径向动偏心故障下，发电机的气隙磁通密度与相电流幅值都呈增大趋势，且随着偏心故障程度的增加而增大。从频率成分上分析可得，气隙径向动偏心故障发生后相电流新增了直流分量、二倍频分量与三倍频分量，且各频率分量幅值都随着动偏心故障程度的增加而增大。

（2）在气隙径向动偏心故障下，发电机的定子单位面积磁拉力幅值将随径向动偏心故障程度的增加而增大，忽略二倍频以上频率成分后，定子单位面积磁拉力将新增一倍频成分，且各频率成分幅值都随着径向动偏心故障程度的加剧而增大。

（3）在气隙径向动偏心故障下，转子将出现径向不平衡磁拉力，随着径向动偏心量的增加，径向不平衡磁拉力也增大。径向动偏心故障下转子径向不平衡磁拉力中包含一次谐波成分，且随着径向动偏心程度的增加而增大。

（4）在气隙径向动偏心故障下，电磁转矩幅值将增大，且随着故障程度的加剧，电磁转矩幅值也将不断增大。径向动偏心故障下电磁转矩频率成分与正常工况下一致，且该成分幅值也随径向动偏心故障程度的增加而增大。

（5）气隙径向动偏心故障发生后并联支路间将出现环流，且随着径向动偏心故障程度的增加环流幅值也增大。径向动偏心故障发生后并联支路环流将出现直流分量与二次谐波成分，且随着径向动偏心故障程度的加剧，直流分量与二次谐波成分的幅值将增大。

（6）气隙径向动偏心故障下定子绕组电磁力的幅值较正常情况下有所增大，且随着径向动偏心故障程度的增加，定子绕组电磁力的幅值也会增加。径向动偏心故障发生后径向绕组电磁力会包含直流分量、一次谐波成分和二次谐波成分，并且各频率成分都随着径向动偏心程度的增加而增加。

（7）气隙径向动偏心故障下发电机铁芯损耗与绕组铜耗都有所增加，且随着偏心程度的增大而增加。

第 12 章
气隙径向动静混合偏心的有限元求解

12.1　磁密及相电流分析

图 12-1 和图 12-2 所示为发电机在稳定运行后，气隙径向动静混合偏心故障下动偏心量不变而静偏心量增加时的气隙磁通密度和相电流的有限元计算结果。从图 12-1（a）和图 12-2（a）可知，当动偏心量不变而静偏心量增加时，发电机气隙磁通密度与相电流曲线将向上偏移，两者幅值都随着静偏心故障程度的增加而增大；从图 12-2（b）可知，发电机相电流频率成分包含直流分量、一倍频、二倍频与三倍频成分，当动偏心量不变而静偏心量增加时，各频率成分幅值增大。

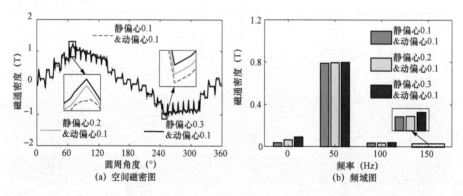

图 12-1　气隙径向动静混合偏心下动偏心量不变静偏心量增加时气隙磁通密度

图 12-3 和图 12-4 所示为发电机在稳定运行后，气隙径向动静混合故障下静偏心量不变而动偏心量增加时的气隙磁通密度和相电流的有限元计算结果。从图 12-3（b）和图 12-4（a）可知，当静偏心量不变动偏心量增加时，发电机气隙磁通密度与相电流曲线向上偏移，两者幅值都随着动偏

心故障程度的增加而增大；从图 12-4（b）可知，其相电流同样包含直流分量、一倍频、二倍频和三倍频成分，当静偏心量不变动偏心量增加时，相电流各频率成分幅值都随之增加，这与理论分析结果一致。

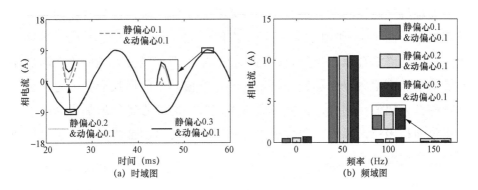

图 12-2　气隙径向动静混合偏心故障下动偏心量不变静偏心量增加时相电流

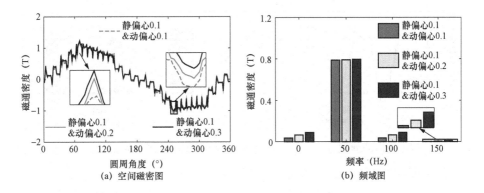

图 12-3　气隙径向动静混合偏心下静偏心量不变动偏心量增加时气隙磁通密度

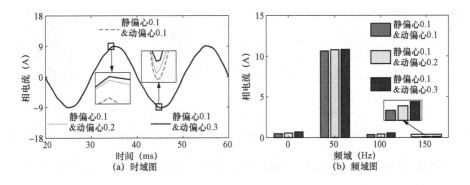

图 12-4　气隙径向动静混合偏心故障下静偏心量不变动偏心量增加时相电流

12.2　定子单位面积磁拉力结果分析

发电机气隙径向动静混合偏心故障下定子径向单位面积磁拉力有限元仿真结果如图 12-5 和图 12-6 所示。由图 12-5（a）和图 12-6（a）可以看出，径向动静混合偏心故障发生后，定子单位面积磁拉力幅值将会随着偏心量的增加而增大。当动偏心量不变时，静偏心量的增加会增大定子单位面积磁拉力幅值；同样，当静偏心量不变时，动偏心量的增加也会增大定子单位面积磁拉力幅值，故任何单一故障程度的增加都将加大定子单位面积磁拉力幅值。

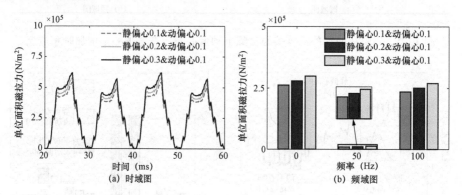

图 12-5　气隙径向动静混合偏心故障下动偏心不变静偏心量增加时定子单位面积磁拉力

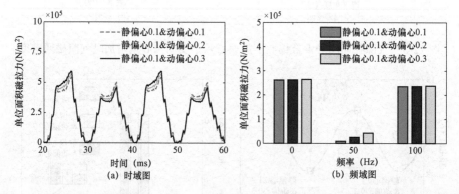

图 12-6　气隙径向动静混合偏心故障下静偏心量不变动偏心量增加时定子单位面积磁拉力

由图 12-5（b）和图 12-6（b）可以看出，动静混合偏心故障下定子单位面积磁拉力主要以直流分量、基频分量与二倍频分量为主。由于高阶频率成分幅值不明显，故此处忽略二倍频以上新增成分。随着单一故障程度的增加，定子单位面积磁拉力各频率成分都随之增加，且静偏心量增加时直流分量与二次谐波幅值变化较为明显，动偏心量增加时一次谐波幅值变化较为明显，这与理论部分结果一致。

12.3　转子不平衡磁拉力结果分析

发电机气隙径向动静混合偏心故障下转子不平衡磁拉力有限元仿真结果如图 12-7 与图 12-8 所示。由图 12-7（a）和图 12-8（a）可以看出，气隙径向动静混合偏心故障发生后，发电机转子将受到不平衡磁拉力，并且转子不平衡磁拉力幅值随任一偏心类型偏心量的增加而增大。

由图 12-7（b）和图 12-8（b）可以看出，发电机发生径向动静混合偏心故障后，其转子所受到的不平衡磁拉力主要含有直流分量、一倍频与二倍频成分，且随着偏心量的增加，各频率成分的幅值逐渐增大。当动偏心量保持不变时，随着静偏心量的增加，可以明显看出转子不平衡磁拉力直流分量增长趋势较一倍频与二倍频成分更为明显，所以在动偏心量不变而静偏心量增加的情况下，转子不平衡磁拉力幅值的变化主要受直流分量的影响；当静偏心量不变时，随着动偏心量的增加，可以明显看出转子不平衡磁拉力的一倍频成分增长趋势较直流分量与二倍频成分更为明显，所以在静偏心量不变而动偏心量增加的情况下，转子不平衡磁拉力幅值的变化主要受到一倍频成分的影响。根据上述分析可知，当单一故障程度发生变化时，静偏心量的增加会使发电机转子产生径向变形的趋势更明显，动偏心量的增加会使发电机转子产生径向一倍频振动幅度更大。

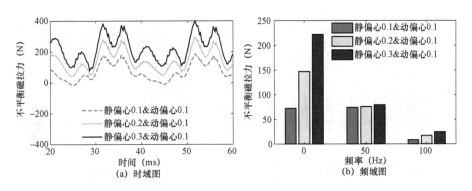

图 12-7　气隙径向动静混合偏心故障下动偏心量不变静偏心量增加时转子不平衡磁拉力

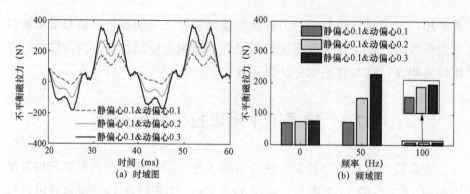

图 12-8　气隙径向动静混合偏心故障下静偏心量不变动偏心量增加时转子不平衡磁拉力

12.4　电磁转矩波动特性结果分析

发电机径向动静混合偏心故障下电磁转矩波动特性有限元仿真结果如图 12-9 和图 12-10 所示。由图 12-9（a）和图 12-10（a）可以看出，气隙径向动静混合偏心故障发生后，电磁转矩将随任一偏心类型偏心量的增加而增大。

由图 12-9（b）和图 12-10（b）可以看出，径向动静混合偏心故障发生后，电磁转矩将含有直流分量、一倍频与二倍频成分，随着偏心量的增加，各频率成分的幅值都增大。并且当动偏心量保持不变时，随着静偏心量的增加，电磁转矩二倍频成分增长趋势更为明显。这是由于电磁转矩二倍频成分是由静偏心故障产生的，单一动偏心故障下电磁转矩不含二倍频成分。仿真分析结果与理论部分保持一致。

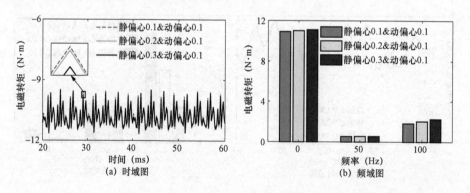

图 12-9　气隙径向动静混合偏心故障下动偏心量不变静偏心量增加时电磁转矩波动特性

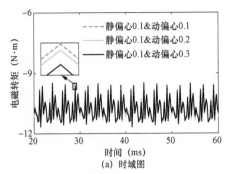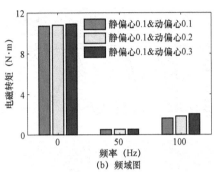

图 12-10　气隙径向动静混合偏心故障下静偏心量不变动偏心量增加时电磁转矩波动特性

12.5　并联支路环流结果分析

发电机气隙径向动静混合偏心故障下并联支路环流有限元仿真结果如图 12-11 和图 12-12 所示。由图 12-11（a）和图 12-12（a）可以看出，气隙径向动静混合偏心故障发生后，随着偏心量的增加，并联支路环流将越来越大。

由图 12-11（b）和图 12-12（b）可以看出，径向动静混合偏心故障发生后，定子并联支路环流会同时出现直流分量、一次谐波与二次谐波。当动偏心量保持不变时，随着静偏心量的增大，发电机并联支路环流中一次谐波幅值将出现增长，而直流分量与二倍频分量幅值保持不变；当静偏心量保持不变时，随着动偏心量的增大，发电机并联支路环流中直流分量与二次谐波幅值也将增大，而环流的一次谐波幅值略略微增大。这主要是由于静偏心故障下定子并联支路环流产生一次谐波成分，动偏心故障下定子并联支路环流产生直流分量与二次谐波成分。仿真分析结果与理论部分保持一致。

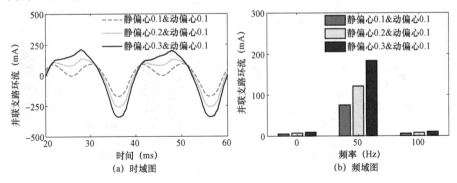

图 12-11　气隙径向动静混合偏心故障下动偏心量不变静偏心量增加时并联支路环流

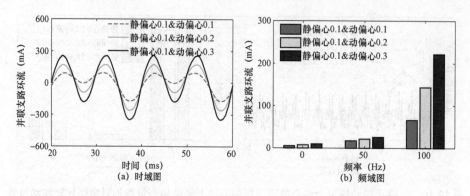

图 12-12   气隙径向动静混合偏心故障下静偏心量不变动偏心量增加时并联支路环流

12.6   定子绕组电磁力结果分析

发电机气隙径向动静混合偏心故障下定子绕组电磁力有限元仿真结果如图 12-13 和图 12-14 所示。由图 12-13（a）和图 12-14（a）可以看出，气隙径向动静混合偏心故障发生后，随着偏心故障程度的增加，定子绕组电磁力的幅值也会随之增加。

由图 12-13（b）和图 12-14（b）可以看出，径向动静混合偏心故障发生后，定子绕组电磁力将同时存在直流分量、一次谐波成分与二次谐波成分。当径向动偏心量不变时，静偏心量的增加会增大定子绕组电磁力直流分量与谐波分量幅值，其中直流分量与二次谐波幅值增大较为明显；当静偏心量不变时，动偏心量的增加也会增大定子绕组电磁力直流分量与谐波分量幅值，但一次谐波幅值增大最为明显。

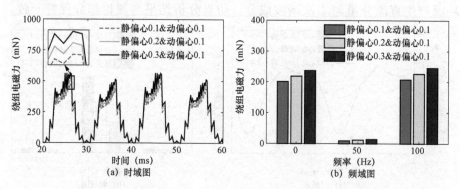

图 12-13   气隙径向动静混合偏心故障下动偏心量不变静偏心量增加时绕组电磁力

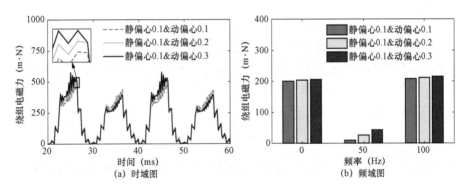

图 12-14　气隙径向动静混合偏心故障下静偏心量不变动偏心量增加时绕组电磁力

12.7　损 耗 结 果 分 析

气隙径向动静混合偏心故障下发电机铁芯损耗与绕组铜耗仿真结果分别如图 12-15～图 12-18 所示。气隙径向动静混合偏心故障下，当动偏心量一定时，铁芯的磁滞损耗和涡流损耗随着静偏心量的增加而增大，铁芯损耗与绕组铜耗也呈同样的趋势；当静偏心量一定时，铁芯的磁滞和涡流损耗也随着动偏心量的增加而增大，铁芯损耗与绕组铜耗与其趋势一致。

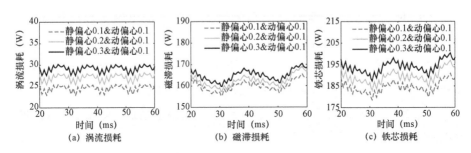

图 12-15　气隙径向动静混合偏心故障下动偏心不变静偏心量增加时铁芯损耗

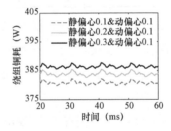

图 12-16　气隙径向动静混合偏心故障下动偏心不变静偏心量增加时绕组铜耗

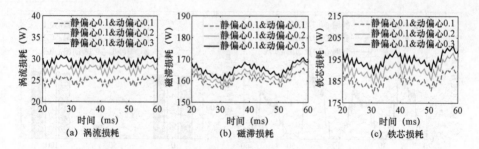

图 12-17　气隙径向动静混合偏心故障下静偏心不变动偏心量增加时铁芯损耗

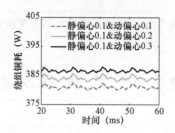

图 12-18　气隙径向动静混合偏心故障下静偏心不变动偏心量增加时绕组铜耗

本 章 小 结

本章对气隙径向动静混合偏心故障下的发电机电磁参数进行仿真分析，根据仿真结果所得结论如下：

（1）在气隙径向动静混合偏心故障下，发电机气隙磁通密度与相电流都随偏心故障程度的增加而增大，且该故障下相电流频率成分包含直流分量、一倍频、二倍频与三倍频成分，当单一偏心量增加时，各频率成分幅值都随之增大。

（2）气隙径向动静混合偏心故障发生后，定子单位面积磁拉力幅值将会随着偏心量的增加而增大。忽略二倍频以上新增频率成分，该故障下定子单位面积磁拉力主要以直流分量、基频分量与二倍频分量为主。随着单一故障程度的增加，定子单位面积磁拉力各频率成分都增加，且静偏心量增加时直流分量与二次谐波幅值变化较为明显，动偏心量增加时一次谐波幅值变化较为明显。

（3）气隙径向动静混合偏心故障发生后，发电机转子将受到不平衡磁拉力，且转子不平衡磁拉力幅值随任一偏心类型偏心量的增加而增大。该故障下转子不平衡磁拉力主要含有直流分量、一倍频与二倍频成分，且随着偏心量的增加，各频率成分的幅值逐渐增大。同时，静偏心量的增加会使转子不平衡磁拉力直流分量的增长更明显，动偏心量的增加会使转子不平衡磁拉力一倍频成分的增长更明显。

（4）气隙径向动静混合偏心故障发生后，电磁转矩将随任一偏心类型偏心量的增加而增大。该故障下电磁转矩将含有直流分量、一倍频与二倍频成分，随着静偏心量的增加，电磁转矩直流分量、一倍频与二倍频成分幅值都增加；而随着动偏心量的增加，直流分量、一倍频和二倍频成分幅值均增大。

（5）气隙径向动静混合偏心故障发生后，随着偏心量的增加，并联支路环流将越来越大。该故障下定子并联支路环流会同时出现直流分量、一次谐波与二次谐波成分。随着静偏心量的增大，并联支路环流中一次谐波幅值出现增长，而直流分量与二倍频分量幅值略微增大；随着动偏心量的增大，并联支路环流中直流分量与二次谐波成分幅值也将增大，而环流的一次谐波成分幅值保持不变。

（6）气隙径向动静混合偏心故障发生后，随着偏心故障程度的增加，绕组电磁力的幅值也会随之增加，该故障下绕组电磁力也将同时存在直流分量、一次谐波成分与二次谐波成分，随着偏心量的增加，直流分量与各谐波成分的幅值都增大。

（7）气隙径向动静混合偏心故障下，铁芯的磁滞损耗和涡流损耗随着偏心量的增加而增大，铁芯损耗与绕组铜耗也呈同样的趋势。

第 13 章
气隙轴向静偏心的有限元求解

13.1 磁密及相电流分析

气隙轴向静偏心下气隙磁通密度与相电流仿真结果如图 13-1 和图 13-2 所示。与气隙径向静偏心对气隙磁通密度和相电流的影响不同，气隙

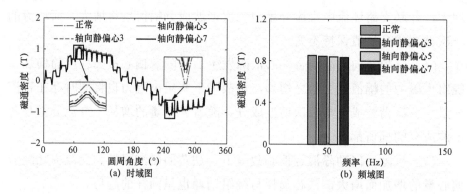

图 13-1　气隙轴向静偏心下气隙磁通密度

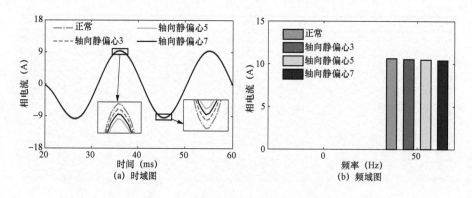

图 13-2　气隙轴向静偏心下相电流

轴向静偏心会使气隙磁通密度和相电流的幅值减小（在图 13-1 和图 13-2
中类似一个压缩趋势），并且轴向静偏心故障越严重，气隙磁通密度和相电
流幅值减小得越多。从频域来看，发电机发生轴向静偏心故障后，其相电
流谐波特性与正常工况下一样，只包含一倍频成分，且随着故障程度加剧
而减小。这与气隙磁通密度的理论分析结果相吻合。

13.2　定子单位面积磁拉力结果分析

　　气隙轴向静偏心下定子单位面积磁拉力仿真结果如图 13-3 所示。由于
气隙轴向静偏心会使气隙磁通密度减小，因此定子单位面积磁拉力也会相
应减小。从图 13-3（b）可以看出，气隙轴向静偏心下单位面积磁拉力的
直流分量、二倍频成分幅值都会随着轴向静偏心故障程度的加剧而下降。
因此，随着气隙轴向静偏心故障程度的加剧，定子二倍频径向振动幅值将
减小，产生径向变形的趋势也将减小。

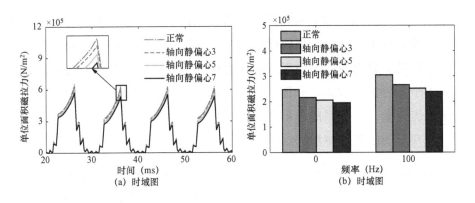

图 13-3　气隙轴向静偏心下定子单位面积磁拉力

　　定子轴向不平衡磁拉力在气隙轴向静偏心下变化如图 13-4 所示。从图
13-4 可以知，正常情况下定子轴向不平衡磁拉力趋于零。然而，发生气隙
轴向静偏心故障后，定子受到轴向不平衡磁拉力，且随着偏心程度的增加
定子轴向不平衡磁拉力增大，定子二倍频轴向振动也将增大，产生轴向变
形的趋势也将增大。

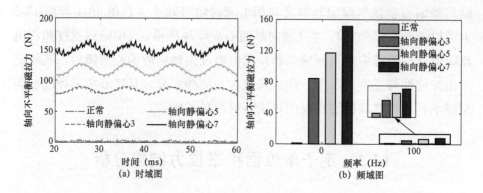

图 13-4　气隙轴向静偏心下定子轴向不平衡磁拉力

13.3　转子不平衡磁拉力结果分析

气隙轴向静偏心不会激发转子径向不平衡磁拉力。然而，气隙轴向静偏心发生后转子轴向不平衡磁拉力将沿轴向增加，如图 13-5 所示。从图 13-5（a）可以看出，随着轴向静偏心增大，转子轴向不平衡磁拉力时域曲线不仅波动增大，同时时域曲线整体向下偏移，但由于转子轴向受力为负方向，所以负数值越大，不平衡磁拉力越大，因此轴向静偏心程度越严重轴向不平衡磁拉力增大。从图 13-5（b）可以看出，转子轴向不平衡磁拉力的直流分量、二倍频成分将会增加，转子二倍频轴向振动也将增大，产生轴向变形的趋势也将增大。

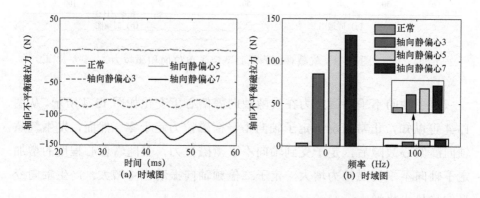

图 13-5　气隙轴向静偏心下转子轴向不平衡磁拉力

13.4　电磁转矩波动特性结果分析

气隙轴向静偏心主要通过改变气隙磁势来影响气隙磁通密度，进而改变电磁转矩，由于气隙轴向静偏心使气隙磁通密度减小，因此电磁转矩也会相应减小。从图 13-6（a）可以看出，随着气隙轴向静偏心故障加剧，电磁转矩时域曲线向上移动，但由于电磁转矩为阻力矩，受力为负方向，所以负数值越小，电磁转矩越小，因此轴向静偏心程度越严重电磁转矩反而越小。从图 13-6（b）可以看出，电磁转矩谐波特性与正常工况一样，只有直流分量，且随着气隙轴向静偏心故障程度加剧而减小。

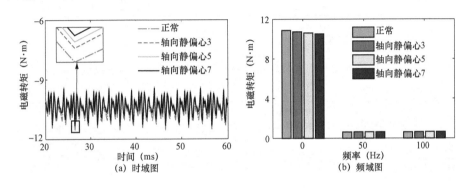

图 13-6　气隙轴向静偏心下转子电磁转矩

13.5　定子绕组电磁力结果分析

气隙轴向静偏心下定子端部处绕组电磁力仿真结果如图 13-7 所示。从图 13-7（a）可以看出，气隙轴向静偏心下伸出端部处绕组电磁力的幅值较正常情况下要大，且随着气隙轴向静偏心故障程度的增加，伸出端绕组电磁力幅值增加。从图 13-7（b）可以看出，气隙轴向静偏心故障下伸出端电磁力包含直流分量和二倍频成分。此外，气隙轴向静偏心故障下，伸出端绕组电磁力直流成分和二倍频成分的幅值都比正常情况下的对应成分幅值大，并且随着气隙轴向静偏心故障程度的增加而增大。

抽空端处绕组电磁力仿真结果如图 13-8 所示。从时域来看，随着气隙轴向静偏心故障程度的增加，抽空端处绕组电磁力反而减小。从频域来看，转子抽空端处定子绕组电磁力也只包含直流分量和二倍频成分，但与伸出端处相反，抽空端处绕组电磁力的各频率成分幅值较正常情况下小，且随着气隙轴向静偏心故障程度的增加，绕组电磁力各频率幅值减小，绕组二倍频振动和产生变形的趋势也随之减小。

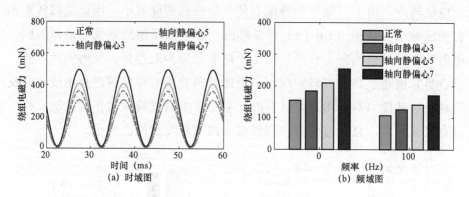

图 13-7　转子伸出端部气隙轴向静偏心下及正常状态下定子绕组电磁力

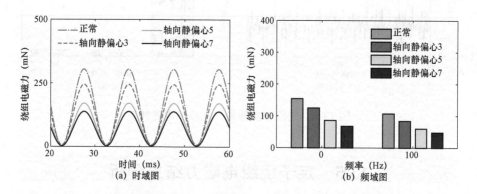

图 13-8　转子抽空侧部气隙轴向静偏心下及正常状态下定子绕组电磁力

13.6　损 耗 结 果 分 析

气隙轴向静偏心下发电机铁芯损耗与绕组铜耗仿真结果分别如图 13-9 与图 13-10 所示。从图 13-9 可以看出，在轴向静偏心故障情况下，铁芯的涡流损耗和磁滞损耗相较正常运行时均呈下降趋势，且随着偏心程度的提高，铁芯损耗也相应减小。同样地，图 13-10 表明气隙轴向静偏心故障导致绕组铜耗下降，且随着偏心量的增加，绕组铜耗减小趋势越发明显。

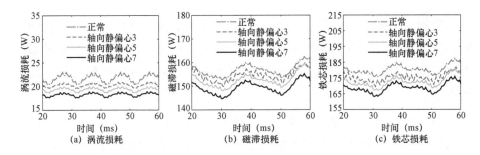

图 13-9 气隙轴向静偏心及正常状态下的铁芯损耗

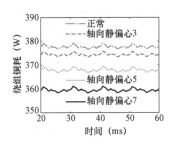

图 13-10 气隙轴向静偏心及正常状态下的绕组铜耗

本 章 小 结

本章对气隙轴向静偏心故障下的发电机组电磁参数进行仿真分析，结论如下：

（1）在气隙轴向静偏心故障下，发电机气隙磁通密度和相电流直流分量的幅值将会减小，且随着轴向静偏心故障程度的增加而减小。从频率成分上分析可知，发电机发生轴向静偏心故障后，其相电流频率成分与正常工况下一样，只包含一倍频成分，且随着故障程度加剧而减小。

（2）在气隙轴向静偏心故障下，发电机的定子单位面积磁拉力幅值将随故障程度的增加而减小，且故障发生后定子单位面积磁拉力与正常情况下相似，主要为直流成分和二倍频成分，且各频率成分幅值都随着轴向静偏心故障程度的加剧而减小。同时，发生气隙轴向静偏心故障后，定子将受到轴向不平衡磁拉力，该力包含直流分量和二倍频成分，且随着偏心程度的增加定子轴向不平衡磁拉力增大，各频率成分也将增大。

（3）在气隙轴向静偏心故障下，转子不会出现径向不平衡磁拉力，然而气隙轴向静偏心发生后转子不平衡磁拉力将沿轴向增加，且随着轴向静偏心量的增加转子轴向不平衡磁拉力也增大。轴向静偏心故障下转子轴向不平衡磁拉力中包含直流分量和二倍频成分，且随着轴向静偏心程度的增加而增大。

（4）在气隙轴向静偏心故障下，电磁转矩幅值将减小，且随着故障程度的加剧电磁转矩幅值也将不断减小。电磁转矩频率成分与正常工况下一样，只有直流分量，且随着气隙轴向静偏心故障程度加剧而减小。

（5）气隙轴向静偏心故障下绕组电磁力频率成分与正常情况下相同，都为直流成分和二倍频成分，但其在伸出端与抽空端是两种不同的情况。在伸出端处，绕组电磁力直流成分和二倍频成分的幅值都比正常情况下的对应成分幅值大，并且随着气隙静偏心故障程度的增大而增大，绕组二倍频振动幅值和产生变形的趋势也将增大；在抽空端处，绕组电磁力直流成分和二倍频成分的幅值都比正常情况下的对应成分幅值要小，并且随着气隙静偏心故障程度的增大反而减小，绕组二倍频振动和产生变形的趋势也将减小。

（6）气隙轴向静偏心故障下发电机铁芯损耗与绕组铜耗都有所减小，且随着轴向静偏心故障程度的增加，发电机铁芯损耗与绕组铜耗都将相应减小。

第 14 章

气隙三维复合静偏心的有限元求解

14.1 磁密及相电流分析

有限元仿真的三维气隙复合静偏心下（轴向静偏心不变时径向静偏心量增加）发电机气隙磁通密度和相电流如图 14-1 和图 14-2 所示。从图 14-1 可以看出，在保持轴向静偏心程度不变的情况下，复合偏心下气隙磁通密度随着径向静偏心量的增加而增加。从图 14-2 可以看出，在保持轴向静偏心程度不变的情况下，复合偏心下相电流幅值也随着径向静偏心量的增加而增加，且其相电流谐波特性与正常工况下一样，只包含一倍频分量，且频率成分幅值随着故障程度加剧而增加。此外，气隙磁通密度与相电流的趋势变化也充分验证了之前理论分析中提到的偏心对气隙磁通密度和相电流影响趋势。

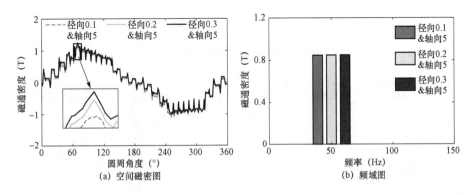

图 14-1　三维气隙复合静偏心下（轴向静偏心不变时径向静偏心量增加）气隙磁通密度

有限元仿真的三维气隙复合静偏心下（径向静偏心不变时轴向静偏心量增加）发电机气隙磁通密度和相电流如图 14-3 和图 14-4 所示。复合偏心下轴向静偏心对气隙磁通密度与相电流幅值影响与径向静偏心相反，在保持径向静偏心故障程度不变的情况下，气隙磁通密度与相电流均会随着轴向静偏心量的增加而减小，且相电流谐波特性与正常工况下也一样，包含一倍频分量，且随着故障程度加剧反而减小，这与前面理论分析一致。

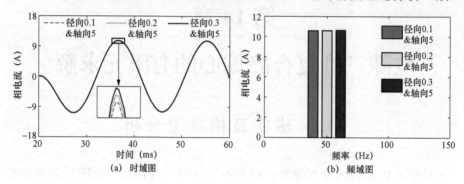

图 14-2　三维气隙复合静偏心下（轴向静偏心不变时径向静偏心量增加）相电流

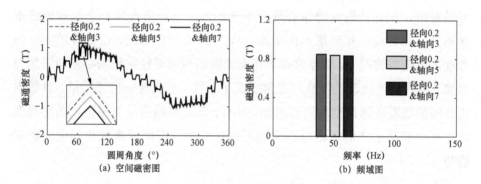

图 14-3　三维气隙复合静偏心下（径向静偏心不变时轴向

静偏心量增加）气隙磁通密度

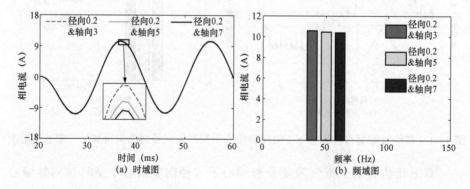

图 14-4　三维气隙复合静偏心下（径向静偏心不变时轴向静偏心量增加）相电流

14.2　定子单位面积磁拉力结果分析

发电机三维复合静偏心下定子单位面积磁拉力有限元仿真结果如图 14-5 和图 14-6 所示。从图 14-5（a）可以看出，在复合静偏心故障下定子单位面积磁拉力幅值将会随着径向静偏心量的增加而增大。尤其是定子单位面积磁拉力的直流分量、二倍频成分幅值都将增大，此时定子二倍频径向振动幅值增大，产生径向变形的趋势也将增加，如图 14-5（b）所示。与单一的气隙轴向静偏心下定子单位面积磁拉力变化趋势类似，复合偏心中定子单位面积磁拉力也将随着轴向静偏心量的增加而减小，如图 14-6（a）所示。具体来说，定子单位面积磁拉力的直流分量、二倍频成分幅值均会较小，定子二倍频径向振动幅值将减小，产生径向变形的趋势也将减小，这与理论分析结果基本一致。

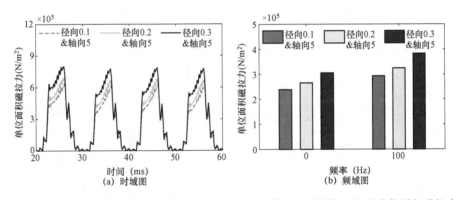

图 14-5　气隙复合静偏心下（轴向静偏心不变时径向静偏心量增加）定子单位面积磁拉力

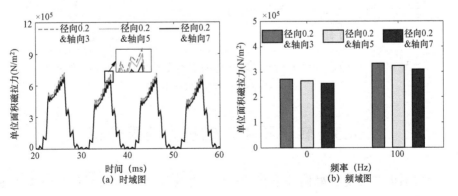

图 14-6　气隙复合静偏心下（径向静偏心不变时轴向静偏心量增加）定子单位面积磁拉力

　　发电机三维复合静偏心下定子轴向不平衡磁拉力如图 14-7 和图 14-8 所示。从图 14-7 可以看出，在复合偏心中径向静偏心量不变时，定子轴向不平衡磁拉力将随着轴向静偏心量的增加而显著增大。尤其是直流分量和二倍频成分增长较为明显，如图 14-7（b）所示，此时定子二倍频轴向振动幅值将增加，产生轴向变形的趋势也将增加。复合偏心中径向静偏心量的增加也会增大定子轴向不平衡磁拉力的幅值，但相较于轴向静偏心量的影响径向静偏心量对定子轴向不平衡磁拉力作用有限，如图 14-8 所示。

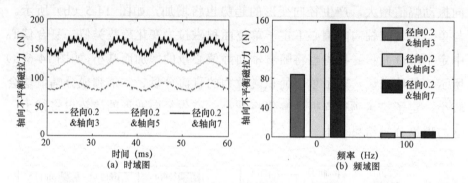

图 14-7　气隙复合静偏心下（径向静偏心不变时轴向静偏心量增加）
定子轴向不平衡磁拉力

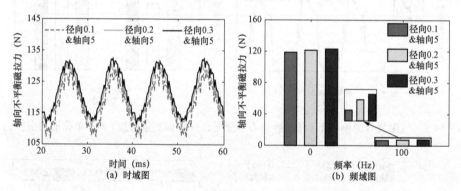

图 14-8　气隙复合静偏心下（轴向静偏心不变时径向静偏心量增加）
定子轴向不平衡磁拉力

14.3　转子不平衡磁拉力结果分析

　　发电机三维复合静偏心下转子径向不平衡磁拉力有限元仿真结果如图 14-9 和图 14-10 所示。在气隙三维复合静偏心故障下，转子径向不平衡磁拉力以直流分量与二倍频分量为主。直流分量力长期作用下可能引发转子产生一定的径向挠度变形，但不会引发转子本体产生径向振动，二倍频成分则会使转子产生二倍频的径向振动。在气隙轴向静偏心量不变的情况下，随着气隙径向静偏心量的增加，转子所受的径向不平衡磁拉力的直流成分和二倍频成分幅值将增大，转子二倍频振动将加剧转子径向挠度变形的趋势也将增大。在气隙径向静偏心量不变的情况下，随着气隙轴向静偏心量的增加，转子所受的径向不平衡磁拉力各频率成分幅值将会减小，转子二倍频振动将减小，转子径向挠度变形的趋势也将减小。实际上，这一现象也可以定性地解释如下：由于轴向静偏心后，转子绕组磁场切割定子绕组直线段有效长度减小，气隙磁通密度也会随之减小，削弱作用在转子径向上的不平衡磁拉力，这与理论分析结果基本一致。

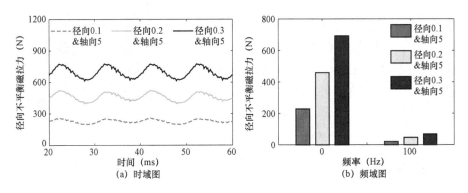

图 14-9　气隙复合静偏心下（轴向静偏心不变时径向静偏心量增加）

转子径向不平衡磁拉力

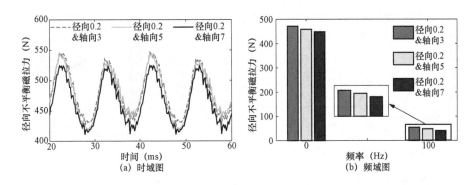

图 14-10　气隙复合静偏心下（径向静偏心不变时轴向静偏心量增加）

转子径向不平衡磁拉力

发电机气隙三维复合静偏心故障下转子轴向不平衡磁拉力有限元仿真结果如图 14-11 和图 14-12 所示。在气隙三维复合静偏心故障下，转子轴向不平衡磁拉力也以直流分量与二倍频分量为主。保持气隙轴向静偏心故障程度不变，随着气隙径向静偏心故障程度的加剧，转子轴向不平衡磁拉力各频率成分幅值将会增大，转子二倍频振动将加剧，转子径向挠度变形的趋势也将增大。在保持气隙径向静偏心程度不变的情况下，随着气隙轴向静偏心故障的加剧，转子轴向不平衡磁拉力各频率成分幅值增加，转子各倍频振动也将加剧，转子径向挠度变形的趋势也将增大，这与理论分析一致。

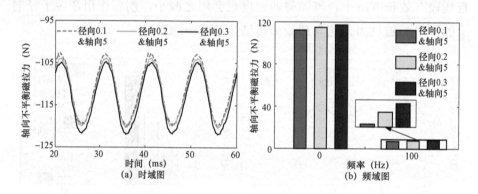

图 14-11   气隙复合静偏心下（轴向静偏心不变时径向静偏心量增加）
转子轴向不平衡磁拉力

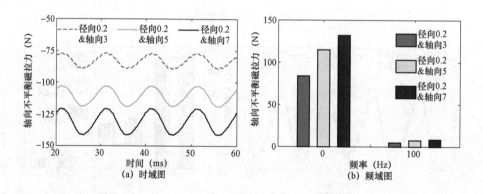

图 14-12   气隙复合静偏心下（径向静偏心不变时轴向静偏心量增加）
转子轴向不平衡磁拉力

14.4　电磁转矩波动特性结果分析

气隙复合静偏心下发电机电磁转矩如图 14-13 和图 14-14 所示，由图可知发电机电磁转矩含有直流分量与二倍频成分。从图 14-13 可以看出，在保持气隙轴向静偏心故障程度不变的情况下，随着气隙径向静偏心程度的加剧，电磁转矩的直流分量和二倍频幅值均增大，只是直流分量幅值增大幅度较小，而二倍频幅值增大较多。从图 14-14 可以看出，在保持气隙径向静偏心故障程度不变的情况下，随着气隙轴向静偏心故障的加剧，电磁转矩的直流分量和二倍频幅值均减小。

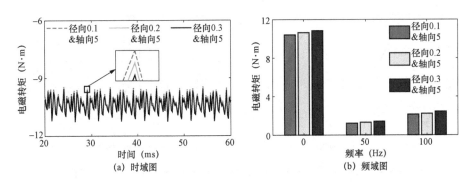

图 14-13　气隙复合静偏心下（轴向静偏心不变时径向静偏心量增加）电磁转矩

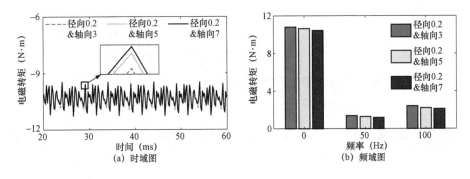

图 14-14　气隙复合静偏心下（径向静偏心不变时轴向静偏心量增加）电磁转矩

14.5　并联支路环流结果分析

　　发电机气隙三维复合静偏心下并联支路环流有限元仿真结果如图 14-15 和图 14-16 所示。从图中可以观察到，在保持气隙轴向静偏心故障程度不变的情况下，随着气隙径向静偏心程度的加剧，定子并联支路环流的基波成分将增大；保持气隙径向静偏心故障程度不变，随着气隙轴向静偏心故障的加剧，定子并联支路环流的基波成分将减小，因此发电机气隙三维复合静偏心下并联支路环流幅值与径向静偏心与轴向静偏心故障程度有关，这与理论分析结论一致。

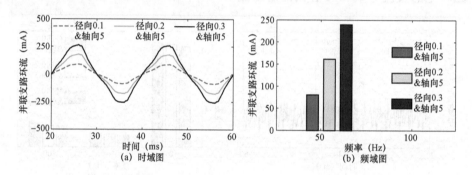

图 14-15　气隙复合静偏心下（轴向静偏心不变时径向静偏心量增加）定子并联支路环流

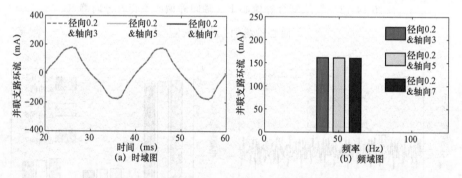

图 14-16　气隙复合静偏心下（径向静偏心不变时轴向静偏心量增加）定子并联支路环流

14.6　定子绕组电磁力结果分析

　　在气隙轴向静偏心故障下，发电机两侧的端部磁场不对称，导致两侧

的绕组受力不同。气隙三维复合静偏心下转子伸出端处绕组电磁力仿真结
果如图 14-17 和图 14-18 所示。从图中可以观察到，当轴向静偏心量不变
径向静偏心量增加时，转子伸出端处定子绕组所受电磁力随着径向静偏心
量增加而增加。当径向静偏心量不变轴向静偏心量增加时，转子伸出端处
定子绕组所受电磁力也随着径向静偏心量增加而增加。从频域上看，当轴
向静偏心量不变、径向静偏心量增加时，转子伸出端处定子绕组电磁力以
直流分量与二倍频分量为主，且直流分量与二倍频幅值都随着径向静偏心
量的增加而增加，这也意味着转子伸出端处定子绕组二倍频振动将加剧，
产生变形的趋势也将增大。

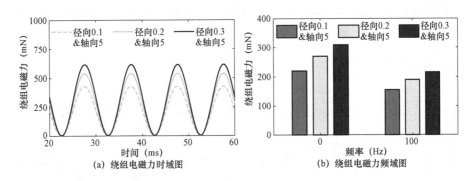

图 14-17　气隙复合静偏心下轴向静偏心不变径向静偏心量增加时转子
伸出端部处定子绕组电磁力

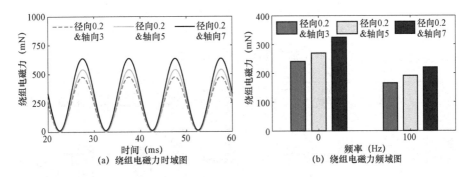

图 14-18　气隙复合静偏心下径向静偏心不变轴向静偏心量增加时转子
伸出端部处定子绕组电磁力

气隙三维复合静偏心下转子抽空端处定子绕组电磁力仿真结果如图
14-19 和图 14-20 所示。从时域上可以观察到，当轴向静偏心量不变径向静

偏心量增加时，转子抽空端处定子绕组所受电磁力随着径向静偏心量增加而增加。当径向静偏心量不变轴向静偏心量增加时，转子抽空端部处定子绕组所受电磁力随着径向静偏心量增加反而减小。从频域上来看，气隙三维复合静偏心下转子抽空端处与转子伸出端处定子绕组电磁力一样，都以直流分量与二倍频分量为主，当轴向静偏心不变径向静偏心量增加时，转子抽空端部处定子绕组电磁力直流分量与二倍频分量幅值都随着径向静偏心量增加而增加；但当径向静偏心不变而轴向静偏心量增加时，转子抽空端部处定子绕组电磁力直流分量与二倍频分量幅值随着径向静偏心量增加反而减小。这意味着轴向静偏心不变径向静偏心量增加时，转子抽空端处定子绕组二倍频振动将增大，产生变形的趋势也将增大；而径向静偏心不变而轴向静偏心量增加时，转子抽空端处定子绕组二倍频振动将减小，产生变形的趋势也将减小。

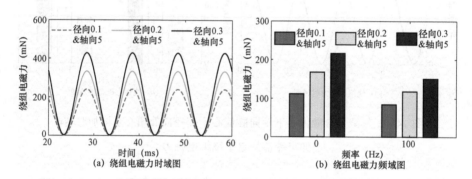

(a) 绕组电磁力时域图   (b) 绕组电磁力频域图

图 14-19   气隙复合静偏心下（轴向静偏心不变时径向静偏心量增加）

转子抽空端部处定子绕组电磁力

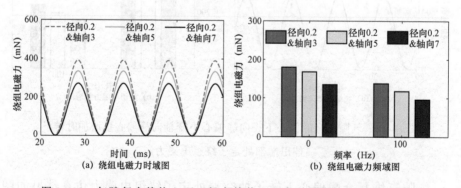

(a) 绕组电磁力时域图   (b) 绕组电磁力频域图

图 14-20   气隙复合静偏心下（径向静偏心不变时轴向静偏心量增加）

转子抽空端部处定子绕组电磁力

14.7　损耗结果分析

三维气隙复合静偏心下发电机铁芯损耗与绕组铜耗仿真结果分别如图 14-21～图 14-24 所示。复合偏心故障下，当轴向静偏心程度一定时，铁芯的磁滞损耗和涡流损耗随着径向静偏心程度的增加而增加，铁芯损耗与绕组铜耗也呈同样的趋势；而当径向静偏心程度一定时，铁芯的磁滞和涡流损耗随着轴向静偏心程度的加深而减小，铁芯损耗与绕组铜耗与其趋势一致。

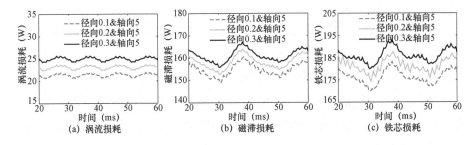

图 14-21　气隙复合静偏心下（轴向静偏心不变时径向静偏心量增加）铁芯损耗

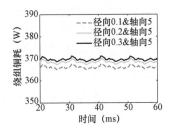

图 14-22　气隙复合静偏心下（轴向静偏心不变时径向静偏心量增加）绕组铜耗

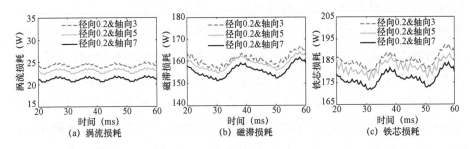

图 14-23　气隙复合静偏心下（径向静偏心不变时轴向静偏心量增加）铁芯损耗

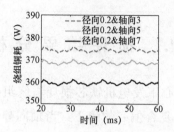

图 14-24   气隙复合静偏心下（径向静偏心不变时轴向静偏心量增加）绕组铜耗

本 章 小 结

本章对气隙三维复合静偏心故障下的发电机电磁参数进行仿真分析，结论如下：

（1）在气隙三维复合静偏心故障下，气隙磁通密度与相电流都会随着径向静偏心量的增加而增加，随着轴向静偏心量的增加而减小，同时相电流频率成分与正常工况下一样，只包含一倍频分量，且频率成分幅值同样随着径向静偏心量的增加而增加，随着轴向静偏心量的增加而减小。

（2）在气隙三维复合静偏心故障下，发电机的定子单位面积磁拉力与定子轴向不平衡磁拉力频率成分都与正常一样，主要包含直流分量与二倍频成分，当轴向静偏心量不变而径向静偏心量增加时，定子单位面积磁拉力幅值与定子轴向不平衡磁拉力幅值都呈增加趋势，当径向静偏心量不变而轴向静偏心量增加时，定子轴向不平衡磁拉力幅值依然增加，但定子单位面积磁拉力反而减小。

（3）在气隙三维复合静偏心故障下，转子径向不平衡磁拉力以直流分量与二倍频分量为主。在气隙轴向静偏心量不变的情况下，随着气隙径向静偏心量的增加，转子所受的径向不平衡磁拉力的直流成分和二倍频成分幅值将增大；在气隙径向静偏心量不变的情况下，随着气隙轴向静偏心量的增加，转子所受的径向不平衡磁拉力各频率成分幅值将会减小。

在气隙三维复合静偏心故障下，转子轴向不平衡磁拉力也以直流分量与二倍频分量为主。保持气隙轴向静偏心故障程度不变，随着气隙径向静偏心故障程度的加剧，转子轴向不平衡磁拉力各频率成分幅值将会增大；保持气隙径向静偏心程度不变，随着气隙轴向静偏心故障的加剧，转子轴向不平衡磁拉力各频率成分幅值也将会增加。

（4）气隙三维复合静偏心故障下电磁转矩含有直流分量和二倍频成分。在轴向静偏心量不变径向静偏心量增加时，电磁转矩幅值增加，其主要是电磁转矩二倍频成分幅值的增加；而径向静偏心量不变轴向静偏心量增加时，电磁转矩幅值减小，其主要也是电磁转矩二倍频成分幅值减小。

（5）气隙三维复合静偏心故障下并联支路间将出现环流，并联支路环流只含有一倍频成分。在保持气隙轴向静偏心故障程度不变的情况下，随着气隙径向静偏心程度的加剧，定子并联支路环流的基波成分将增大；在保持气隙径向静偏心故障程度不变的情况下，随着气隙轴向静偏心故障的加剧，定子并联支路环流的基波成分将减小，所以发电机气隙三维复合静偏心下并联支路环流幅值与径向静偏心与轴向静偏心故障程度有关。

（6）在气隙三维复合静偏心故障下定子绕组电磁力含有直流分量和二倍频成分。当轴向静偏心量不变而径向静偏心量增加时，无论是伸出端处还是抽空端部处，定子绕组电磁力都随着偏心量的增加而增大；当径向静偏心量不变而轴向静偏心量增加时，定子伸出端处绕组电磁力幅值也随着偏心量的增加而增大，但转子抽空端处定子绕组电磁力幅值随着偏心量的增加反而减小。

（7）气隙三维复合静偏心故障下发电机铁芯损耗与绕组铜耗都有变化。当轴向静偏心不变径向静偏心量增加时，无论是铁芯损耗还是绕组铜耗都随着偏心量的增加而增加；当径向静偏心不变轴向静偏心量增加时，铁芯损耗和绕组铜耗随着偏心量的增加反而减小。

第Ⅳ篇　气隙偏心的实验模拟及检测

　　本篇介绍了发电机气隙静态偏心与动态偏心故障的实验模拟与检测方法，并对机电特性参量的实验结果进行对比分析，验证了实验结果与理论分析和有限元仿真的一致性。此外，本篇还介绍了基于内外置探测线圈法的偏心故障诊断方法，并对其原理与相关诊断案例进行了详细讲解，可为偏心故障的实验模拟与检测提供具体的设置方案与诊断方法。

第 15 章

气隙静偏心的实验模拟

15.1　气隙静偏心的实验模拟方法

本章气隙静偏心实验在华北电力大学的 CS-5 型故障模拟发电机组上进行，实验机组的整体外观如图 15-1 所示。图 15-1 中机组左侧为故障模拟发电机，右侧为直流驱动电机，通过直流驱动电机带动发电机转子旋转。发电机和驱动电机固定在底部钢板上，在发电机底部四周安装有相应的百分表来控制偏移量。CS-5 型故障模拟发电机的具体参数见表 9-1。

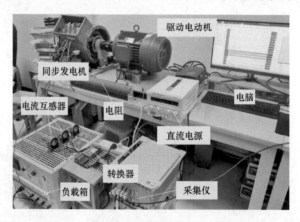

图 15-1　CS-5 型故障模拟发电机整体外观

由图 15-1 可知，实验设备主要包括同步发电机、驱动电动机、负载箱、转换器、采集仪、直流电源与电脑。发电机主要包括转子系统和定子系统。其中，转子系统通过落地式轴承支座固定在底部支架上保持不动，定子系统可以通过调节螺栓进行径向和轴向移动，从而实现气隙径向、轴向以及三维复合静偏心故障的模拟。

　　实验过程中发电机接负载运行，额定电压 $U=380V$。并连接电流互感器和电压互感器，互感器输出为电流信号，经放大调幅转为电压信号；信号采集使用的是东华测试生产的 DH8303 动态信号测试分析系统，它可以实时进行信号采集、储存、显示和分析等。设置采样频率为 5kHz，为了保持实验与有限元仿真设置的一致性，实验过程中机组在额定工况下运行。具体实验测试系统如图 15-2 所示。

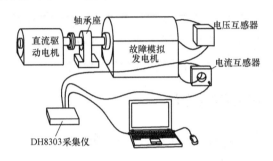

图 15-2　发电机实验测试系统图

　　实验过程中，由于受力无法直接在实验机组上测得，故根据激振力与振动响应间的对应关系，可利用位移传感器、速度传感器或加速度传感器测量对应的振动响应，进而得出发电机定转子及绕组的受力状态。在定子铁芯轴向与径向分别安装 PCB 加速度传感器，用于分别测取定子轴向和径向振动，如图 15-3（a）所示；由于转子运行过程中旋转速度较大，故无法直接在转子上测量振动加速度，根据转子与轴承间力的传递性，将振动加速度传感器安装在转子轴承上用来测量转子振动加速度，如图 15-3（b）所示；同时在定子绕组端部安装 PCB 加速度传感器，用于测量绕组振动，如图 15-3（c）所示。

  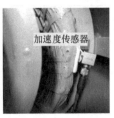

(a) 定子振动加速度测量　　(b) 转子振动加速度测量　　(c) 绕组振动加速度测量

图 15-3　实验机组振动加速度测量方法

实验过程中相电流由电流互感器直接测得，定子绕组并联支路环流由安装在定子绕组 A 相并联支路中的磁平衡式电流互感器测得，即将电流流向相反的两条支路导线穿过电流互感器（计算的是两条支路的电流差值，反映的是环流数值的两倍），如图 15-4 所示。将电流互感器输出信号接入至采集仪中，再将采集仪输出信号接至上位机中进行小波去噪与存储即可得到处理后的相电流与定子绕组并联支路环流数据。

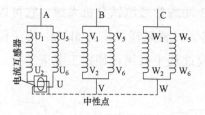

图 15-4　定子绕组电流互感器安装方法

15.1.1　径向静偏心模拟方法

气隙径向静偏心故障的设置方法如图 15-5 所示，用于调节发电机定子径向水平移动的调节螺栓安装在发电机的前后两侧。通过根据百分表上的读数来拧动调节螺栓以控制定子的径向水平方向的位移，设置偏心位移后可采用塞尺对偏心量进行精确验证（精度 0.01mm），令定子相对于正常运行状态时分别在径向方向位移 0.1、0.2、0.3mm，从而实现径向静偏心 0.1、径向静偏心 0.2 和径向静偏心 0.3 故障的模拟。

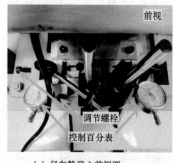

(a) 径向静偏心前视图　　　　(b) 径向静偏心后视图　　　　(c) 测偏心塞尺

图 15-5　气隙径向静偏心故障的设置

15.1.2　轴向静偏心模拟方法

与气隙径向静偏心故障的设置方法类似，在设置气隙轴向静偏心故障时，在发电机的左、右两边各装有用于调节发电机定子轴向水平移动的调节螺栓，如图 15-6 所示。根据百分表上的读数拧动调节螺栓来控制定子的轴向位移，令定子相对于正常运行状态时分别沿轴向移动 3、5、7mm，从而实现轴向静偏心故障的模拟。

(a) 轴向静偏心故障设置左视图　　　(b) 轴向静偏心故障设置右视图

图 15-6　气隙轴向静偏心故障的设置方法

15.1.3　三维复合静偏心模拟方法

气隙三维复合静偏心故障的实验模拟可通过同时调节径向调节螺栓与轴向调节螺栓来实现。在前文已经详细地阐述了在实验机组上设置径向静偏心和轴向静偏心故障的方法，气隙三维复合静偏心故障的设置可看作是两种故障设置方法的叠加。混合静偏心故障设置为两种故障情况：一种故障情况是首先设置径向静偏心量为 0.2mm，然后在此基础上依次设置轴向静偏心量为 3、5、7mm；另一种故障情况为首先设置轴向静偏心量为 5mm，再在此基础上依次设置径向静偏心量为 0.1、0.2、0.3mm。

15.2　发电机气隙静偏心实验结果

15.2.1　相电流检测结果分析

由于发电机转子在旋转运行中无法通过实验直接测量出气隙磁通密度。故作为替代实验对发电机相电流进行测量，实验结果如图 15-7～图 15-10 所示。

由图 15-7（a）、图 15-8（a）、图 15-9（a）和图 15-10（a）可知，气

隙径向静偏心故障发生后相电流幅值将增大，而气隙轴向静偏心故障的发生将会减小相电流幅值。在气隙三维复合静偏心故障中，当轴向静偏心量不变时，相电流幅值将会随着径向静偏心量的增加而增大；当径向静偏心量不变时，相电流幅值将会随着轴向静偏心量的增加而减小。

由图 15-7（b）、图 15-8（b）、图 15-9（b）和图 15-10（b）可知，在发电机气隙静偏心故障下，相电流的频率成分都以一倍频为主，且气隙径向静偏心故障程度的增加将使相电流一倍频幅值增大，而气隙轴向静偏心故障程度的增加将会减小相电流一倍频幅值。在气隙三维复合静偏心故障中，当轴向静偏心量不变时，相电流一倍频幅值将会随着径向静偏心量的增加而增大；当径向静偏心量不变时，相电流一倍频幅值将会随着轴向静偏心量的增加而减小。实验结果趋势与理论分析和仿真相一致。

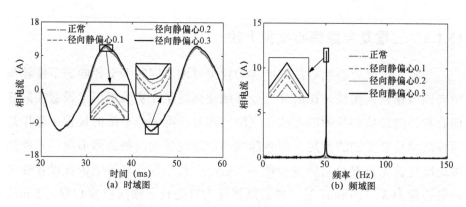

图 15-7　气隙径向静偏心下相电流

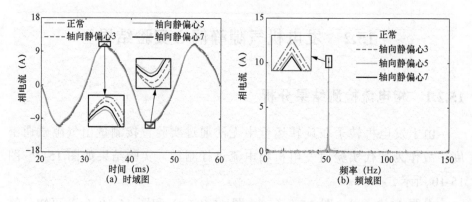

图 15-8　气隙轴向静偏心下相电流

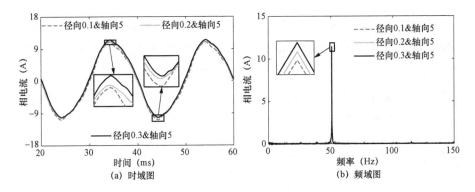

图 15-9　复合静偏心下轴向静偏心量不变径向静偏心量增加时相电流

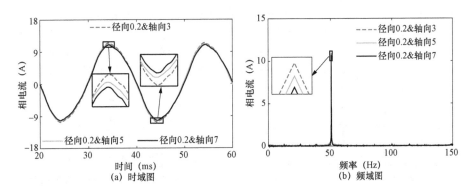

图 15-10　复合静偏心下径向静偏心量不变轴向静偏心量增加时相电流

15.2.2　定子振动检测结果分析

发电机正常运行状态下定子径向振动加速度如图 15-11（a）、（e）所示，在正常状态下，定子的径向振动加速度存在二倍频成分。理论分析中，气隙磁通密度计算时只考虑了一次谐波磁密，若考虑 3、5、7 等高次谐波磁密的影响，理论上应有各偶次倍频振动，但高阶频率的振幅会随着频率成分的增大而越来越小，所以实验结果中只显示二倍频振动，这与理论分析及有限元仿真结论体现的规律一致。除二倍频成分外，实验测得振动数据中还出现了其他倍频成分，这是由于发电机内部结构的不对称以及外部的非故障环境因素导致的。

气隙径向静偏心故障下的定子径向振动加速度如图 15-11（b）～（d）和图 15-11（f）～（h）所示，气隙径向静偏心故障发生后，定子的径向振动加速度依然包含二倍频，数值较正常状态增大，且随着径向静偏心故障程度的而增大。具体而言，定子径向振动的二倍频幅值在正常以及气隙径向偏心量为 0.1、0.2、0.3mm 四种工况下分别为 1227、1591、1831、2154mm/s²，对比正常工况下，气隙径向静偏心故障下定子径向振动的二倍频幅值分别增加了 29.67%、49.23%、75.55%。这与理论分析、有限元仿真体现的规律相一致。

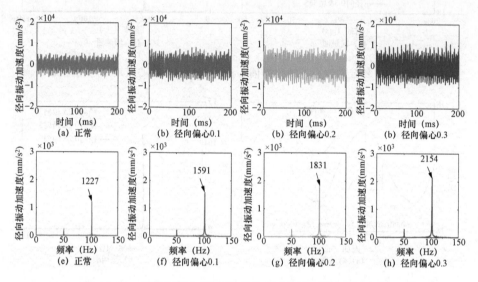

图 15-11　气隙正常与径向静偏心下定子径向振动加速度

气隙轴向静偏心故障下的定子径向振动加速度如图 15-12 所示。气隙轴向静偏心故障发生后，定子的径向振动加速度依然包含二倍频成分，定子的径向振动加速度幅值与二倍频成分较正常状态降低，且随着轴向静偏心故障程度的加剧而减小。具体而言，定子径向振动的二倍频幅值在正常以及气隙轴向静偏心量为 3、5、7mm 四种工况下分别为 1227、763.2、504.5、368.3mm/s²，对比正常工况下，气隙轴向静偏心故障下定子径向振动的二倍频幅值分别下降了 37.80%、58.88%、69.98%。这与理论分析、有限元仿真体现的规律相一致。

气隙复合静偏心故障下的定子径向振动加速度如图 15-13 和图 15-14 所示。如图 15-13 所示，气隙复合静偏心故障下轴向静偏心量不变径向静偏心量增大将增加定子径向加速度幅值，且定子二倍频径向振动幅值也将增大。具体而言，定子径向振动的二倍频幅值在气隙径向静偏心 0.1mm&轴向静偏心 5mm、气隙径向静偏心 0.2mm&轴向静偏心 5mm 和气隙径向静偏

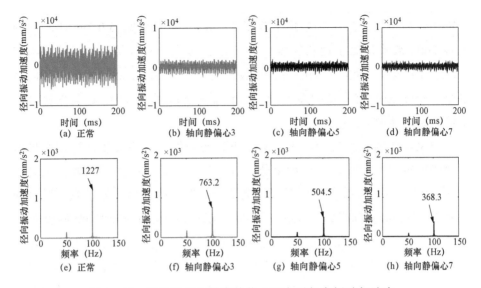

图 15-12 气隙正常与轴向静偏心下定子径向振动加速度

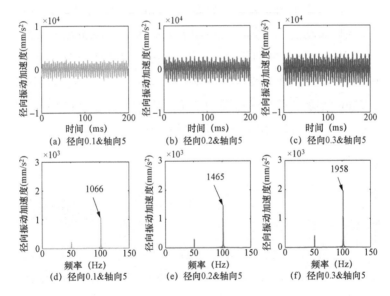

图 15-13 气隙复合静偏心下轴向静偏心量不变径向静偏心量
增加时定子径向振动加速度

心 0.3mm&轴向静偏心 5mm 三种工况下分别为 1066、1465、1958mm/s²。
气隙轴向静偏心故障程度相同时，将气隙三维复合静偏心故障下定子径向
振动的二倍频幅值与单一气隙径向静偏心故障下相应成分的幅值对比可
得，径向静偏心 0.1mm&轴向静偏心 5mm 故障相比于径向静偏心 0.1mm 故

障定子径向振动的二倍频幅值下降了 33.00%，径向静偏心 0.2mm&轴向静偏心 5mm 故障相比于径向静偏心 0.2mm 故障定子径向振动的二倍频幅值下降了 19.99%，径向静偏心 0.3mm&轴向静偏心 5mm 故障相比于径向静偏心 0.3mm 故障定子径向振动的二倍频幅值下降了 9.10%。这与理论分析及仿真结果相吻合。

相反，气隙三维复合静偏心故障下径向静偏心量不变轴向静偏心量增大会降低定子径向振动加速度幅值，并且定子二倍频径向振动幅值也会减小，如图 15-14 所示。具体而言，定子径向振动的二倍频幅值在气隙径向静偏心 0.2mm&轴向静偏心 3mm、气隙径向静偏心 0.2mm&轴向静偏心 5mm 和气隙径向静偏心 0.2mm&轴向静偏心 7mm 三种工况下分别为 1759、1465、1226mm/s^2。气隙径向静偏心故障程度相同时，将气隙三维复合静偏心故障下定子径向振动的二倍频幅值与单一气隙轴向静偏心故障下相应成分的幅值对比可得，径向静偏心 0.2mm&轴向静偏心 3mm 故障相比于轴向静偏心 3mm 故障下定子径向振动的二倍频幅值增加了 130.48%，径向静偏心 0.2mm&轴向静偏心 5mm 故障相比于轴向静偏心 5mm 故障下定子径向振动的二倍频幅值增加了 190.40%，径向静偏心 0.2mm&轴向静偏心 7mm 故障相比于气隙轴向静偏心 7mm 故障定子径向振动的二倍频幅值增加了 232.88%。实验结果所得趋势与理论分析和有限元仿真结果相一致。

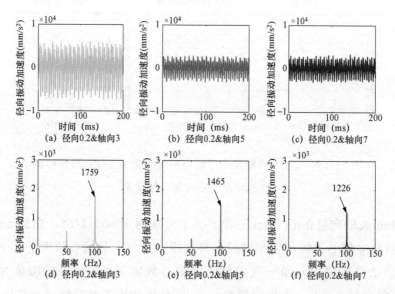

图 15-14　气隙复合静偏心下径向偏心量不变轴向静偏心量增加时定子径向振动加速度

定子轴向振动相较于径向振动情况较为复杂。由理论部分可知，轴向静偏心后定子将产生轴向振动，并且轴向振动的幅值和二倍频都将会随着轴向静偏心量的增加而增大，实验结果如图 15-15 所示。定子轴向振动的二倍频幅值在正常，以及气隙轴向静偏心量为 3、5、7mm 四种工况下分别为 1034、2967、3908、5272mm/s²，对比正常工况下，气隙轴向静偏心故障下定子轴向振动的二倍频幅值分别增加了 186.94%、277.95%、409.86%。实验结果趋势与理论分析及有限元仿真结果相符。

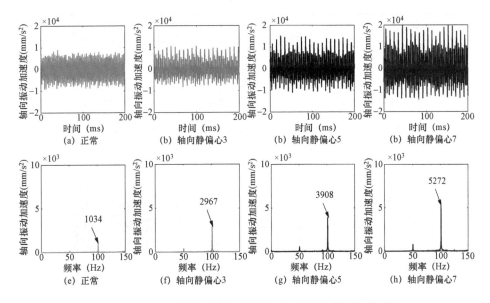

图 15-15　气隙轴向静偏心故障下定子轴向振动加速度

类似地，在气隙三维复合静偏心中，当轴向静偏心量不变径向静偏心量增加时，定子轴向振动幅值也将随之增大，如图 15-16 所示。具体而言，定子轴向振动的二倍频幅值在气隙径向静偏心 0.1mm&轴向静偏心 5mm、气隙径向静偏心 0.2mm&轴向静偏心 5mm 和气隙径向静偏心 0.3mm&轴向静偏心 5mm 三种工况下分别为 4471、4687、4938mm/s²，以气隙径向静偏心 0.1mm&轴向静偏心 5mm 故障为参考，气隙径向静偏心 0.2mm&轴向静偏心 5mm 和气隙径向静偏心 0.3mm&轴向静偏心 5mm 故障下定子轴向振动的二倍频幅值分别增加了 4.83% 和 10.45%。

而当径向静偏心量不变轴向静偏心量增加时，气隙轴向静偏心量的增加同样会增大轴向振动幅值和二倍频振动频率幅值，如图 15-17 所示。具体

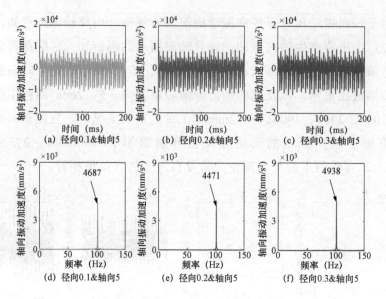

图 15-16　气隙复合静偏心下轴向静偏心量不变径向偏心量
增加时定子轴向振动加速度

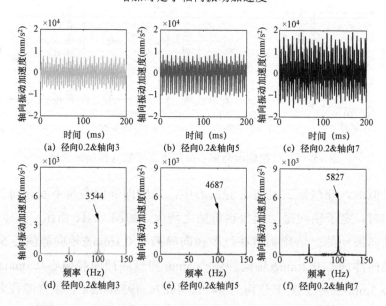

图 15-17　气隙复合静偏心下径向静偏心不变轴向静偏心量
增加时定子轴向振动加速度

而言，定子轴向振动的二倍频幅值在气隙径向静偏心 0.2mm&轴向静偏心 3mm、气隙径向静偏心 0.2mm&轴向静偏心 5mm 和气隙径向静偏心 0.2mm&轴向静偏心 7mm 三种工况下分别为 3544、4687、5827mm/s²。在气隙径向静偏心故障程度相同时，将气隙三维复合静偏心故障下定子径向振动的二倍频幅值与单一气隙轴向静偏心故障下相应成分的幅值对比可得，径向静偏心 0.2mm&轴向静偏心 3mm 故障相比于轴向静偏心 3mm 故障定子轴向振动的二倍频幅值增加了 19.458%，径向静偏心 0.2mm&轴向静偏心 5mm 故障相比于轴向静偏心 5mm 故障定子轴向振动的二倍频幅值增加了 19.93%，径向静偏心 0.2mm&轴向静偏心 7mm 故障相比于轴向静偏心 7mm 故障定子轴向振动的二倍频幅值增加了 10.53%。实验结果与理论分析和有限元仿真结果相吻合。

15.2.3　转子振动检测结果分析

气隙径向静偏心故障下转子径向振动实验结果如图 15-18 所示。需要说明的是，由于转子振动由加速度传感器测量而得，振动加速度为位移的二阶导数结果，所以在转子振动加速度频谱中直流分量为零；理论上，在正常运行情况下，发电机转子不受不平衡磁拉力的作用，故不会产生相应的振动。但图 15-18（a）和图 15-18（e）中显示发电机在正常运行情况下转子将会产生含有多种频率成分的振动，这是由于发电机内部的不对称和外部非故障环境因素导致。由图 15-18（b）～（d）与图 15-18（f）～（h）可以看出，与正常情况相比，发电机在气隙径向静偏心故障下转子径向振动加速度二倍频成分有较为明显的变化，而其他频率成分的振动幅值则变化较小，且转子径向振动加速度与二倍频振动幅值随着偏心程度的加剧而增大。这与理论分析与仿真结果相吻合。

三维复合静偏心故障对转子径向振动的影响如图 15-19 和图 15-20 所示。由图 15-19 可知，发电机在三维复合静偏心下轴向静偏心量不变、径向静偏心量增加时，转子径向振动加速度及二倍频振动幅值均有较为明显的变化，而其他频率成分的振动幅值则变化较小，且二倍频振动幅值随着偏心程度的加剧而增大。但与单一气隙径向静偏心故障相比三维复合静偏心情况下转子二倍频振动幅值有所下降，具体地，转子径向振动的二倍频幅值在气隙径向静偏心 0.1mm&轴向静偏心 5mm、气隙径向静偏心 0.2mm&轴向静偏心 5mm 和气隙径向静偏心 0.3mm&轴向静偏心 5mm 三种工况下分别为 1551、1651、1749mm/s²，而转子径向振动的二倍频幅值在气隙径向 0.1、0.2、0.3mm 三种工况下分别为 1754、1952、2163mm/s²，对比相同径向偏心下，三维复合静偏心三种工况下转子径向振动的二倍频幅值分别下降了 11.57%、15.42%、19.14%。

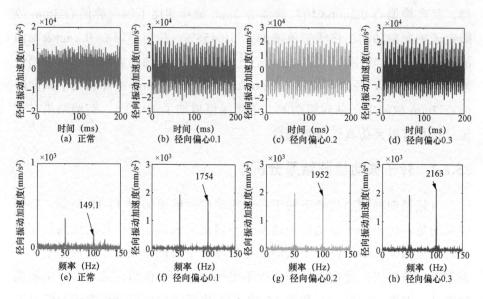

图 15-18　气隙径向静偏心下转子径向振动加速度

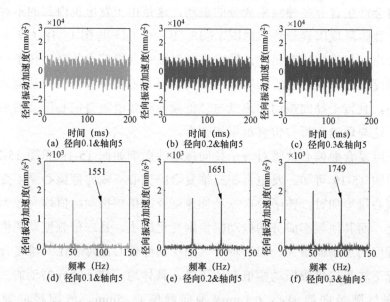

图 15-19　气隙复合静偏心下轴向静偏心不变径向静偏心量增加时转子径向振动加速度

从图 15-20 可以看出，发电机在三维复合静偏心下径向偏心量不变轴向静偏心量增加时转子径向振动加速度二倍频振动也有较为明显的变化，其他频率成分的振动幅值变化也较小，虽然发电机在气隙三维复合静偏心故障下径向偏心量增加时转子也将产生二倍频振动，但二倍频振动幅值随着偏心程度的加剧反而减小。

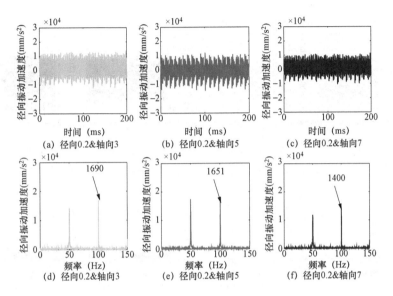

图 15-20　气隙复合静偏心下径向静偏心不变轴向静偏心量增加时转子径向振动加速度

不同气隙轴向静偏心程度下的转子轴向振动如图 15-21 所示。理论上，正常情况下发电机转子轴向不平衡磁拉力为零，应无振动，但由于发电机内部的不对称和系统非故障环境因素影响，转子仍会产生以基频及其倍频为主的轴向振动，如图 15-21（e）所示。可以从图中看出转子轴向振动随着轴向静偏心的增大而加剧。具体而言，转子轴向振动的二倍频幅值在气隙轴向 3、5、7mm 三种工况下分别为 691.9、867.6、1023mm/s^2，分别依次增加了 92.62%、141.54%、184.80%。

对于复合偏心，不同径向与轴向静偏心量组合下对转子轴向振动影响也不一致。如图 15-22 所示，轴向静偏心量保持一致径向偏心增加时，转子轴向振动呈增加趋势，这与式（5-33）和仿真结果图 14-11 相一致。相比复合偏心中气隙径向偏心对转子轴向振动的影响，轴向静偏心量的增加对转子轴向振动影响更加剧烈。如图 15-23 所示，转子轴向振动随着轴向静偏心的增加而增加。具体而言，以气隙径向静偏心 0.1mm&轴向静偏心 5mm 为参照，复合偏心中径向静偏心量增加时工况的二倍频振动幅值的增

幅分别为 2.10% 和 3.35%；以气隙径向静偏心 0.2mm&轴向静偏心 3mm 为
参照，复合偏心中轴向静偏心量增加时工况的二倍频振动幅值的增幅分别
为 22.07% 和 35.45%。

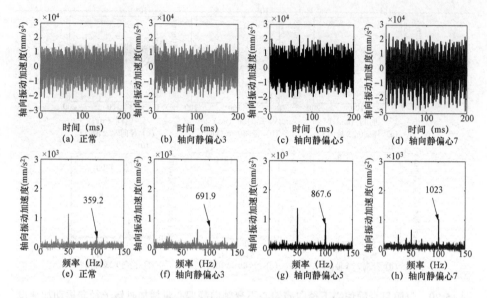

图 15-21　气隙轴向静偏心下转子轴向振动加速度

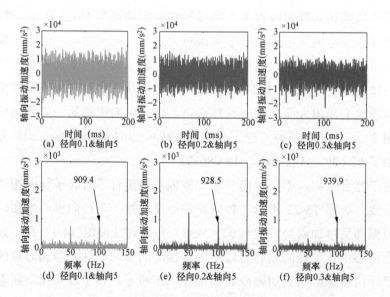

图 15-22　气隙复合静偏心下轴向静偏心不变径向静偏心量
增加时转子轴向振动加速度

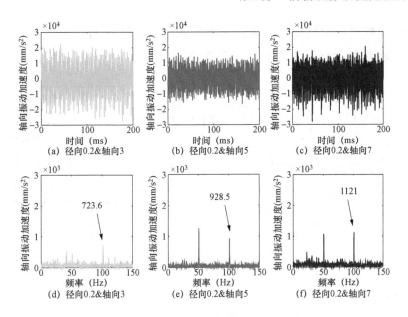

图 15-23　气隙复合静偏心下径向静偏心不变轴向静偏心量
增加时转子轴向振动加速度

15.2.4　电磁转矩波动特性结果分析

实验过程中利用采集到的相电压和相电流及测得的发电机额定转速，通过式（15-1）的折算，可以得到实验测得的电磁转矩：

$$T_e(t) = \frac{P(t)}{\omega(t)} = \frac{[U_a(t)I_a(t) + U_b(t)I_b(t) + U_c(t)I_c(t)]\cos\varphi}{2\pi n/60} \quad (15-1)$$

气隙径向静偏心与轴向静偏心电磁转矩实验结果分别如图 15-24 和图 15-25 所示。通过上述理论分析可知，发电机正常时电磁转矩直流分量为一常值，且无其他次谐波分量。但是如图 15-24 所示，正常情况实验结果中出现了除直流分量以外的其他次谐波分量，尤其以 100Hz 增大最为明显。这是因为实验过程中发电机内部影响因素及本身存在微量的气隙静偏心所导致的，正常情况下的电磁转矩结果将作为后续静偏心故障的基础。并且从频域上来看，其直流分量几乎不变，而二倍频成分在气隙径向静偏心下幅值明显增加，且随着偏心量的增加而增加。

通过实验结果分析得到的轴向静偏心故障下电磁转矩波形图如图 15-25 所示。由图 15-25 可知，通过实验测试结果得到的曲线复杂，这是由于在做实验过程中发电机许多内外部影响因素所导致的。通过局部放大结果，还能看出实验结果数据显示出递减的趋势。

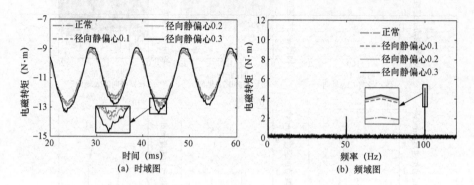

图 15-24　气隙径向静偏心下实验电磁转矩

在轴向静偏心情况下，电磁转矩的直流分量总体变化趋势将会与径向静偏心的总体变化趋势相反，其他谐波成分也呈现出减小的趋势。如图 15-25 所示，通过轴向静偏心故障与正常时的频域图对比，说明发电机在实验过程中除了直流分量的存在还存在其他次谐波成分。这是由于发电机在进行轴向静偏心实验时自身存在径向偏心所致，将电磁转矩正常时各频率成分幅值减去轴向静偏心后各频率成分幅值，发现最后只剩下直流分量，其他次谐波成分太小可忽略不计。

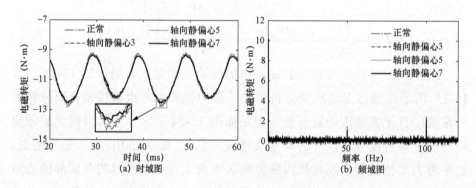

图 15-25　气隙轴向静偏心下实验电磁转矩

三维复合静偏心对电磁转矩的影响如图 15-26 和图 15-27 所示。从图 15-26 可以看出，发电机在三维复合静偏心下轴向静偏心量不变径向静偏心量增加时电磁转矩幅值有所增加，且随着径向静偏心量的增加而增加。从频域上来看，电磁转矩幅值的增加主要是二倍频成分的增加，直流分量几乎不变。从图 15-27 可以观察到，发电机在三维复合静偏心下径向静偏心量不变轴向静偏心量增加时电磁转矩幅值反而减小，但与三维复合静偏心下轴向静偏心量不变径向静偏心量增加时相同的是，其也是二倍频成分幅值减小，直流成分不变。

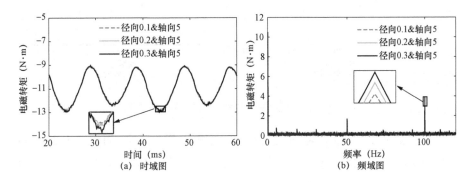

图 15-26　气隙复合静偏心下轴向静偏心不变径向静偏心量增加时实验电磁转矩

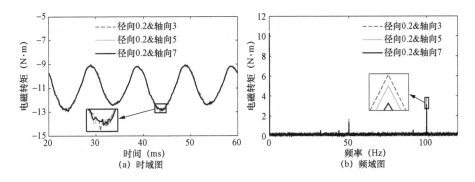

图 15-27　气隙复合静偏心下径向静偏心不变轴向静偏心量增加时实验电磁转矩

15.2.5　并联支路环流结果分析

气隙径向静偏心故障下对并联支路环流的影响如图 15-28 所示。从图 15-28 可以看出，气隙径向静偏心故障下发电机的定子并联支路环流较正常情况下有极为明显的幅值增长，并且随着气隙径向静偏心程度的增大幅值增长的越大。从频域上看，气隙径向静偏心故障下定子并联支路会产生基波环流成分，而正常情况下定子并联支路不会产生环流成分。且从频率图可以看出，在气隙径向静偏心故障下定子并联支路产生的基波环流成分随着气隙径向静偏心程度的增大，定子并联支路的基波环流的幅值增大。

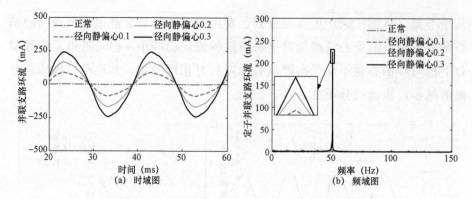

图 15-28　气隙径向静偏心下并联支路环流

三维复合静偏心故障对定子并联支路环流的影响如图 **15-29** 和图 **15-30** 所示。从图中可以看出，发电机在三维复合静偏心故障下，当轴向静偏心量不变而径向静偏心量增加时，定子并联支路环流的幅值有显著增加，

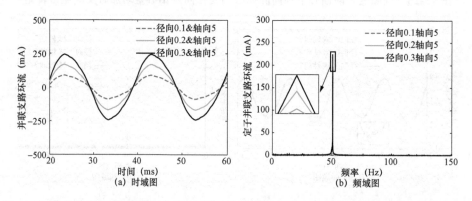

图 15-29　气隙复合静偏心下轴向静偏心不变径向静偏心量增加时并联支路环流

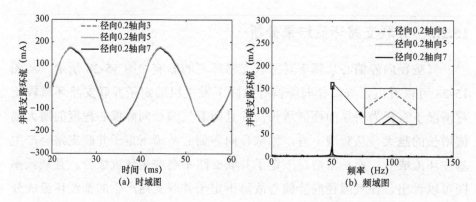

图 15-30　气隙复合静偏心下径向静偏心不变轴向静偏心量增加时并联支路环流

且随着径向静偏心程度的增大而增加。从频域上看,定子并联支路环流的增加主要是基波成分的增加。发电机在三维复合静偏心故障下,当径向静偏心量不变而轴向静偏心量增加时,定子并联支路的幅值基本保持不变,不管轴向静偏心量的程度有多大,定子并联支路环流的曲线基本保持不变。从频率图上看,定子并联支路基波环流的幅值不会随轴向静偏心量的改变而改变。

15.2.6　定子绕组振动分析

气隙径向静偏心下绕组振动实验结果如图 15-31 所示。从图 15-31 可以看出,与正常情况相比,发电机在气隙径向静偏心故障下绕组振动二倍频成分有极为明显的变化,而其他频率成分的振动幅值则变化较小。具体而言,径向静偏心 0.1、0.2、0.3mm 三种工况,相比正常情况下其二倍频成分幅值分别增加 17.26%、31.64%、45.74%。这与前面的理论分析与仿真结果相吻合。

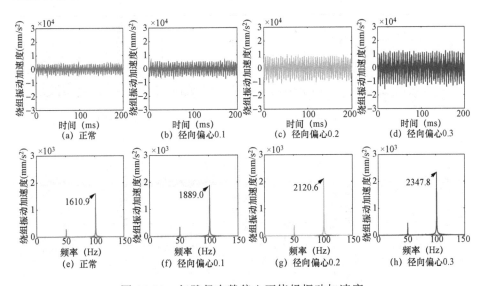

图 15-31　气隙径向静偏心下绕组振动加速度

气隙轴向静偏心下转子伸出端部处绕组振动与转子抽空端部处绕组振动实验结果如图 15-32 与图 15-33 所示。从图 15-32 可以看出,与正常情况相比,在气隙轴向静偏心故障下,发电机的转子伸出端部处绕组振动有极为明显的变化,且随着轴向静偏心程度的增加,绕组振动也相应地增加,但可以明显看出，绕组振动的增加主要是二倍频成分幅值的增加。具体而言，轴向静偏心 3、5、7mm 三种工况，相比正常情况下其二倍频成分幅值分别增加 11.44%、41.19%、55.90%。这与前面理论以及仿真结果一致。与之相反的是，在气隙轴向静偏心故障下，发电机的转子抽空端部处绕组振动反而随着偏心量的增加而减小，但其也是二倍频成分幅值的减小。具体而言，轴向静偏心 3、5、7mm 三种工况，相比正常情况下其二倍频成分幅值分别减少了 22.19%、34.45%、42.28%。

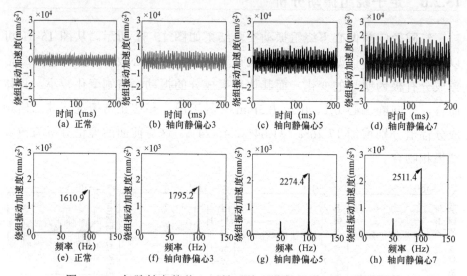

图 15-32   气隙轴向静偏心下转子伸出端部处绕组振动加速度

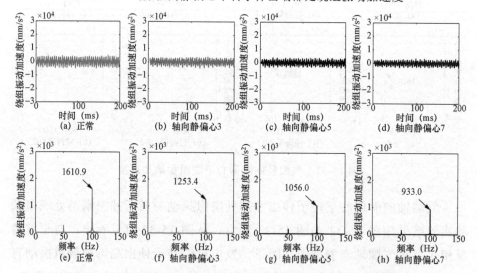

图 15-33   气隙轴向静偏心下转子抽空端部处绕组振动加速度

　　气隙三维复合静偏心下轴向静偏心不变径向静偏心量增加时转子伸出端部处绕组振动与转子抽空端部处绕组振动实验结果如图 15-34 与图 15-35 所示。从图中可以看出，气隙三维复合静偏心下轴向静偏心不变、径向静偏心量增加时，转子伸出端部处绕组振动幅值与转子抽空端部处绕

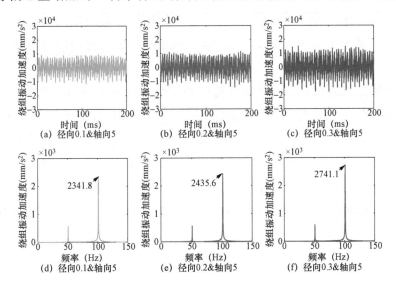

图 15-34　复合静偏心下轴向静偏心不变径向静偏心量增加时转子伸出端部处转子振动加速度

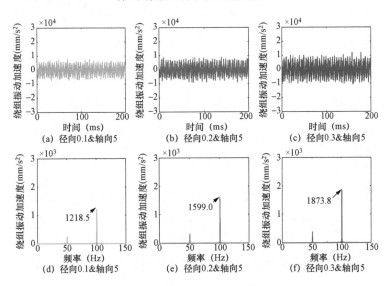

图 15-35　复合静偏心下轴向静偏心不变径向静偏心量增加时转子抽空端部处转子振动加速度

组振动幅值都随着径向偏心量的增加而增加，且绕组振动幅值的增加都是二倍频幅值的增加；同种工况下，转子伸出端部处转子振动幅值要比转子抽空端部处幅值要大，气隙径向静偏心 0.1mm&轴向静偏心 5mm、气隙径向静偏心 0.2mm&轴向静偏心 5mm、气隙径向静偏心 0.3mm&轴向静偏心 5mm 三种工况下，转子伸出端部处转子振动幅值要比转子抽空端部处幅值分别大 92.19%、52.32%、46.29%。这与前面理论与仿真结果一致。

　　气隙三维复合静偏心下径向静偏心不变、轴向静偏心量增加时转子伸出端部处绕组振动与转子抽空端部处绕组振动实验结果如图 15-36 与图 15-37 所示。从图中可以看出，气隙三维复合静偏心下径向静偏心不变、轴向静偏心量增加时转子伸出端部处绕组振动幅值随着轴向静偏心量的增加而增加，且二倍频成分幅值也随之增加。但是该情况下转子抽空端部处绕组振动幅值反而随着轴向静偏心量的增加而减小，同时二倍频成分幅值也随之减小。

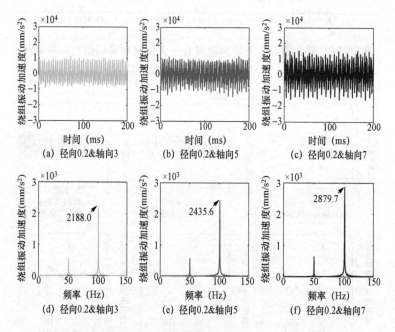

图 15-36　复合静偏心下径向静偏心不变轴向静偏心量增加时转子

伸出端部处转子振动加速度

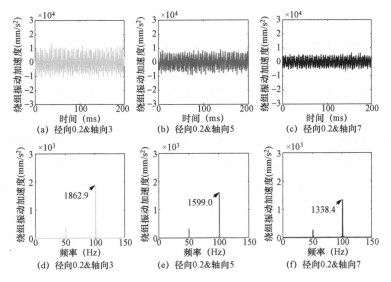

图 15-37　复合静偏心下径向静偏心不变轴向静偏心量增加时转子
抽空端部处转子振动加速度

15.2.7　绕组温升变化结果分析

考虑绝缘内部非均匀电热源和外部非均匀磁热源对整个发电机组温度的影响，绕组损耗和铁芯损耗作为温度场的内热源，会随着发电机运行时间的增加而累积增加，进而导致温度上升，直至产热和散热达到平衡，发电机各部位温度达到稳态。

通过热电偶传感器测得径向静偏心故障下发电机定子绕组绝缘处的实验温升曲线，实验温度结果如图 15-38 所示。取温度巡检仪的绕组绝缘直线段通道为研究对象，实验时间为 60min。取不同径向静偏心故障程度下位于气隙最小位置处的绕组绝缘直线段的最高温度绘制得到温升曲线。从图 15-38 中可以得到，各故障下的绕组绝缘直线段部分的温度曲线在 60min 左右接近稳定。由实验结果可知，正常工况下

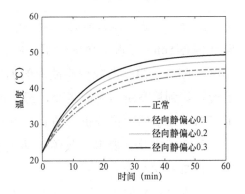

图 15-38　径向静偏心故障下
绕组绝缘温升曲线

最高温度为 44.8℃，气隙径向静偏心故障 0.1mm 下最高温度为 45.7℃，气隙径向静偏心 0.2mm 下最高温度为 47.9℃，气隙径向静偏心 0.3mm 下最高温度为 49.6℃。显然，随着气隙径向静偏心故障的加剧，定子的整体温度及最高温度逐渐上升。将该实验结果与发电机损耗的仿真计算结果趋势进行对比，两者的分析结果基本一致。

由发电机定转子损耗理论分析式（8-15）、式（8-22）以及损耗仿真的结果可知，由于转子磁场偏移而导致的主磁场偏移，当发生气隙轴向静偏心故障时，铁芯损耗和绕组铜耗较正常工况下均明显减小，且随着轴向静偏心故障程度的加剧，铁芯损耗和绕组铜耗的下降更为明显。因此，随着气隙轴向静偏心程度的加剧，定子绕组绝缘温度最高点的位置也将逐渐向偏心方向发生偏移。

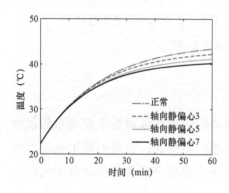

图 15-39　轴向静偏心故障下
绕组绝缘温升曲线

不同程度气隙轴向静偏心故障下的发电机定子绕组绝缘直线段的温升实验结果如图 15-39 所示。在正常工况下最高温度为 44.8℃，气隙轴向静偏心故障 3mm 下最高温度为 43.3℃，气隙轴向静偏心 5mm 下最高温度为 42.0℃，气隙轴向静偏心 7mm 下最高温度为 40.8℃。由实验结果可知，随着气隙轴向静偏心故障程度的加剧，定子绕组绝缘处最高温度逐渐降低。

此外，与正常工况相比，轴向静偏心 3mm 工况大概降低了 1.5℃，轴向静偏心 5mm 工况大概降低了 2.8℃，轴向静偏心 7mm 工况大概降低了 4.0℃。随着气隙轴向静偏心故障的加剧，定子绕组绝缘直线段部分的温升越慢，达到稳态所需时间越少，最后的温度也越低。该实验结果很好地验证了前述章节的理论分析、仿真计算结果及分析的正确性。

气隙三维复合静偏心故障下热电偶传感器测得的温度曲线如图 15-40（a）和图 15-40（b）所示。

三维复合静偏心故障下发电机的温度曲线变化趋势和轴向、径向单一故障下的变化趋势基本一致。同样地，定子绕组绝缘的最高温度仍然位于直线段。由图 15-40（a）可知，复合静偏心故障工况中，随着径向静偏心故障程度的加剧，其最高温度会逐渐上升。在轴向静偏心 5mm 不变的情况下，径向偏心 0.1mm 下最高温度为 43.5℃，径向偏心 0.2mm 下最高温度为 44.6℃，径向偏心 0.3mm 下最高温度为 46.6℃。由此可知，在径向偏心增加的情况下其温度变化趋势与上述损耗理论分析、仿真结果的趋势一致。在径向偏心 0.2mm 不变的情况下，轴向静偏心 3mm 下最高温度为 45.9℃，轴向静偏心 5mm 下最高温度为 44.6℃，轴向静偏心 7mm 下最高温度为 41.7℃，如图 15-40（b）所示。由此可知，在轴向静偏心增加的情况下其温度变化趋势与理论分析结果也一致。

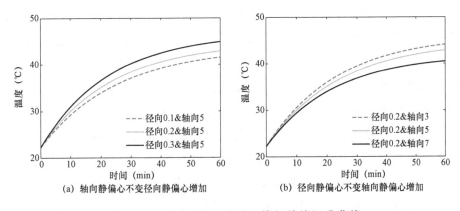

（a）轴向静偏心不变径向静偏心增加　　　（b）径向静偏心不变轴向静偏心增加

图 15-40　复合静偏心故障下绕组绝缘温升曲线

因此，发电机在气隙三维复合静偏心工况下，其绕组绝缘最高温度的温升趋势可总结如下：在轴向静偏心不变的情况下，随着气隙径向静偏心故障的加剧，定子绕组绝缘直线段部分的温升加快，达到稳态后的最高温度也越高；在径向偏心不变的情况下，随着气隙轴向静偏心故障的加剧，定子绕组绝缘直线段部分的温升变慢，达到稳态后的最高温度也越低。通过实验结果与仿真计算、理论分析对比，三者的结果变化趋势基本一致。

本 章 小 结

本章对发电机气隙静偏心故障实验机组的设置进行了详细说明，通过实验数据所得结论如下：

（1）气隙径向静偏心故障发生后相电流幅值将增大，而气隙轴向静偏心故障的发生将会减小相电流幅值；在气隙三维复合静偏心故障中，当轴向静偏心量不变时，相电流幅值将会随着径向静偏心量的增加而增大，相反当径向静偏心量不变时，相电流幅值将会随着轴向静偏心量的增加而减小。

在发电机气隙静偏心故障下，相电流的频率成分都以一倍频为主，且气隙径向静偏心故障程度的增加将使相电流一倍频幅值增大，而气隙轴向静偏心故障程度的增加将会减小相电流一倍频幅值；在气隙三维复合静偏心故障中，当轴向静偏心量不变时，相电流一倍频幅值将会随着径向静偏心量的增加而增大；当径向静偏心量不变时，相电流一倍频幅值将会随着轴向静偏心量的增加而减小。

（2）气隙径向静偏心故障发生后，定子的径向振动加速度包含二倍频成分，数值较正常状态增大，且随着径向静偏心故障程度的加大而增大；气隙轴向静偏心故障发生后，定子的径向振动加速度依然包含二倍频成分，定子的径向振动加速度幅值与二倍频成分较正常状态降低，且随着轴向静偏心故障程度的加剧而减小；气隙三维复合静偏心故障下轴向静偏心量不变径向静偏心量增大将增加定子径向加速度幅值，且二倍频成分与定子二倍频径向振动幅值也将增大，径向静偏心量不变轴向静偏心量增大将减小定子径向加速度幅值，且二倍频成分与定子二倍频径向振动幅值也将减小。

轴向静偏心故障发生后定子将产生轴向振动，定子轴向振动加速度包含直流分量和二倍频成分，并且轴向振动的幅值和二倍频都将会随着轴向静偏心量的增加而增大；在气隙三维复合静偏心故障中，当轴向静偏心量不变径向静偏心量增加时，定子轴向振动幅值也将随之增大；而当径向静偏心量不变轴向静偏心量增加时，气隙轴向静偏心量的增加同样会增大轴向振动幅值和二倍频振动频率幅值。

（3）气隙径向静偏心故障下，转子径向振动加速度包含一倍频成分和二倍频成分，且转子径向振动加速度与二倍频振动幅值随着偏心程度的加剧而增大；三维复合静偏心故障下，轴向静偏心量不变径向静偏心量增加时，转子径向振动加速度及二倍频振动幅值随着偏心程度的加剧而增大；三维复合静偏心故障下，径向静偏心量不变轴向静偏心量增加时，转子径向振动加速度与二倍频振动幅值随着偏心程度的加剧而减小。

气隙轴向静偏心故障下转子将产生轴向振动，主要包含一倍频成分和二倍频成分，且转子轴向振动随着轴向静偏心的增大而增加；对于复合静偏心，不同径向与轴向静偏心量组合下对转子轴向振动影响也不一致，轴向静偏心量保持一致径向偏心增加时，转子轴向振动呈增加趋势，相比复合静偏心中气隙径向静偏心对转子轴向振动的影响，转子轴向振动同样随着轴向静偏心的增加而增加，且轴向静偏心量的增加对转子轴向振动影响更加剧烈。

（4）气隙径向静偏心下发电机的电磁转矩较正常情况下有极为明显的增长。从频域上来看，其直流分量几乎不变，而二倍频成分在气隙径向静偏心下幅值明显增加，且随着偏心量的增加而增加。与之相反的是，气隙轴向静偏心下发电机的电磁转矩较正常情况下有极为明显的下降，但从频域上看，随着轴向静偏心量的增加，发电机的电磁转矩二倍频成分幅值明显下降，而直流分量也几乎不变。

在三维复合静偏心下轴向静偏心量不变、径向静偏心量增加时，发电机电磁转矩幅值有所增加，且随着径向静偏心量的增加而增加，从频域上来看，电磁转矩幅值的增加主要是二倍频成分的增加，直流分量几乎不变；在三维复合静偏心下径向静偏心量不变、轴向静偏心量增加时，发电机电磁转矩幅值反而减小，其二倍频成分幅值减小，直流成分不变。

（5）气隙径向静偏心故障下，发电机的定子并联支路环流较正常情况下有极为明显的幅值增长，并且随着气隙径向静偏心程度的增大幅值增长得越大。从频域上看，气隙径向静偏心故障下定子并联支路会产生一倍频成分，且随着气隙径向静偏心程度的增大，定子并联支路一倍频成分的幅值增大。

在三维复合静偏心故障下，当轴向静偏心量不变、径向静偏心量增加时，发电机定子并联支路环流的幅值有显著增加，且随着径向静偏心程度的增大而增加。从频域上看，定子并联支路环流的增加主要是基波成分的增加。在三维复合静偏心故障下，当径向静偏心量不变、轴向静偏心量增加时，发电机定子并联支路的幅值基本保持不变，从频率图上看定子并联支路基波环流的幅值不会随轴向静偏心量的改变而改变。

（6）气隙径向静偏心下绕组振动幅度增加，且二倍频成分幅值增加较大，而其他频率成分的振动幅值则变化较小。气隙轴向静偏心故障下发电机转子伸出侧绕组振动有极为明显的变化，且随着轴向静偏心程度的增加绕组振动与二倍频成分幅值也相应地增加；与之相反的是，在气隙轴向静偏心故障下发电机的转子抽空侧绕组振动反而随着偏心量的增加而减小，且二倍频成分幅值也随之减小。

气隙三维复合静偏心故障下，当轴向静偏心不变、径向静偏心量增加时，转子伸出侧绕组振动幅值与转子抽空端部处绕组振动幅值都随着径向静偏心量的增加而增加，且绕组振动幅值的增加都是二倍频幅值的增加，同种工况下，转子伸出侧转子振动幅值要比转子抽空端部处幅值要大。气隙三维复合静偏心故障下，当径向静偏心不变、轴向静偏心量增加时，转子伸出侧绕组振动幅值随着轴向静偏心量的增加而增加，且二倍频成分幅值也增加。但是该情况下转子抽空侧绕组振动幅值反而随着径向偏心量的增加而减小，二倍频成分幅值也随之减小。

（7）随着气隙径向静偏心故障的加剧，定子的整体温度及最高温度逐渐上升；随着气隙轴向静偏心故障程度的加剧，定子绕组绝缘处最高温度逐渐降低。气隙三维复合静偏心故障下绕组绝缘最高温度的温升趋势可总结如下：在轴向静偏心不变的情况下，随着气隙径向静偏心故障的加剧，定子绕组绝缘直线段部分的温升加快，达到稳态后的最高温度也越高；在径向静偏心不变的情况下，随着气隙轴向静偏心故障的加剧，定子绕组绝缘直线段部分的温升变慢，达到稳态后的最高温度也越低。

第 16 章

气隙动偏心的实验模拟

16.1　气隙动偏心的实验模拟方法

发电机正常运行时，转子几何中心 O、旋转中心 O_1 及定子几何中心 O_2 重合，气隙长度均匀分布，如图 16-1 所示。气隙径向动偏心故障发生后，转子几何中心 O 偏离 O_1 和 O_2，导致气隙长度分布不均匀，并随时间周期性变化。图 16-1 中绿色虚线表示不同运行时刻的转子边界，红色虚线表示转子几何中心 O 的运动轨迹。

图 16-1 中，g_0 为发电机正常运行时的平均气隙长度；δ_d 为转子动偏心率；θ 为机械位置角；g 为定转子间气隙长度，随转子偏心率而变化。

本节提出的气隙径向动偏心故障实验设置方案主要通过更换轴承来实现。轴承通常由内圈、外圈、滚动体和保持架四个部件组成，为了实现对气隙径向动偏心故障的模拟，将原有轴承的内圈替换为偏心内圈。在普通轴承中，轴承内圈的外圆轮廓与内圆轮廓的几何中心重合，如图 16-2（a）所示。而偏心轴承内圈的外圆轮廓保持不变，使其可以较好地保持与滚动体的接触；但内圆轮廓在特定方向上进行偏移，使其几何中心偏离原来位置，偏移距离表示动偏心故障的程度，如图 16-2（b）所示。为了更加清楚地表示偏心轴承的结构，图 16-2（b）中的偏心程度被放大用来突出偏心轴承内圈内外轮廓的变化，可看出偏心轴承在作用上可近似看作是一凸轮结构。实验设置中的偏心轴承内圈使用 3D 打印技术生产，以精确模拟各种动偏心故障程度，本节实验所选的偏心度分别为 0.1、0.2、0.3mm。

偏心轴承的具体替换安装方式如图 16-3 所示。在气隙径向动偏心故障

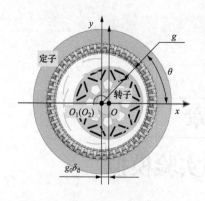

图 16-1　气隙径向动偏心故障
下转子运动轨迹

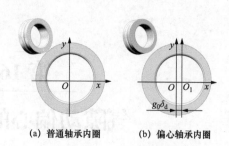

(a) 普通轴承内圈　　　(b) 偏心轴承内圈

图 16-2　变换的轴承内圈

实验过程中将正常轴承进行拆卸，保留原有的外圈和滚动体，由于在拆卸过程中轴承的保持架可能会损坏，故用新的保持架和偏心内圈装配偏心轴承，偏心轴承的替换安装方式如图 16-5 所示。在气隙径向动偏心故障实验过程中，偏心内圈与转子轴紧密配合，随着转子轴的旋转其带动轴承内圈也旋转，进而由轴承外圈带动转子进行旋转。偏心轴承偏移的内圆轮廓导致转子的几何中心 O 偏离转子的旋转中心 O_1 和定子的几何中心 O_2，该偏差即为导致气隙径向动偏心故障产生的因素。

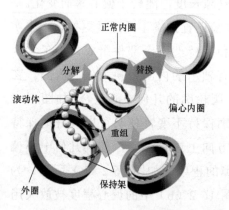

图 16-3　偏心轴承的替换安装方式

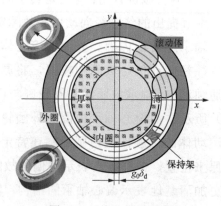

图 16-4　偏心轴承结构

　　气隙径向动偏心故障实验机组的设置如图 16-5 所示。实验对象为一台 4 对极的永磁同步发电机，其具体参数见表 16-1。整体实验机组主要包括永磁同步发电机、拖动电机、负载、采集仪、电流互感器、电压采集板和 PCB 加速度传感器等，其中发电机由电动机驱动，速度由变频器控制，实验在额定工况下运行。

图 16-5　气隙径向动偏心故障实验机组

表 16-1　　　　　　　　　　永磁同步发电机参数

序号	参数名称	数值	单位
1	额定容量	3	kW
2	额定转速	750	r/min
3	功率因数	0.8	
4	气隙长度	1.2	mm
5	转子内径	55	mm
6	转子外径	157	mm
7	定子铁芯内径	159.4	mm
8	定子铁芯外径	250	mm
9	定子槽数	48	
10	极对数	4	

　　通过本节提出的实验方案可以准确高效地模拟气隙径向动偏心故障，进一步研究其对发电机性能的影响以及可以采取的抑制措施，为气隙径向动偏心故障下电气参数与机械响应特征的研究提供实验基础。

16.2 发电机气隙动偏心实验结果

实验所用发电机为 4 对极，转子旋转频率为 12.5Hz，对应理论分析中 1 对极发电机旋转频率（50Hz），故如气隙径向动偏心下的定子振动特征频率由 0/100Hz±50Hz=50/150Hz 变为 0/100Hz±12.5Hz=12.5/87.5/112.5Hz。

16.2.1 相电流检测结果分析

气隙径向动偏心故障下相电流的实验结果如图 16-6 所示。由图 16-6（a）可以看出，气隙径向动偏心故障下发电机的相电流曲线较正常情况下会向上偏移，相电流的绝对值幅值、有效值都将增加，并且随着气隙径向动偏心故障程度的增大，相电流对应的绝对值幅值及有效值向上偏移的幅度也更大。由图 16-6（b）可以看出，气隙径向动偏心故障下相电流除含有正常情况下的基频（50Hz）成分外，还新增加了边带频率成分（37.5、62.5Hz 等），并且随着气隙径向动偏心故障程度的增加，各频率成分的幅值都增大，这与理论分析和仿真结果相吻合。

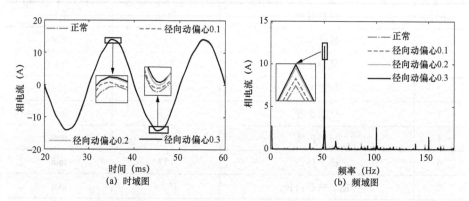

图 16-6　气隙径向动偏心故障下相电流

16.2.2 定子振动检测结果分析

定子振动数据由安装在定子表面的加速度传感器测得后输入采集仪，并将数据传输至计算机进行处理。气隙径向动偏心故障下的定子径向振动加速度如图 16-7 所示。由图 16-7（a）可以看出，气隙径向动偏心故障发生后定子径向振动加速度幅值增大，且随气隙径向动偏心故障程度的加剧其幅值增大更为明显。由图 16-7（b）可以看出，定子径向振动加速度除正常运行情况下的二倍频成分外，还新增了与转子转频相关的边带频率成分（12.5Hz、100Hz±12.5Hz 等），实验结果与式（5-11）的理论推导保持一致。由于实验测得的定子径向振动加速度为位移的二阶导数，故无法在加速度频域图中显示出直流成分。在该故障下定子径向振动的二倍频成分幅值要大于正常情况下二倍频成分幅值，同时，随着气隙径向动偏心故障程度的增加，各频率成分幅值都会增加。

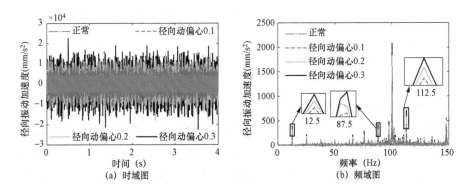

图 16-7　气隙径向动偏心下定子径向振动加速度

16.2.3　转子振动检测结果分析

气隙径向动偏心故障下的发电机转子径向振动数据由安装在轴承座上的加速度传感器测得。气隙径向动偏心故障下的转子径向振动加速度如图 16-8 所示。理论上在正常情况下转子径向不平衡磁拉力为 0，但由于实验机组自身存在的一定静偏心故障及外部条件的影响，在正常情况下实验数据中也会存在轻微的转子不平衡磁拉力。由图 16-8（a）可以看出，气隙径向动偏心故障发生后转子径向振动加速度幅值有较大提升，且随故障程度的加剧，转子径向振动加速度的幅值也不断增大。由图 16-8（b）可以看出，转子径向振动加速度出现了转子转频及其倍数成分（12.5、25、37.5Hz等，对应理论中的一倍频、二倍频、三倍频等），并且随着气隙径向动偏心故障程度的加剧，转子径向振动加速度各频率成分也增大，这与理论分析式（5-21），仿真受力分析图 11-4 体现的规律一致。

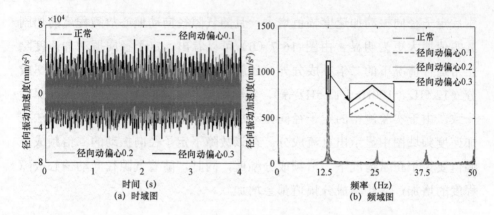

图 16-8　气隙径向动偏心故障下的转子径向振动加速度

16.2.4　电磁转矩检测结果分析

气隙径向动偏心故障下电磁转矩实验结果如图 16-9 所示。由图 16-9 可以看出，气隙径向动偏心故障发生后发电机的电磁转矩较正常情况下有明显的增大，且随故障程度的加剧，发电机电磁转矩增大的幅度越为明显。通过 6.2 节中的理论结果可知，发电机在气隙径向动偏心后，无新增频率成分。然而在实验中无论是正常工况下还是动偏心工况下，电磁转矩都存在其他次倍频成分，这是因为实验过程中发电机内部因素影响及本身存在微量的偏心所导致的。

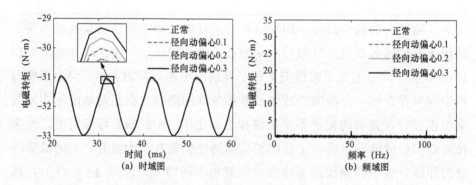

图 16-9　气隙径向动偏心故障下电磁转矩

16.2.5　并联支路环流检测结果分析

气隙径向动偏心故障下定子并联支路环流实验结果如图 16-10 所示。

由图 16-10（a）可以看出，正常情况下定子并联支路中无环流，气隙径向动偏心故障发生后定子并联支路中出现环流，且随故障程度的增加定子并联支路环流幅值也增大。由图 16-10（b）可以看出，气隙径向动偏心故障下定子并联支路环流会包含 50Hz±12.5Hz 的成分（50Hz 的存在代表实验过程中存在一定的静偏心故障），并且随着气隙径向动偏心故障程度的增加，定子并联支路环流各谐波成分的幅值也随之增大，这与理论分析和仿真结果相吻合。

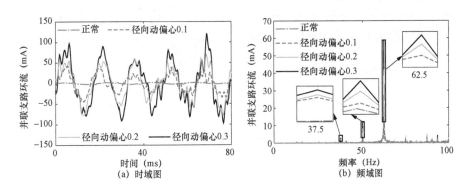

图 16-10　气隙径向动偏心下并联支路环流

16.2.6　绕组振动检测结果分析

气隙径向动偏心故障下定子绕组振动加速度实验结果如图 16-11 所示。由图 16-11（a）可知，气隙径向动偏心故障发生后绕组振动加速度幅值将会增大，且随着故障程度的加剧，绕组振动加速度的增大程度也更为明显。由图 16-11（b）可知，气隙径向动偏心故障发生后定子绕组振动新增频率成分为 12.5、87.5、112.5Hz 等，实验结果与理论符合。且故障发生后定子绕组振动加速度各频率成分相较于正常情况下明显增大，并且随着故障程度的增加定子绕组振动加速度各频率成分随之增大，这与理论分析和仿真结果相吻合。

16.2.7　绕组温升变化结果分析

不同程度的气隙径向动偏心故障下的绕组绝缘直线段的温升曲线如图 16-12 所示。与正常工况下相比，不同程度气隙径向动偏心故障工况下的最高温度均有所上升。具体而言,气隙径向动偏心故障 0.1mm 下最高温度为 46.7℃,气隙动偏心 0.2mm 下最高温度为 47.9℃,气隙径向动偏心 0.3mm 下最高温度为 49.7℃。与气隙径向静偏心故障下的温升趋势一致,随着气隙径向动偏心故障程度的加剧,定子绕组绝缘处的最高温度同样逐渐升高。

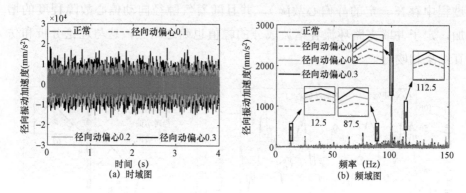

图 16-11　气隙径向动偏心下绕组振动加速度

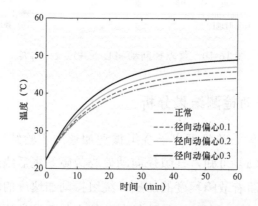

图 16-12　气隙径向动偏心下绕组绝缘温升曲线

本 章 小 结

本章对发电机气隙径向动偏心故障实验机组的设置进行了详细说明,并重点介绍了偏心轴承的结构及替换方法。对在气隙径向动偏心故障实验机组上测得的数据进行分析,所得结论如下:

(1) 气隙径向动偏心故障发生后相电流的幅值曲线会向上偏移,对应相电流的绝对值幅值、有效值均增加,当气隙径向动偏心故障程度增加时曲线向上偏移的程度也增加；气隙径向动偏心故障发生后相电流将出现37.5、62.5Hz等特征频率成分，并且各成分对应的幅值随着气隙径向动偏心故障程度的增加而增加。

（2）气隙径向动偏心故障下定子振动加速度较正常情况下幅值有显著增大，且随故障程度的加剧振动幅值也随之增大；除含有正常情况下的二倍频成分外，定子振动加速度还新增了12.5、87.5、112.5Hz等边带频率成分。气隙径向动偏心故障下定子振动加速度二倍频的振动幅值要大于正常情况下二倍频振动幅值，且随着动偏心程度的增加各频率成分振动幅值也增大。

（3）气隙径向动偏心故障下转子振动加速度幅值较正常情况下也会有显著增加，并且将出现转子转频及其倍数成分（12.5、25、37.5Hz等），随着偏心程度的增加特征频率成分振动幅值也增大。

（4）气隙径向动偏心故障下电磁转矩幅值较正常情况下有明显的增大，且随故障程度的加剧其幅值也增大。

（5）气隙径向动偏心故障下出现了定子并联支路环流，且其幅值也随故障程度的增大而增加；气隙径向动偏心故障下的环流成分为37.5、62.5Hz等频率成分，并且当气隙径向动偏心程度增加时各频率成分的幅值也会增加。

（6）气隙径向动偏心故障下定子绕组振动加速度幅值较正常情况下有所增加，并随故障程度的加剧而增大；气隙径向动偏心故障下定子绕组振动会新增12.5、87.5、112.5Hz等频率成分，并且随着气隙径向动偏心程度的增大各频率成分幅值也增大。

（7）与正常工况下相比，不同程度动偏心故障工况下的最高温度均有所上升，随着气隙径向动偏心故障程度的加剧，定子绕组绝缘处的最高温度同样逐渐升高。

由于实际实验过程中，发电机内部自身的不对称结构和外部非故障环境因素会对实验数据造成一定程度的影响，故实验结果中可能出现较多的杂波成分，但是实验结果及数据大体与理论相符合。

第 17 章
基于内外置探测线圈法的偏心检测方法

17.1 基于内置探测线圈法的偏心检测方法

17.1.1 基于探测线圈的故障诊断基本原理

大部分故障诊断方法都是根据定子电流、定子电压、转矩、振动、噪声等信号诊断故障。这些信号反映的发电机运行情况往往是单一的、片面的。而各种需要重点研究的早期故障往往是发电机内的局部故障,利用这些信号进行诊断时,故障特征一般都隐藏在大量的正常信号中,很难被准确地提取出来,同时这些方法也存在成本较高,易受工况、外部环境影响等缺点。因此,基于这些信号的诊断方法往往灵敏度较低,无法有效诊断早期故障,并且难以确定故障位置、范围、方向、程度等具体参数。

磁场作为发电机中机电能量转换的桥梁,可以全面、准确地反映发电机的健康状况,采用基于磁场观测的故障诊断方法能够较为全面地观察发电机状态,可以用于故障类型的判断。定子齿均匀地分布在发电机内部,并且是主磁场的必经之路,因此定子齿磁通能够有效反映发电机内部磁场分布情况,适用于高性能的故障诊断。由于发电机气隙非常小,不能在气隙内放置霍尔元件,为了能够获得气隙磁场谐波信号,通常采用把检测线圈放在定子齿部间接测量磁场的方法。

实时、准确的定子齿磁通测量方法是诊断研究的必要基础。基于探测线圈的故障诊断主要依据于法拉第电磁感应定律,可以检测指定位置的磁通量变化,线圈两端的感应电动势会与线圈内气隙磁通的变化成正比,探测线圈上的感应电势即可反映对应的定子齿磁通。发电机正常运行时,探

测线圈的感应电势是非常规律的；如果发电机发生偏心，发生偏心故障处
的探测线圈感应电势将会发生明显的畸变，根
据探测线圈感应电势的波形即可轻易地诊断
出偏心故障。

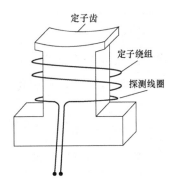

图 17-1　放置在定子齿上的
检测线圈示意

　　在发电机设计和制作过程中，将探测线圈
埋放于发电机的指定位置，能够检测故障发生
前后发电机内部磁场分布的变化。如图 17-1
所示，做如下假设：①不计定子齿部漏磁场造
成的影响；②发电机气隙磁场都经过定子齿
部，然后通过定子轭部；③以定子为基准的参
考系中，检测线圈其中一边的角度位置为 0。

　　按照以上假设，探测线圈两端感应电动势为

$$u_{sci} = N_{sci} \frac{\mathrm{d}\Phi_{sci}}{\mathrm{d}t} \tag{17-1}$$

式中：u_{sci} 为第 i 号探测线圈的感应电动势，下标 sc 代表探测线圈；N_{sci} 为
第 i 号探测线圈的匝数；Φ_{sci} 为第 i 号探测线圈内的气隙磁通。

　　由于发电机内的磁场主要集中在气隙和铁芯中，因此探测线圈内的磁
通和探测线圈所在的定子齿磁通近似相等，由式（17-1）可得

$$u_{sci} \approx N_{sci} \frac{\mathrm{d}\Phi}{\mathrm{d}t} \tag{17-2}$$

式中：Φ 为定子磁通。

　　求解式（17-2）可以得

$$\Phi = \int \frac{u_{sc}}{N_{sc}} \mathrm{d}t \tag{17-3}$$

　　实际中，采集得到的探测线圈感应电势通常都是有限时间长度内的离
散信号，因此式（17-3）转换为

$$\Phi(n) = \Phi(n-1) + \frac{u_{sc}(n)}{N_{sc}} \Delta t$$
$$= \Phi(0) + \sum_{m=1}^{n} \frac{u_{sc}(m)}{N_{sc}} \Delta t \tag{17-4}$$

式中：Δt 为采样时间间隔。

　　要使式（17-4）有唯一解需要确定 $\Phi(0)$。通常定子齿磁通中没有直

流分量，即

$$\sum_{n=1}^{n=n_T} \Phi(n) = 0 \tag{17-5}$$

式中：n_T 是一个周期内的采样次数。

根据式（17-4）和式（17-5）可得

$$\Phi(0) = -\frac{1}{n_T} \cdot \sum_{n=1}^{n=n_T} \left(\sum_{m=1}^{n} \frac{u_{sc}(m)}{N_{sc}} \Delta t \right) \tag{17-6}$$

将式（17-6）代入式（17-4）可得定子齿磁通的计算公式为

$$\Phi(n) = \sum_{m=1}^{n} \frac{u_{sc}(m)}{N_{sc}} \Delta t - \frac{1}{n_T} \sum_{n=1}^{n=n_T} \left(\sum_{m=1}^{n} \frac{u_{sc}(m)}{N_{sc}} \Delta t \right) \tag{17-7}$$

根据实测的探测线圈电压，利用式（17-7）即可得出定子齿磁通。

由于需要拆解发电机，并在定子齿上安装额外的探测线圈，因此该类方法存在工艺复杂的缺点。虽然如此，额外的探测线圈也为诊断方法提供了更多的信息，这使得该类方法可以准确地定位发生偏心故障的位置，这大大提高了诊断的精度。此外，该类方法可以单独提取出故障位置，由于偏心故障对发电机的影响主要集中在故障位置附近，探测线圈中的故障信号远大于其他发电机外部信号，因此该类方法理论上具有更高的灵敏性。

然而，目前采用这种探测线圈的诊断方法简单地根据感应电势的波形、基波等信号的变化诊断发电机故障，诊断内容主要为是否存在故障以及发生故障的位置。由于这些方法没有深入分析故障参数和定子齿磁通之间的定量关系，所以无法准确识别故障程度、范围、方向等参数。总的来说，目前该类方法无法有效识别故障的具体参数，准确性仍有待进一步提升。同时，在实际诊断时，发电机有可能同时存在多种故障（即混合故障）。然而，目前的故障诊断研究大都基于单一的故障模型，没有对混合故障下的情况进行讨论。当发电机同时存在其他类型故障时，不同故障间的相互影响会降低诊断方法的性能，甚至使其完全失效。因此，如何在混合故障时，消除故障间的相互影响，保证每种故障诊断的准确性也是目前需要解决的问题。

17.1.2 探测线圈安装方式

探测线圈的安装方法有两种：一种是发电机每个定子齿上都安装探测

线圈；另一种是根据发电机的特性在特定位置安装探测线圈。通过观测发电机不同位置磁通的变化，能够对发电机运行状态进行监测。

1. 安装在发电机的每个定子齿上

可以将探测线圈安装在发电机的每个定子齿上，并同步测量它们的电压，即可实现对所有定子齿磁通的同步测量，整体分析对比线圈中电压信号的变化作为故障诊断依据。

在故障样机的基础上研制了定子齿磁通测量装置，该装置由探测线圈、数据采集卡、上位机三部分组成。探测线圈是测量装置的核心部分，包含 n 个独立的线圈，分别绕制在样机的 n 个定子齿上，即选取高强度、高导磁性合金线圈，横跨定子铁芯段径向安装，由于定子铁芯采用分段式结构，可通过分段处气隙将铁芯线圈引出，线圈底部靠近定子铁芯小齿。使用绝缘纸隔离定子绕组后，探测线圈绕制在与其相邻的位置，探测线圈对应的 $l_R \approx 9\text{mm}$。探测线圈采用和定子绕组相同的线径为 1mm 的漆包线制成，并绕根数为 2；为了配合数据采集卡的量程，探测线圈的匝数设置为 1。由于探测线圈的体积远小于定子绕组，不会对槽满率造成明显影响，因此在包含完整定子绕组的正常发电机中加装探测线圈也是完全可行的。

在发电机转子的旋转过程中，气隙磁通密度的径向分量会切割检测线圈，根据电磁感应定律，在检测线圈上会产生感应电势 e，有

$$e = B_n lv = B_n l\omega R \qquad (17\text{-}8)$$

式中：B_n 为气隙磁通密度的径向分量；l 为检测线圈底部的长度；v 为径向磁场相对检测线圈的运动速度；R 为检测线圈距离转子中心的长度。

由于 l、ω、R 均为常数，所以检测线圈的感应电压波形与气隙磁通密度的径向分量波形完全相同，通过数据采集装置获取感应电势并进行数据处理，从而实现磁密谐波的提取。

数据采集卡是实时测量探测线圈电压的重要设备，单个线圈电压采集等效电路如图 17-2 所示，其中 L_{sc}、R_{sc} 分别是探测线圈的电感和内阻。

对于样机，需要同时采集 n 个探测线圈上的电压；定子齿磁通主要谐波中，最高的频率约为 2 倍逆变器开关

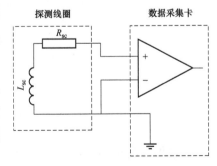

图 17-2　定子齿磁通测量等效电路

频率，为了保证测量结果的准确性，数据采集卡的采样频率至少应为开关频率的 20 倍。样机的控制器开关频率为 10kHz，数据采集卡的采用频率应为 200kS/s 及以上。根据上述需求，选用两块阿尔泰 USB-2881 数据采集卡，其功能框图和实物照片如图 17-3 所示。该采集卡可以实现 12 路模拟电压信号的同步采集。将两张采集卡并联，共用同一个触发信号，可以实现样机 18 个探测线圈感应电势的同步采集。采集卡的最高采样频率为250kS/s，具有 16 位 ADC 分辨率，增益误差为±0.25%FSR，满足采集需求。此外，采集卡的输入阻抗为 10MΩ，齿磁通测量电路近似开路，因此探测线圈不会对发电机磁场产生影响。

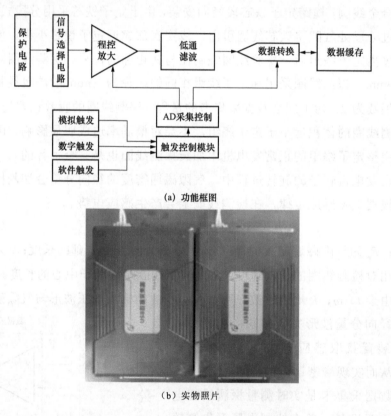

(a) 功能框图

(b) 实物照片

图 17-3   阿尔泰 USB-2881 数据采集卡

采集卡测量的电压信号通过 USB 接口传输至上位机，并利用 MATLAB 转换成磁通信号。完整的定子齿磁通测量装置示意如图 17-4 所示，为了确定测量的定子齿磁通对应的位置，将发电机的每个定子齿依次编号。

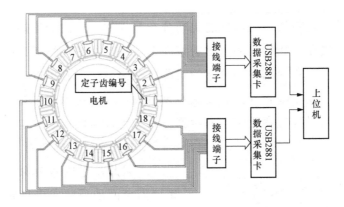

图 17-4　定子齿磁通测量装置示意

通过上述分析，能够看出基于探测线圈的故障诊断方法能够同时实现多故障的诊断和识别，通过监测磁通的变化来实现发电机状态的检测，相比于其他方法具有自身的一定优势。但由于发电机的极槽结构不同，这种利用定子齿磁通来检测发电机内部的磁场分布变化的方法会导致探测线圈的使用数量过多，额外增加发电机本体线圈、引线及采样电路，使得过多的硬件资源被占用，不利于提高系统功率密度和降低成本。因此，可以对探测线圈的安装结构进行设计，使其能够高效准确地完成故障诊断。

2. 对称安装

在保证诊断性能的基础上，严格限制探测线圈的使用数量，降低成本，可利用磁场分布的周期性和对称性采用基于磁场监测的探测线圈结构设计准则：

（1）探测线圈需要均匀分布在发电机定子的圆周上，能够实时观察对比发电机内部磁场分布状况，通过分析磁场的畸变情况可以对发电机的实际状态进行判断，提取出故障时的磁场变化特征。

（2）由于发电机内部的磁场分布具有周期性规律，可以将探测线圈绕在各相绕组的主磁通方向上，不仅可以建立起探测线圈电压信号与发电机定子电流和转子磁链之间的数学关系，通过借助模型解析的方式对发电机的状态进行观测，而且能够有效减少探测线圈的使用数量。

（3）发电机内部的磁场分布具有对称性，而故障的出现会严重破坏这种对称结构，可以通过在空间互差 180° 的位置上安装探测线圈来检测这种对称性变化，实现对故障情况的判别。

由于三相永磁同步发电机的运动状态主要是通过输入的三相电压信号

进行调节的,使得发电机内部的磁场分布呈现周期性的变化规律,需要将探测线圈布置在三相绕组的主磁通方向上,观察其变化特点。而当发生故障情况时,发电机内部磁场分布的对称性会被破坏,则可以在与各相探测线圈空间上互差 180°的位置上加装探测线圈,使其可以通过对比实现对发电机内部磁场对称性变化特点的检测。为了可以全面反映发电机内部的磁场分布情况,需要将探测线圈均匀分布在发电机定子齿的圆周上,如图 17-5

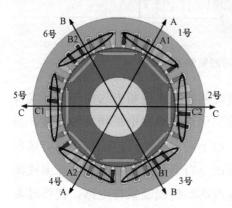

图 17-5 探测线圈对称安装方式

所示。因此,采用六个探测线圈就能够较为全面地反映发电机状态,还可以有效减少探测线圈的使用数量,实现较好的故障诊断性能。

一般将数量为发电机相数 2 倍的探测线圈均匀分布在各相的主磁通位置上,与传统探测线圈安装方法相比能够有效减少探测线圈的使用数量,同时降低成本。通过检测发电机内部磁场变化的周期性和对称性,提取和

分析故障特征量,能够实现对多种偏心故障类型的诊断。因此,可以根据发电机极对数的不同选择相对应的偏心故障诊断方案。

17.1.3 偏心故障诊断方法

1. 第一种方法偏心故障诊断

第一种安装方法,即发电机每个定子齿上都安装探测线圈,既可以判断故障是否发生,对故障发生程度判断也能够起一定作用。

偏心故障对定子齿磁通的影响分析表明,偏心率的大小、方向及偏心类型和定子齿磁通的时空分布有明确的关系,可以由偏心率矢量($\bar{e}$)定量表示,$\bar{e}$ 的大小和方向是偏心故障的关键参数。偏心率矢量的定义为

$$\bar{e} = \frac{\bar{\xi}}{l_{gh}}$$

（17-9）

式中:$\bar{\xi}$ 为定子中心到转子中心的向量;l_{gh} 为正常情况下的气隙长度。

偏心率的大小为 0~1。偏心率为 0 时,表示定转子中心重合,没有偏心;偏心率大于 0 时,表示存在偏心故障。偏心率越大,偏心越严重。偏

心率的方向即为偏心的方向。

静态偏心时偏心率满足下式：

$$\vec{e}_{se} = \frac{\vec{\xi}_{se}}{l_{gh}} \qquad (17\text{-}10)$$

式中：$\vec{\xi}_{se}$ 为静态偏心对应的 $\vec{\xi}$，是一个常数。

动态偏心时偏心率满足下式：

$$\vec{e}_{de} = \frac{|\vec{\xi}_{de}| \angle \Omega t}{l_{gh}} \qquad (17\text{-}11)$$

式中：Ω 为同步机械角速度；$\vec{\xi}_{de}$ 为动态偏心对应的 $\vec{\xi}$，其模是一个常数。

动静混合偏心时偏心率满足下式：

$$\vec{e}_{se} = \frac{\vec{\xi}_{se} + |\vec{\xi}_{de}| \angle \Omega t}{l_{gh}} \qquad (17\text{-}12)$$

无论发生何种类型的偏心，发电机的气隙都可以用图 17-6 表示。

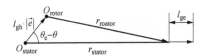

图 17-6　发电机气隙

其中，θ 为气隙对应的空间位置角；r_{stator} 为定子内径；r_{rotor} 为转子外径；θ_e 为 $\vec{e}$ 的方向角；l_{gh} 为正常状况下气隙长度。

根据图 17-6 可知，偏心故障下气隙长度可以表示为

$$l_{ge}(\theta) = r_{stator} - l_{gh}|\vec{e}|\cos(\theta_e - \theta) - \sqrt{r_{rotor}^2 \left[l_{gh}|\vec{e}|\sin(\theta_e - \theta) \right]^2} \qquad (17\text{-}13)$$

式中：θ_e 为气隙对应的空间位置角。

因为一般定子内径和转子外径远大于气隙长度，因此式（17-13）可以近似为

$$l_{ge}(\theta) \approx r_{stator} - l_{gh}|\vec{e}|\cos(\theta_e - \theta) - r_{rotor} = l_{gh}[1 - |\vec{e}|\cos(\theta_e - \theta)] \qquad (17\text{-}14)$$

根据磁路欧姆定律，定子齿磁通满足下式：

$$\Phi_i = \frac{F_i}{R_c + R_g} \qquad (17\text{-}15)$$

式中：F_i 为第 i 号齿对应的等效磁动势；R_c 为第 i 号齿等效磁路对应的定转子铁芯的磁阻；R_g 为第 i 号齿对应气隙磁阻。

R_g 可以通过下式计算得出：

$$R_g = \frac{l_g}{\mu_0 A_g} \tag{17-16}$$

式中：μ_0 为真空磁导率；A_g 为截面积；l_g 为气隙长度。

发电机正常情况下有：

$$R_{gh} = \frac{l_{gh}}{\mu_0 A_g} \tag{17-17}$$

所以静偏心故障下定子齿磁通满足：

$$\Phi_{ie} = \frac{F_i}{R_c + R_{gh}\left\{1 - |\vec{e}_{se}|\cos\left[\theta_{se} - \dfrac{2\pi(i-1)}{Q}\right]\right\}} \tag{17-18}$$

式中：$|\vec{e}_{se}|$、θ_{se} 分别为静态偏心率的大小与方向，与时间无关；Q 为发电机槽（齿）数。

动偏心故障下定子齿磁通满足：

$$\Phi_{ide} = \frac{F_i}{R_c + R_{gh}\left\{1 - |\vec{e}_{de}|\cos\left[\Omega t - \dfrac{2\pi(i-1)}{Q}\right]\right\}} \tag{17-19}$$

式中：$|\vec{e}_{de}|$ 为动态偏心率的大小，也与时间无关。

动静混合偏心故障下定子齿磁通满足：

$$\Phi_{ime} = \frac{F_i}{R_c + R_{gh}\left\{1 - |\vec{e}_{se}|\cos\left[\theta_{se} - \dfrac{2\pi\cdot(i-1)}{Q}\right] - |\vec{e}_{de}|\cos\left[\Omega t - \dfrac{2\pi\cdot(i-1)}{Q}\right]\right\}} \tag{17-20}$$

可以看出，偏心故障时定子齿磁通的倒数和偏心率之间的关系满足：

$$\frac{1}{\Phi_{ie}} = \frac{R_c + R_{gh}\cdot\left[1 - |\vec{e}|\cos\left(\theta_e - \dfrac{2\pi\cdot(i-1)}{Q}\right)\right]}{F_i} \tag{17-21}$$

定义偏心故障特征值 f_{ie} 为

$$f_{ie} = \frac{\dfrac{1}{\Phi_{ie}} - \dfrac{1}{\Phi_{ih}}}{\dfrac{1}{\Phi_{ih}}} = \frac{\Phi_{ih} - \Phi_{ie}}{\Phi_{ie}}$$

$$= -|\vec{e}| cos\left[\theta_e - \frac{2\pi \cdot (i-1)}{Q}\right] \cdot \frac{1}{1 + \dfrac{R_c}{R_{gh}}}$$

$$= -|\vec{e}| cos\left[\theta_e - \frac{2\pi \cdot (i-1)}{Q}\right] \cdot \frac{1}{1 + \dfrac{R_c \mu_0 A_g}{l_{gh}}} \tag{17-22}$$

其中，Φ_{ih} 为正常情况下第 i 个定子齿磁通。一般而言，气隙磁阻 R_{gh} 和 R_c 是一个常数。

磁通 Φ_{ie} 和 Φ_{ih} 都是磁通的瞬时值，由于磁通的波形是近似的正弦波，Φ_{ie} 和 Φ_{ih} 的大小都会随时间变化。在 Φ_{ie} 和 Φ_{ih} 接近 0 时，在实际计算时会带来非常大的误差，当 Φ_{ie} =0 时还会出现分式没有意义的情况。为了避免这一情况，用磁通的基波幅值代替瞬时值：

$$f_{ie} = \frac{\Phi_{ih} - \Phi_i}{\Phi_i} \tag{17-23}$$

式中：Φ_i 为待诊断发电机第 i 号齿磁通基波幅值；Φ_{ih} 为正常情况下第 i 号齿磁通基波幅值。

根据式（17-23）可知，实际诊断时，计算 f_{ie} 需要 Φ_i 和 Φ_{ih} 两个信号。其中，Φ_i 可以通过傅里叶变换用一个周期内的定子齿磁通得到。然而，由于事先无法确定待测发电机是否正常，因此 Φ_{ih} 是未知的。

由于偏心故障对空间上相隔 180° 的两个位置对应磁阻的影响是相反的。此外，根据样机的对称性，相隔 180° 的两个定子齿对应 Φ_{ih} 基本相同。因此，相同定子电流下的 Φ_{ih} 可以按照下式估计：

$$\Phi_{ih} \approx \frac{1}{2} \cdot \frac{1}{\dfrac{1}{\Phi_i} + \dfrac{1}{\Phi_{i + \frac{Q}{2}}}} = \frac{2\Phi_i \Phi_{i + \frac{Q}{2}}}{\Phi_i + \Phi_{i + \frac{Q}{2}}} \tag{17-24}$$

其中，$\Phi_{i+Q/2}$ 为第 $i+Q/2$ 号齿上的磁通基波幅值，有

$$f_{ie} = \frac{\Phi_{i + \frac{Q}{2}} - \Phi_i}{\Phi_{i + \frac{Q}{2}} + \Phi_i} \tag{17-25}$$

式（17-25）中，所有参数都可以利用探测线圈实时测量得到。实际诊断时，根据偏心故障诊断研究，即可得出用于诊断偏心故障的故障特征值 f_{ie}。

因此，发电机发生偏心故障时，f_{ie} 在空间上呈正弦分布，并且该空间

正弦波的幅值和偏心率的大小成正比。虽然发生其他非偏心故障时偏心率也为 0，但其他类型的故障通常都集中在发电机内部某一区域，不会像偏心故障一样令 f_{ie} 在整个发电机圆周上呈正弦分布，因此根据 f_{ie} 的空间分布形状，可以排除其他类型故障的干扰。

综上所述，发电机是否存在偏心故障的判定原则如下：如果 f_{ie} 在空间上呈正弦分布且幅值足够大，那么发电机存在偏心故障。上述原则直接根据 f_{ie} 空间分布的形状诊断故障，这样的诊断原则虽然简单、直观，但比较主观。为了量化 f_{ie} 的空间分布，采用离散傅里叶变换计算 f_{ie} 的空间谐波：

$$F_{iek} = \sum_{n=1}^{Q} f_{ie}(n) e^{-j\frac{2\pi}{Q}kn} \tag{17-26}$$

式中：F_{iek} 为 f_{ie} 的第 k 次谐波。

根据偏心故障存在性诊断原则，如果 F_{iek} 同时满足下述条件，就可以判断电机存在偏心故障：

$$\begin{cases} |F_{ie1}| > TH_1 \\ \gamma = \dfrac{\sum\limits_{n=2}^{Q} F_{iek}^2}{\sum\limits_{n=1}^{Q} F_{iek}^2} < TH_2 \end{cases} \tag{17-27}$$

式中：γ 为除基波外 f_{ie} 中其他谐波能量的占比；TH_1 和 TH_2 分别为用于判定偏心故障的两个阈值，TH_1 为最小程度的偏心故障对 f_{ie} 基波的影响，TH_2 为偏心故障可能引起的 γ 最大值。

诊断出偏心故障后，可以进一步诊断偏心故障的类型。

静态偏心时 f_{ie} 满足：

$$f_{ie}(i) = -|\vec{e}_{se}| \cos\left[\theta_{se} - \frac{2\pi(i-1)}{Q}\right] \frac{1}{1 + \dfrac{R_c \mu_0 A_g}{l_{gh}}} \tag{17-28}$$

动态偏心时 f_{ie} 满足：

$$f_{ie}(i,t) = -|\vec{e}_{de}(t)| \cos\left[\Omega t - \frac{2\pi(i-1)}{Q}\right] \frac{1}{1 + \dfrac{R_c \mu_0 A_g}{l_{gh}}} \tag{17-29}$$

动静混合偏心时 f_{ie} 满足：

$$f_{ie}(i,t) = \left\{ -|\vec{e}_{de}(t)|\cos\left[\Omega t - \frac{2\pi \cdot (i-1)}{Q}\right] \right. $$
$$\left. -|\vec{e}_{se}|\cos\left[\theta_{se} - \frac{2\pi \cdot (i-1)}{Q}\right] \right\} \cdot \frac{1}{1 + \frac{R_c \mu_0 A_g}{l_{gh}}} \qquad （17\text{-}30）$$

显然，不同类型偏心类型对应 f_{ie} 的空间分布随时间的变化情况不同：静态偏心时，f_{ie} 在空间上呈正弦分布，并且不随时间变化，f_{ie} 分布的幅值和偏心率的大小成正比；动态偏心时，f_{ie} 在空间上呈正弦分布，并且以同步速度旋转，f_{ie} 分布的幅值和偏心率的大小成正比；混合偏心是静态偏心和动态偏心的叠加，f_{ie} 分布也是一个静止的正弦波和旋转的正弦波的叠加，其幅值和相位都随时间变化。

由于偏心时 f_{ie} 在空间上都呈正弦分布，所以可以用 f_{ie} 空间波形的基波相量（F_{Ie1}）表示其空间分布。因此偏心故障类型的判定方法可以总结如下：如果 F_{Ie1} 近似为一个常数，那么故障是静态偏心；如果 F_{Ie1} 的幅值近似为一个常数，相位随时间以机械同步速度减小，那么故障是动态偏心；如果 F_{Ie1} 的幅值随时间变化，那么故障是混合偏心。

偏心率的大小表示转子几何中心偏离定子几何中心的程度，可以用来表征故障严重程度；偏心率的方向表示转子几何中心偏离的方向，即偏心方向。由于正常情况下发电机气隙长度是一个已知常数，诊断出偏心程度和方向，即可轻易地推算出转子偏心的实际距离和方向。

对于动态偏心和混合偏心的动态部分，由于转子偏移方向是随转子旋转的，识别这一方向的意义不大，因此只诊断静态偏心及混合偏心的静态部分的方向。

偏心率 $\vec{e}$ 和 f_{ie} 之间的关系满足：

$$|\vec{e}_{se}|\cos\left[\theta_{se} - \frac{2\pi \cdot (i-1)}{Q}\right] = -\left[1 + \frac{R_c \mu_0 A_g}{l_{gh}}\right] f_{ie}(i) \qquad （17\text{-}31）$$

式（17-31）是一个随定子齿位置（i）变化的空间函数。取空间上的基波式变换为

$$|\vec{e}_{se}|\angle -\theta_e = -\left(1 + \frac{R_c \mu_0 A_g}{l_{gh}}\right) F_{ie1} \qquad （17\text{-}32）$$

求解得

$$
\begin{cases}
|\vec{e}_{se}| = \left(1 + \dfrac{R_c \mu_0 A_g}{l_{gh}}\right)|F_{ie1}| \\
\theta_e = \pi - \angle F_{ie1}
\end{cases}
\tag{17-33}
$$

其中，R_c、μ_0、A_g、l_{gh} 都可以通过测量或有限元仿真和实验获得。

实际诊断时，利用 $\vec{e}$ 的幅值和方向诊断偏心故障的程度和方向。由于发电机运行难免有一些波动，会带来误差。为了减小这些误差，取一个机械周期内的平均值用于诊断。综上所述，可得偏心故障程度、方向的算法为

$$
F_{Se} = \frac{1 + \dfrac{R_c \mu_0 A_g}{l_{gh}}}{T_\Omega} \int_{t=t_1}^{t_1 + T_\Omega} |F_{ie1}(t)| \mathrm{d}t
\tag{17-34}
$$

$$
F_{Oe} = \pi - \frac{1}{T_\Omega} \int_{t=t_1}^{t_1 + T_\Omega} \angle F_{ie1}(t) \mathrm{d}t
$$

式中：F_{Se} 为偏心故障程度诊断结果；F_{Oe} 为偏心故障方向诊断结果；T_Ω 为机械周期。

如果发电机发生静态偏心，那么故障程度和故障方向都是常数，分别按照式（17-33）和式（17-34）诊断。如果发电机发生动态偏心，那么故障程度是常数，按照式（17-34）诊断，故障方向不做诊断。如果发电机发生混合偏心，其故障程度和方向都随时间变化，不便于直接诊断。混合偏心可以看作一个静态偏心和一个动态偏心的叠加。根据静态、动态偏心的特点，可以按照式（17-35）将混合偏心分解为一个静态和一个动态部分：

$$
\begin{cases}
F_{ie1se}(t) = \dfrac{1}{T_\Omega} \int_{t=t_1}^{t_1 + T_\Omega} F_{ie1}(t) \mathrm{d}t \\
F_{ie1de}(t) = F_{i1}(t) - F_{ie1se}(t)
\end{cases}
\tag{17-35}
$$

其中，F_{ie1se} 为 F_{ie1} 的静态部分，F_{ie1de} 为 F_{ie1} 的动态部分。分解后，将 F_{ie1se}、F_{ie1de} 分别按照静态、动态偏心诊断。

2. 第二种方法偏心故障诊断

第二种安装方法，将数量为发电机相数 2 倍的探测线圈均匀分布在各相的主磁通位置上。

静态偏心故障虽然会导致发电机的气隙长度不再对称，但是其不会随

着时间而发生改变，可以通过观测磁通的不对称性来实现对静态偏心故障的监测。发电机内部气隙长度减小的一侧，其探测线圈检测到磁通含量会升高；气隙长度增加的一侧，其探测线圈检测到磁通含量会降低，可以通过比较探测线圈电压信号的相对大小实现对静态偏心的故障诊断。由于偏心故障会破坏发电机本身的对称性，三相电压和电流也不再对称，导致磁通分布畸变，也可以通过判断三相绕组是否对称，即将三相探测线圈电压信号加和，来判断是否存在故障。当发电机处于健康状态时，加和后的基波信号幅值应接近于零；当发生静态偏心故障时，其加和后的基波信号幅值会明显提高。此外，为了抑制三次谐波对诊断的影响，可根据发电机结构的不同进行调整。

当发电机极对数为奇数时，将探测线圈的电压信号全部加和进行处理，提取基波幅值作为故障诊断的依据。

$$\varepsilon_{SE1} = u_{sc1\_f_1} + u_{sc2\_f_1} + u_{sc3\_f_1} + u_{sc4\_f_1} + u_{sc5\_f_1} + u_{sc6\_f_1} \tag{17-36}$$

当发电机极对数为偶数时，将编号为奇数和偶数的探测线圈电压信号分别加和后，再通过做差进行处理，提取基波幅值作为故障诊断的依据，有

$$\varepsilon_{SE2} = (u_{sc1\_f_1} + u_{sc3\_f_1} + u_{sc5\_f_1}) - (u_{sc2\_f_1} + u_{sc4\_f_1} + u_{sc6\_f_1}) \tag{17-37}$$

对于一台发电机，分别对其在正常和静态偏心状态下进行测试，将编号为奇数和偶数的探测线圈电压信号进行加和，再做差进行处理，可以得到以下结论：在发电机健康状态下，探测线圈的基波电压信号通过处理可以相互抵消，使其幅值接近于零；在静态偏心状态下，导致三相绕组不对称，使得探测线圈的基波电压信号通过处理后不能够完全抵消，可以作为故障诊断的依据。

但是该故障特征量并不是静态偏心故障所特有的，匝间短路故障也会出现类似的现象。为了能够将静态偏心故障区分出来，需要再增加一个故障特征量，可以通过观察磁通的偏移程度，作为故障诊断依据。将磁通的偏移程度量化为一个静态偏心故障参数，其表达式为

$$\varepsilon_{SE3} = \frac{\max\{u_{sc1}, u_{sc2}, u_{sc3}, u_{sc4}, u_{sc5}, u_{sc6}\} - \min\{u_{sc1}, u_{sc2}, u_{sc3}, u_{sc4}, u_{sc5}, u_{sc6}\}}{\min\{u_{sc1}, u_{sc2}, u_{sc3}, u_{sc4}, u_{sc5}, u_{sc6}\}} \tag{17-38}$$

在不同工况下对设计的静态偏心故障诊断方法进行测试，发现该故障特征值受转速和负载变化的影响很小，这是由于该方法是通过比较各个位

置探测线圈电压信号的相对值来实现的。通过比例运算，可以抑制转速变化对特征值的影响，使得在不同工况下的故障特征值基本相同。这种方法能够有效地反映静态偏心的故障程度，为系统的稳定性提供了可靠的诊断手段。

在正常状态下，发电机内部的气隙会沿圆周对称分布。而发生径向动偏心故障时，会使气隙分布不均匀，使得动态偏心状态下，不同探测线圈位置的磁导会变为

$$\lambda_{sci} = \lambda_0 + \lambda_1 \cos\left[\theta_m + \varphi_m - \frac{\pi}{3}(i-1)\right] \tag{17-39}$$

同样，不同探测线圈位置的磁动势为

$$F_{sci} = F_1 \cos\left[\theta_e + \varphi_e - \frac{\pi}{3}n_p(i-1)\right] \tag{17-40}$$

则各探测线圈位置的磁通为

$$\begin{aligned}
\Phi_{sci} = F_{sci}\lambda_{sci} &= \lambda_0 F_1 \cos\left[\theta_e + \varphi_e - \frac{\pi}{3}n_p(i-1)\right] \\
&+ \frac{1}{2}\lambda_1 F_1 \cos\left[\frac{n_p+1}{n_p}\theta_e + \varphi_e + \varphi_m - \frac{\pi}{3}(n_p+1)(i-1)\right] \\
&+ \frac{1}{2}\lambda_1 F_1 \cos\left[\frac{n_p-1}{n_p}\theta_e + \varphi_e - \varphi_m - \frac{\pi}{3}(n_p-1)(i-1)\right]
\end{aligned} \tag{17-41}$$

为了能够更好地提取偏心故障的特征信号，即 $(n_p+1)/n_p$ 和 $(n_p-1)/n_p$ 倍的基波频率，则需要依据探测线圈的埋放结构对故障诊断方案进行设计，以突出故障特征频率。发电机极对数的改变会使各探测线圈的关系发生改变，共分为以下六种情况。

（1）发电机极对数满足

$$n_p = 6n+3, n \in N \tag{17-42}$$

在同步发电机偏心故障状态下，探测线圈 1、3、5 号，2、4、6 号获取的 $(n_p+1)/n_p$ 倍的基波频率电压信号幅值基本相同，相位彼此之间相差 120°，并且为负序分量，可以利用坐标变换将其变为直流量进行提取；探测线圈 1 号与 4 号、2 号与 5 号、3 号与 6 号获取的 $(n_p+1)/n_p$ 倍的基波频率电压信号幅值和相位基本相同，可以通过做和将故障信息加强，作为故障诊断的第一种方案；探测线圈 1 号与 4 号、2 号与 5 号、3 号与 6

号获取的基波电压信号幅值基本相同，但相位相差 180°，则会使基波含量相互抵消。

$$
\begin{cases}
\Phi_{sc1} + \Phi_{sc4} = \lambda_1 F_1 \cos\left(\dfrac{n_p+1}{n_p}\theta_e + \varphi_e + \varphi_m\right) \\
\qquad\qquad + \lambda_1 F_1 \cos\left(\dfrac{n_p-1}{n_p}\theta_e + \varphi_e - \varphi_m\right) \\
\Phi_{sc3} + \Phi_{sc6} = \lambda_1 F_1 \cos\left(\dfrac{n_p+1}{n_p}\theta_e + \varphi_e + \varphi_m + \dfrac{2\pi}{3}\right) \\
\qquad\qquad + \lambda_1 F_1 \cos\left(\dfrac{n_p-1}{n_p}\theta_e + \varphi_e - \varphi_m\right) \\
\Phi_{sc5} + \Phi_{sc2} = \lambda_1 F_1 \cos\left(\dfrac{n_p+1}{n_p}\theta_e + \varphi_e + \varphi_m + \dfrac{4\pi}{3}\right) \\
\qquad\qquad + \lambda_1 F_1 \cos\left(\dfrac{n_p-1}{n_p}\theta_e + \varphi_e - \varphi_m\right)
\end{cases}
\tag{17-43}
$$

在第一种方案的基础上，能够看出 $(n_p+1)/n_p$ 倍的基波频率电压信号幅值和相位基本相同，可以将全部探测线圈内的电压信号加和得到第二种方案。

$$
\Phi_{sc1} + \Phi_{sc2} + \Phi_{sc3} + \Phi_{sc4} + \Phi_{sc5} + \Phi_{sc6} = 3\lambda_1 F_1 \cos\left(\dfrac{n_p-1}{n_p}\theta_e + \varphi_e - \varphi_m\right)
\tag{17-44}
$$

（2）发电机极对数满足

$$
n_p = 6n + 2, n \in N
\tag{17-45}
$$

在同步发电机偏心故障状态下，探测线圈 1、3、5 号，2、4、6 号获取的 $(n_p-1)/n_p$ 倍的基波频率电压信号幅值基本相同，相位彼此之间相差 120°，并且为正序分量，可以利用坐标变换将其变为直流量进行提取；探测线圈 1 号与 4 号、2 号与 5 号、3 号与 6 号获取的 $(n_p-1)/n_p$ 倍的基波频率电压信号幅值基本相同，但相位相差 180°，可以通过做差将故障信息加强，作为故障诊断的第一种方案；探测线圈 1 号与 4 号、2 号与 5 号、3 号与 6 号获取的基波电压信号幅值和相位基本相同，则会使基波含量相互抵消。

$$
\begin{cases}
\Phi_{\mathrm{sc1}} - \Phi_{\mathrm{sc4}} = \lambda_1 F_1 \cos\left(\dfrac{n_{\mathrm{p}}+1}{n_{\mathrm{p}}}\theta_{\mathrm{e}} + \varphi_{\mathrm{e}} + \varphi_{\mathrm{m}}\right) \\
\qquad\qquad + \lambda_1 F_1 \cos\left(\dfrac{n_{\mathrm{p}}-1}{n_{\mathrm{p}}}\theta_{\mathrm{e}} + \varphi_{\mathrm{e}} - \varphi_{\mathrm{m}}\right) \\
\Phi_{\mathrm{sc3}} - \Phi_{\mathrm{sc6}} = \lambda_1 F_1 \cos\left(\dfrac{n_{\mathrm{p}}+1}{n_{\mathrm{p}}}\theta_{\mathrm{e}} + \varphi_{\mathrm{e}} + \varphi_{\mathrm{m}}\right) \\
\qquad\qquad + \lambda_1 F_1 \cos\left(\dfrac{n_{\mathrm{p}}-1}{n_{\mathrm{p}}}\theta_{\mathrm{e}} + \varphi_{\mathrm{e}} - \varphi_{\mathrm{m}} + \dfrac{4\pi}{3}\right) \\
\Phi_{\mathrm{sc5}} - \Phi_{\mathrm{sc2}} = \lambda_1 F_1 \cos\left(\dfrac{n_{\mathrm{p}}+1}{n_{\mathrm{p}}}\theta_{\mathrm{e}} + \varphi_{\mathrm{e}} + \varphi_{\mathrm{m}}\right) \\
\qquad\qquad + \lambda_1 F_1 \cos\left(\dfrac{n_{\mathrm{p}}-1}{n_{\mathrm{p}}}\theta_{\mathrm{e}} + \varphi_{\mathrm{e}} - \varphi_{\mathrm{m}} + \dfrac{2\pi}{3}\right)
\end{cases}
\tag{17-46}
$$

在第一种方案的基础上，能够看出（$n_{\mathrm{p}}+1$）/n_{p} 倍的基波频率电压信号幅值和相位基本相同，可以将得到的探测线圈电压信号差值进行加和，则会得到第二种方案。

$$
(\Phi_{\mathrm{sc1}} + \Phi_{\mathrm{sc3}} + \Phi_{\mathrm{sc5}}) - (\Phi_{\mathrm{sc2}} + \Phi_{\mathrm{sc4}} + \Phi_{\mathrm{sc6}}) = 3\lambda_1 F_1 \cos\left(\dfrac{n_{\mathrm{p}}-1}{n_{\mathrm{p}}}\theta_{\mathrm{e}} + \varphi_{\mathrm{e}} + \varphi_{\mathrm{m}}\right)
\tag{17-47}
$$

（3）发电机极对数满足

$$
n_{\mathrm{p}} = 6n + 3, n \in N
\tag{17-48}
$$

在同步发电机偏心故障状态下，探测线圈 1、3、5 号，2、4、6 号获取的（$n_{\mathrm{p}}-1$）/n_{p} 倍的基波频率电压信号幅值基本相同，相位彼此之间相差 120°，并且为正序分量，可以利用坐标变换将其变为直流量进行提取。同时，探测线圈 1、3、5 号，2、4、6 号获取的（$n_{\mathrm{p}}-1$）/n_{p} 倍的基波频率电压信号幅值基本相同，相位彼此之间相差 120°，并且为负序分量，也可以利用坐标变换将其变为直流量进行提取。而探测线圈 1、3、5 号，2、4、6 号获取的基波电压信号幅值和相位基本相同，但两组相位相差 180°，可以通过做和将基波含量相互抵消，作为故障诊断的方案。

$$
\begin{cases}
\Phi_{\mathrm{sc1}} + \Phi_{\mathrm{sc4}} = \lambda_1 F_1 \cos\left(\dfrac{n_{\mathrm{p}}+1}{n_{\mathrm{p}}}\theta_{\mathrm{e}} + \varphi_{\mathrm{e}} + \varphi_{\mathrm{m}}\right)
\end{cases}
$$

$$
\begin{cases}
\qquad + \lambda_1 F_1 \cos\left(\dfrac{n_{\mathrm{p}}-1}{n_{\mathrm{p}}}\theta_{\mathrm{e}} + \varphi_{\mathrm{e}} - \varphi_{\mathrm{m}}\right) \\[2ex]
\Phi_{\mathrm{sc3}} + \Phi_{\mathrm{sc6}} = \lambda_1 F_1 \cos\left(\dfrac{n_{\mathrm{p}}+1}{n_{\mathrm{p}}}\theta_{\mathrm{e}} + \varphi_{\mathrm{e}} + \varphi_{\mathrm{m}} + \dfrac{4\pi}{3}\right) \\[2ex]
\qquad + \lambda_1 F_1 \cos\left(\dfrac{n_{\mathrm{p}}-1}{n_{\mathrm{p}}}\theta_{\mathrm{e}} + \varphi_{\mathrm{e}} - \varphi_{\mathrm{m}} + \dfrac{2\pi}{3}\right) \\[2ex]
\Phi_{\mathrm{sc5}} + \Phi_{\mathrm{sc2}} = \lambda_1 F_1 \cos\left(\dfrac{n_{\mathrm{p}}+1}{n_{\mathrm{p}}}\theta_{\mathrm{e}} + \varphi_{\mathrm{e}} + \varphi_{\mathrm{m}} + \dfrac{2\pi}{3}\right) \\[2ex]
\qquad + \lambda_1 F_1 \cos\left(\dfrac{n_{\mathrm{p}}-1}{n_{\mathrm{p}}}\theta_{\mathrm{e}} + \varphi_{\mathrm{e}} - \varphi_{\mathrm{m}} + \dfrac{4\pi}{3}\right)
\end{cases}
\tag{17-49}
$$

（4）发电机极对数满足

$$
n_{\mathrm{p}} = 6n + 4, n \in N
\tag{17-50}
$$

在同步发电机偏心故障状态下，探测线圈 1、3、5 号，2、4、6 号获取的（n_{p}+1）/n_{p} 倍的基波频率电压信号幅值基本相同，相位彼此之间相差 120°，并且为负序分量，可以利用坐标变换将其变为直流量进行提取；探测线圈 1 号与 4 号、2 号与 5 号、3 号与 6 号获取的（n_{p}+1）/n_{p} 倍的基波频率电压信号幅值基本相同，但相位相差 180°，可以通过做差将故障信息加强，作为故障诊断的第一种方案；探测线圈 1 号与 4 号、2 号与 5 号、3 号与 6 号获取的基波电压信号幅值和相位基本相同，则会使基波含量相互抵消。

$$
\begin{cases}
\Phi_{\mathrm{sc1}} - \Phi_{\mathrm{sc4}} = \lambda_1 F_1 \cos\left(\dfrac{n_{\mathrm{p}}+1}{n_{\mathrm{p}}}\theta_{\mathrm{e}} + \varphi_{\mathrm{e}} + \varphi_{\mathrm{m}}\right) \\[2ex]
\qquad + \lambda_1 F_1 \cos\left(\dfrac{n_{\mathrm{p}}-1}{n_{\mathrm{p}}}\theta_{\mathrm{e}} + \varphi_{\mathrm{e}} - \varphi_{\mathrm{m}}\right) \\[2ex]
\Phi_{\mathrm{sc3}} - \Phi_{\mathrm{sc6}} = \lambda_1 F_1 \cos\left(\dfrac{n_{\mathrm{p}}+1}{n_{\mathrm{p}}}\theta_{\mathrm{e}} + \varphi_{\mathrm{e}} + \varphi_{\mathrm{m}} + \dfrac{2\pi}{3}\right) \\[2ex]
\qquad + \lambda_1 F_1 \cos\left(\dfrac{n_{\mathrm{p}}-1}{n_{\mathrm{p}}}\theta_{\mathrm{e}} + \varphi_{\mathrm{e}} - \varphi_{\mathrm{m}}\right) \\[2ex]
\Phi_{\mathrm{sc5}} - \Phi_{\mathrm{sc2}} = \lambda_1 F_1 \cos\left(\dfrac{n_{\mathrm{p}}+1}{n_{\mathrm{p}}}\theta_{\mathrm{e}} + \varphi_{\mathrm{e}} + \varphi_{\mathrm{m}} + \dfrac{4\pi}{3}\right)
\end{cases}
$$

$$\left\{ \quad + \lambda_1 F_1 \cos\left(\frac{n_p-1}{n_p}\theta_e + \varphi_e - \varphi_m\right)\right. \tag{17-51}$$

在第一种方案的基础上，能够看出（n_p-1）/n_p倍的基波频率电压信号幅值和相位基本相同，可以将得到的探测线圈内的电压信号加和得到第二种方案。

$$(\Phi_{sc1} + \Phi_{sc3} + \Phi_{sc5}) - (\Phi_{sc2} + \Phi_{sc4} + \Phi_{sc6}) = 3\lambda_1 F_1 \cos\left(\frac{n_p-1}{n_p}\theta_e + \varphi_e - \varphi_m\right) \tag{17-52}$$

（5）发电机极对数满足

$$n_p = 6n+5, n \in N \tag{17-53}$$

在同步发电机偏心故障状态下，探测线圈 1、3、5 号，2、4、6 号获取的（n_p-1）/n_p倍的基波频率电压信号幅值基本相同，相位彼此之间相差 120°，并且为正序分量，可以利用坐标变换将其变为直流量进行提取；探测线圈 1 号与 4 号、2 号与 5 号、3 号与 6 号获取的（n_p-1）/n_p倍的基波频率电压信号幅值和相位基本相同，可以通过做和将故障信息加强，作为故障诊断的第一种方案；探测线圈 1 号与 4 号、2 号与 5 号、3 号与 6 号获取的基波电压信号幅值基本相同，但相位相差 180°，则会使基波含量相互抵消。

$$\begin{cases} \Phi_{sc1} + \Phi_{sc4} = \lambda_1 F_1 \cos\left(\frac{n_p+1}{n_p}\theta_e + \varphi_e + \varphi_m\right) \\ \qquad\qquad + \lambda_1 F_1 \cos\left(\frac{n_p-1}{n_p}\theta_e + \varphi_e - \varphi_m\right) \\ \Phi_{sc3} + \Phi_{sc6} = \lambda_1 F_1 \cos\left(\frac{n_p+1}{n_p}\theta_e + \varphi_e + \varphi_m\right) \\ \qquad\qquad + \lambda_1 F_1 \cos\left(\frac{n_p-1}{n_p}\theta_e + \varphi_e - \varphi_m + \frac{4\pi}{3}\right) \\ \Phi_{sc5} - \Phi_{sc2} = \lambda_1 F_1 \cos\left(\frac{n_p+1}{n_p}\theta_e + \varphi_e + \varphi_m\right) \\ \qquad\qquad + \lambda_1 F_1 \cos\left(\frac{n_p-1}{n_p}\theta_e + \varphi_e - \varphi_m + \frac{2\pi}{3}\right) \end{cases} \tag{17-54}$$

在第一种方案的基础上，能够看出（n_p+1）/n_p倍的基波频率电压信号幅值和相位基本相同，可以将全部探测线圈内的电压信号加和得到第二种方案。

$$\Phi_{sc1}+\Phi_{sc2}+\Phi_{sc3}+\Phi_{sc4}+\Phi_{sc5}+\Phi_{sc6}=3\lambda_1F_1\cos\left(\frac{n_p+1}{n_p}\theta_e+\varphi_e-\varphi_m\right) \quad (17\text{-}55)$$

（6）发电机极对数满足

$$n_p=6n+5,n\in N \quad (17\text{-}56)$$

在同步发电机偏心故障状态下，探测线圈 1、3、5 号，2、4、6 号获取的（n_p+1）/ n_p 倍的基波频率电压信号幅值基本相同，相位彼此之间相差 120°，并且为正序分量，可以利用坐标变换将其变为直流量进行提取。同时，探测线圈 1、3、5 号，2、4、6 号获取的（n_p-1）/ n_p 倍的基波频率电压信号幅值基本相同，相位彼此之间相差 120°，并且为负序分量，也可以利用坐标变换将其变为直流量进行提取。而探测线圈 1、3、5 号，2、4、6 号获取的基波电压信号幅值和相位基本相同，并且两组的相位相同，可以通过做差将基波含量相互抵消，作为故障诊断的方案。

$$\begin{cases}
\Phi_{sc1}-\Phi_{sc4}=\lambda_1F_1\cos\left(\dfrac{n_p+1}{n_p}\theta_e+\varphi_e+\varphi_m\right) \\
\qquad\qquad +\lambda_1F_1\cos\left(\dfrac{n_p-1}{n_p}\theta_e+\varphi_e-\varphi_m\right) \\
\Phi_{sc3}+\Phi_{sc6}=\lambda_1F_1\cos\left(\dfrac{n_p+1}{n_p}\theta_e+\varphi_e+\varphi_m+\dfrac{4\pi}{3}\right) \\
\qquad\qquad +\lambda_1F_1\cos\left(\dfrac{n_p-1}{n_p}\theta_e+\varphi_e-\varphi_m+\dfrac{2\pi}{3}\right) \\
\Phi_{sc5}-\Phi_{sc2}=\lambda_1F_1\cos\left(\dfrac{n_p+1}{n_p}\theta_e+\varphi_e+\varphi_m+\dfrac{2\pi}{3}\right) \\
\qquad\qquad +\lambda_1F_1\cos\left(\dfrac{n_p-1}{n_p}\theta_e+\varphi_e-\varphi_m+\dfrac{4\pi}{3}\right)
\end{cases} \quad (17\text{-}57)$$

针对一台带有动态偏心故障的发电机，将空间上互差 180° 的探测线圈电压信号进行做差处理，发现发电机在健康状态下处理得到的故障特征信号应为零；而当发生动态偏心故障时，同相位的故障特征频率可以通过信号叠加进行处理。而相位互差 120° 的故障特征频率可以通过坐标变换将其处理为直流量进行故障分析。基波的（n_p+1）/ n_p 次谐波电压差值信号幅值基本相同，相位彼此之间相差 120°，并且为负序分量，可以通过坐标变换进行提取，叠加后会相互抵消；基波的（n_p-1）/ n_p 次谐波电压差值信号幅值和相位基本相同，可以通过将各相探测线圈电压信号的差值进行叠加使得故障信息得到进一步加强，发现动态偏心的故障特征量与转速呈正比例变化，随着转速的不断提高，故障特征量也在不断增加；在不同的负载情况下，动态偏心的故障特征量也会有一定的变化，其会随着负载的增加而小幅提升，这是由于动态偏心故障会改变发电机的气隙长度，使得由定子电流和转子电流产生的磁通发生畸变导致的。

17.2   基于外置探测线圈法的偏心检测方法

到目前为止，研究人员已经开发出多种检测偏心故障的方法。这些方法一般可分为三类，即基于嵌入式传感器的方法、基于非传感器的方法和基于外部传感器的方法。利用内置探测线圈法监测偏心故障的方法即为基于嵌入式传感器的方法。

基于嵌入式传感器的方法灵敏度最高，但该方法需要在发电机内部安装额外的组件，搜索线圈是偏心故障测量和检测中使用最多的元件。在实际应用中，操作人员很少使用内置探测线圈法来对偏心故障进行诊断，因为这种方法需要对发电机进行停机并将端盖打开，然后在发电机内部安装搜索线圈，这将带来巨大的经济损失。同时，安装在发电机内部的探测线圈也易造成安全隐患，对发电机组安全稳定运行带来影响。

为解决内置探测线圈法的弊端，本节将介绍一种基于外部探测线圈的偏心检测方法。该方法是利用端区磁场变化进行检测，并对故障类型与故障程度进行识别和诊断，基于发电机两端外部对称分布的搜索线圈，能够获得详细的偏心位置。由于该方法不需要在发电机内部安装搜索线圈，因此更便于气隙偏心在线状态监测的操作与成本控制。

17.2.1   探测线圈安装方式

本节以在发电机端部放置 8 个探测线圈进行探测为例讲解外置探测线圈的安装方式。在发电机一端外部沿周向对称固定 4 个探测线圈，另一端同样布置 4 个探测线圈，这 8 个线圈设置有相同的结构和匝数，如图 17-7 所示。

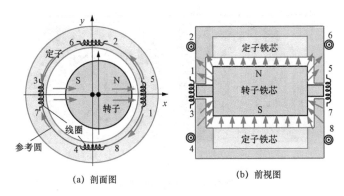

(a) 剖面图　　　　　　　(b) 前视图

图 17-7　外部搜索线圈布置方案

将设置的 8 个探测线圈分为两组，分别对两端的偏心故障进行检测，则可以得到转子的总体三维偏心。为了使探测线圈严格对称分布，可以在布置时采用一个与定子铁芯同心的参考圆。

在径向气隙长度为 1.2mm 的 CS-5 型发电机上进行实验。发电机可设置径向静偏心和轴向静偏心。转子在基础上保持稳定，定子可沿水平径向（x 方向）和轴向（z 方向）移动。运动性能可通过 8 颗螺钉（设置径向偏心 4 颗，设置轴向静偏心 4 颗，正面 2 颗，背面 2 颗，左侧 2 颗，右侧 2 颗），由 4 个转盘指示器（2 个为径向静偏心指示器，2 个为轴向静偏心指示器）控制，如图 17-8 和图 17-9 所示。

图 17-8　发电机组平台

以定子机匣外表面作为参考圆。将 8 个外置探测线圈对称固定在发电机的两端，如图 17-9 所示。实验分为正常工况、径向静偏心 0.1mm、径向静偏心 0.2mm 和径向静偏心 0.3mm 四组。

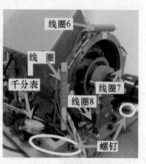

(a) 一侧探测线圈 　　　　　　(b) 另一侧探测线圈

图 17-9　探测线圈安装

17.2.2　偏心故障诊断方法

由于探测线圈被固定在发电机外的端区，所以电磁场是由漏磁场感应产生的。泄漏磁通幅值虽然较小，但其空间分布规律与发电机内部气隙内的分布规律相同。因此，较小气隙侧的线圈将感应到较大的电动势，而较大气隙侧的线圈将具有较小的电动势幅度。为方便起见，仅以一端为例说明如何检测偏心故障的详细位置。对另一端的分析是完全相同的，不再赘述。

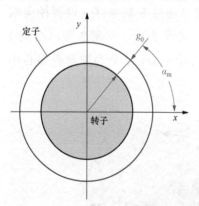

图 17-10　正常情况下发电机气隙

正常情况下，发电机定转子间气隙应该是对称分布的，如图 17-10 所示，因此四个搜索线圈的电动势应该相等。然而，随着静偏心故障的发生，这 4 个线圈的电动势将会变化。综上所述，有 4 种可能的偏心方向情况，如图 17-11 所示。由于探测线圈沿参考圆对称分布，我们主要讨论线圈 1 和线圈 2 之间的偏心方向，而其他三组相邻线圈之间的方向可以类似地理解。

情况 1：偏心率方向正好穿过搜索线圈的中心，例如穿过线圈 1，如图 17-11（a）所示。

情况 2：偏心率方向正好穿过两个相邻线圈的中间，例如正好穿过线圈 1 和线圈 2 的中间，如图 17-11（b）所示，在这种情况下 $\alpha_1 = \alpha_2 = 45°$。

情况 3：偏心方向穿过任意方向，如图 17-11（b）所示，此时 $\alpha_1 > \alpha_2$。

情况 4：偏心方向穿过任意方向，如图 17-11（b）所示，此时 $\alpha_1 < \alpha_2$。

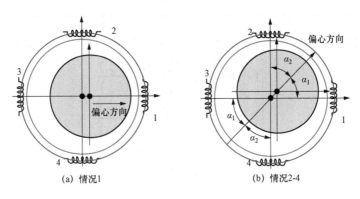

(a) 情况1　　　　　　　　(b) 情况2-4

图 17-11　可能的偏心方向

由于感应电动势通常与磁通密度成比例，因此搜索线圈越接近最小气隙点，感应电动势越大。故可以利用搜索线圈之间的电动势比较来评估偏心故障的详细位置。判据可以写成：

$$\begin{cases} E_{m1} = E_{m2} = E_{m3} = E_{m4} \cdots\cdots\cdots 正常 \\ E_{m1} > E_{m2} = E_{m4} > E_{m3} \cdots\cdots\cdots 情况1 \\ E_{m1} = E_{m2} > E_{m3} = E_{m4} \cdots\cdots\cdots 情况2 \\ E_{m2} > E_{m1} > E_{m3} > E_{m4} \cdots\cdots\cdots 情况3 \\ E_{m1} > E_{m2} > E_{m4} > E_{m3} \cdots\cdots\cdots 情况4 \end{cases} \quad （17\text{-}58）$$

式（17-58）中的符号"="并不是严格意义上的相等，而是表示近似相等，这是由于发电机气隙总会存在原始的不对称，很难得到理想的相等值。

考虑到线圈电动势在不同周期内可能出现波动，故可采用均方根值来评估偏心位置，将式（17-58）进一步修改为

$$\begin{cases} \text{rms}(E_{m1}) = \text{rms}(E_{m2}) = \text{rms}(E_{m3}) = \text{rms}(E_{m4}) \cdots\cdots\cdots 正常 \\ \text{rms}(E_{m1}) > \text{rms}(E_{m2}) = \text{rms}(E_{m4}) > \text{rms}(E_{m3}) \cdots\cdots\cdots 情况1 \\ \text{rms}(E_{m1}) = \text{rms}(E_{m2}) > \text{rms}(E_{m3}) = \text{rms}(E_{m4}) \cdots\cdots\cdots 情况2 \\ \text{rms}(E_{m2}) > \text{rms}(E_{m1}) > \text{rms}(E_{m3}) > \text{rms}(E_{m4}) \cdots\cdots\cdots 情况3 \\ \text{rms}(E_{m1}) > \text{rms}(E_{m2}) > \text{rms}(E_{m4}) > \text{rms}(E_{m3}) \cdots\cdots\cdots 情况4 \end{cases} \quad （17\text{-}59）$$

理论上，对称固定的搜索线圈越多，对偏心位置的定位就越准确。如

果搜索线圈数大于定子槽数的一半，则偏心位置就可以定位到具体的槽数上。此外，四个线圈之间的电动势差值越大，偏心程度越严重。

为更准确地对偏心进行检测，在发电机另一端同样设置 4 个搜索线圈，使用与式（17-59）相同的方案检测另一端的径向静态偏心位置即可得到复合的径向偏心条件。为了更准确地计算偏心位置，进一步推导出

$$
\begin{cases}
\theta_1 = \arctan \dfrac{1 - E_{m0}/\mathrm{rms}(E_{m2})}{1 - E_{m0}/\mathrm{rms}(E_{m1})} \\[2mm]
\theta_2 = \arctan \dfrac{E_{m0}/\mathrm{rms}(E_{m3}) - 1}{1 - E_{m0}/\mathrm{rms}(E_{m1})} \\[2mm]
\theta_3 = \arctan \dfrac{1 - E_{m0}/\mathrm{rms}(E_{m2})}{E_{m0}/\mathrm{rms}(E_{m4}) - 1} \\[2mm]
\theta_3 = \arctan \dfrac{E_{m0}/\mathrm{rms}(E_{m3}) - 1}{E_{m0}/\mathrm{rms}(E_{m4}) - 1} \\[2mm]
\alpha_1 = (\theta_1 + \theta_2 + \theta_3 + \theta_4)/4
\end{cases}
\tag{17-60}
$$

其中，E_{m0} 为正常情况下四个线圈电动势的平均均方根值。在得到 α_1 的结果后，即可找到详细的偏心位置。

该方法实际上是基于外置探测线圈之间的电动势比较来对偏心程度的相对发展趋势进行检测，并可以较为精确地检测出偏心故障的具体位置，因此既不需要关闭发电机，也不需要打开发电机盖。这种方法比传统的搜索线圈方法更方便、便宜、实用。从理论上讲，在发电机端部设置的探测线圈数量越多，对偏心程度和位置的评估就越准确。同时，外部探测线圈放置的位置离定子铁芯越近，对偏心程度与位置的评估效果就越好。

本 章 小 结

本章对发电机四类气隙偏心故障的实验模拟方法和两种基于探测线圈放置位置不同的静态偏心检测案例进行介绍。归纳如下：

（1）基于内置探测线圈法的静态偏心检测案例的原理是通过安装在定子齿部的检测线圈间接测量定子齿部磁场，表现形式是探测线圈的感应电势，因为发电机在正常运行情况下探测线圈的感应电势是规律的，当发电机发生偏心故障后，发生偏心故障处的探测线圈的感应电势会发生明显的畸变，再根据探测线圈感应电势的波形即可诊断出何种偏心故障，以及发

生偏心的位置。基于内置探测线圈法的偏心检测探测线圈的安装方法有很多种，但是不管哪一种由于需要拆解发电机，并在定子齿上安装额外的探测线圈，因此该类方法存在工艺复杂的特点。虽然如此，额外的探测线圈为诊断方法提供了更多的信息，能够更准确地确定故障的类型和故障的位置，因此该内置探测线圈法检测在理论上具有更高的灵敏性。

（2）基于外置探测线圈法的偏心检测案例的原理同内置探测线圈法一样，不过探测线圈放置的位置不一样，外置探测线圈主要检测端区磁场变化，并检测故障类型及程度，而且由于在发电机两端外部对称分布的搜索线圈，能够获得详细的偏心位置。相比于内置探测线圈而言，更便于在线实时监控发电机的运行状态，更有利于成本控制。

主 要 符 号 表

A_j	发电机有限元模型中第 j 个单元面积
a	加速度
B	绕组直线段气隙磁通密度
B_m	磁通密度峰值
B_l	绕组端部气隙磁通密度
B_L	轴向静偏心及三维复合偏心故障下转子抽空侧气隙磁通密度
B_R	轴向静偏心及三维复合偏心故障下转子伸出侧气隙磁通密度
b	相数
c	比热容
D	定子绕组阻尼
D_1	径向方向作用于定子铁芯单位质点的等效弹性系数
D_2	轴向方向作用于定子铁芯整体的等效弹性系数
D_o	转子外径
D_x	转子 x 方向阻尼系数
D_y	转子 y 方向阻尼系数
d	滚动轴承中滚珠中心所处的直径
d_i	绝缘材料等效厚度
d_c	铁芯叠片厚度
d_{et}	端部绕组等效直径
E	定子绕组并联支路感应电动势瞬时值
e	相电压瞬时值
E_0	电枢电动势
E_r	正常情况下相电压有效值
E_a	径向偏心状态下相电压有效值
E_s	电场强度

E_{a1}，E_{a2}　定子绕组并联支路感应电动势瞬时值

F　　激励载荷

F_b　　轴承负荷

F_D　　阻尼力

F_K　　弹性力

F_s　　正常及径向偏心故障下定子磁势

F_{s1}　　轴向静偏心及三维复合偏心故障下定子磁势

F_r　　正常及径向偏心故障下转子磁势

F_{r1}　　轴向静偏心及三维复合偏心故障下转子磁势

F_c　　正常及径向偏心故障下气隙合成磁势

F_{c1}　　轴向静偏心及三维复合偏心故障下气隙合成磁势

F_{cL}　　轴向静偏心及三维复合偏心故障下转子抽空侧气隙合成磁势

F_{cR}　　轴向静偏心及三维复合偏心故障下转子伸出侧气隙合成磁势

F_x，F_y　转子 x 方向与 y 方向的不平衡磁拉力

F_L，F_R　转子抽空端和转子伸长端定子绕组受力

F_{ZS}　　定子铁芯轴向不平衡磁拉力

F_{ZR}　　转子轴向不平衡磁拉力

f　　转子机械转频

f_i　　定子绕组电磁力

f_r　　电频率

g，g_0　径向气隙长度，平均径向气隙长度

I　　正常及径向偏心故障下电枢电流

I_0　　正常情况下相电流有效值

I_1　　轴向静偏心及三维复合偏心故障下电枢电流

I_a，I_b，I_c　发电机三相瞬时电流

I_{a0}　　径向偏心状态下相电流有效值

I_{a1}，I_{a2}　定子绕组并联支路电流

I_{pmy}　　正常运行状态下瞬时相电流有效值

i	电枢绕组电流
J	涡流密度
K	定子绕组刚度矩
K_1	径向方向作用于定子铁芯单位质点的等效阻尼系数
K_2	轴向方向作用于定子铁芯整体的等效阻尼系数
K_x	转子 x 方向刚度系数
K_y	转子 y 方向刚度系数
k_h	磁滞损耗系数
k_c	涡流损耗系数
k_e	附加损耗系数
k_{w1}	基波绕组因数
k_{y1}	基波节距因数
k_{q1}	基波分布因数
k	表示电压电流瞬时值与有效值关系的系数
k_x	径向热导率
k_y	周向热导率
k_z	轴向热导率
k_n	沿 n 矢量方向的热导率
k_r	定子绕组电阻增大系数
L	定转子间有效作用长度
L_s	定子绕组直线段长度
L_0	转子实际长度
L_{a1}, L_{a2}	定子绕组并联支路自感
l	定子绕组在磁场范围内的有效长度
l_0	端部绕组轴向长度
l_m	定子铁芯有效长度
l_t	定子槽部长度
l_s	定子端部长度

M	定子铁芯整体质量
M_0	绕组质量
M_{a1i}，M_{a2k}	定子绕组并联支路与其他支路间的互感
m	定子铁芯单位质点质量
N_{ur}	转子铁芯端部努塞尔数
N_{uet}	定子绕组端部努塞尔数
n	发电机转速
n_r	发电机转子的转速
ΣP	发电机总损耗
P_1，P_2	发电机输入功率与输出功率
P_a	运行绝对压力
P_{Fe}	铁芯损耗
P_H	磁滞损耗
P_C	涡流损耗
P_E	附加损耗
P_m	机械损耗
$P_\triangle$	发电机其他杂散损耗
P_{pm}	永磁体涡流损耗
$P_{Cu(a)}$	定子绕组附加铜耗
$P_{Cu(b)}$	定子绕组铜耗
P_{atm}	大气压
P_{vant}	风扇有效静压
p	发电机极对数
p_1	空气导热系数
Q_{vent}	通风总风量
q	定子铁芯径向单位面积磁拉力
q_0	发电机每极每相槽数
q_h	发电机热源密度

R	定子每相绕组电阻
R_0	正常运行时气隙平均半径
R_{a1}，R_{a2}	定子绕组并联支路电阻
$R_\sim$，$R_=$	定子绕组交流电阻和直流电阻
R_s	定子铁芯内径
R_1	绕组一相的电阻
S_1	发电机隔热表面
S_2	发电机辐射表面
T	电磁转矩
T_0	环境温度
T_1	发电机温度
t	时间
U_{a12}	定子绕组并联支路电势差
U_a，U_b，U_c	发电机的三相瞬时电压
V	空间积分域
v	导体相对于磁场运动的线速度
v_1	机壳表面空气速度
v_r	滚珠中心圆周速度
W	气隙磁场能量
W_{air}	发电机通风冷却介质为空气时总的通风损耗
W_h	发电机通风冷却介质为氢气时总的通风损耗
W_f	发电机轴承摩擦损耗
w_c	单个线圈匝数
w_s	气隙平均速度
x，x'，x''	定子铁芯单位质点径向位移，径向速度与径向加速度
y，y'，y''	定子铁芯轴向整体位移，轴向速度，轴向加速度
Z	定子绕组与负载的总电抗
z，z'，z''	定子绕组位移，速度与加速度

α	发电机表面散热系数
α_m	气隙中的机械圆周角
α_l	端部绕组某点磁通密度与该点法线的夹角
β	正常及径向偏心故障下转子磁势与气隙合成磁势间夹角
β_1	轴向及三维复合偏心故障下转子磁势与气隙合成磁势间夹角
β_1	端部绕组某点法线与转子轴线的夹角
η	端部绕组磁场相对于直线段绕组磁场的衰减系数
η_0	发电机效率
η_{fan}	发电机风扇效率
λ_{eq}	等效导热系数
λ_i	绝缘材料相应导热系数
δ	径向气隙长度
δ_s, δ_d	相对静偏心量与相对动偏心量
Δz	定转子间轴向相对位移
θ	定子沿气隙圆周的位置角
Λ	单位面积气隙磁导
Λ_0	单位面积气隙磁导常值分量
Λ_s, Λ_d	径向静偏心与径向动偏心故障下单位面积气隙磁导
μ	磁导率
μ_0	真空磁导率
σ	材料电导率
τ	极距
ρ	定子铁芯密度
ρ_0	发电机材料密度
Φ_σ	最小气隙长度初始位置
ψ	发电机内功角
ω, ω_r	发电机磁场角频率，机械角频率

参 考 文 献

[1] Pérez-Loya J J, Abrahamsson C J D, Lundin U. Electromagnetic Losses in Synchronous Machines during Active Compensation of Unbalanced Magnetic Pull [J]. IEEE Transactions on Industrial Electronics, 2019, 66(1): 124-131.

[2] Hsieh M, Yeh Y. Rotor Eccentricity Effect on Cogging Torque of PM Generators for Small Wind Turbines [J]. IEEE Transactions on Magnetics, 2013, 49(5): 1897-1900.

[3] Dorrell D G, Salah A. Detection of Rotor Eccentricity in Wound Rotor Induction Machines Using Pole-Specific Search Coils [J]. IEEE Transactions on Magnetics, 2015, 51(11): 1-4.

[4] 姜茜. 汽轮发电机常见故障及事故分析 [J]. 东方电机，2012，40（6）：16-25.

[5] Kim K C, Koo D H, Lee J. Analysis of Axial Magnetic Force Distribution Due to the Axial Clearance for Electrical Rotating Machine [J]. IEEE Transactions on Magnetics, 2007, 43(6): 2546-2548.

[6] Smith C F, Johnson E M. The Losses in Induction Motors Arising from Eccentricity of the Rotor [J]. Journal of the Institution of Electrical Engineers, 1912, 48(212): 546-569.

[7] Rosenberg L T. Eccentricity, Vibration and Shaft Currents in Turbine Generators [J]. Transactions of the American Institute of Electrical Engineers, 1955, 74(3): 38-41.

[8] Lundstrom L, Gustavsson R, Aidanpaa J, et al. Influence on the stability of generator rotors due to radial and tangential magnetic pull force [J]. IET Electric Power Applications, 2007, 1(1): 1-8.

[9] Chuan H, Shek J K H. Minimising UMP in DFIGs [J]. The Journal of Engineering, 2019, 2019(17): 4008-4011.

[10] 鲍晓华，吕强. 感应电机气隙偏心故障研究综述及展望 [J]. 中国电机工程学报，2013，33（06）：93-100，14.

[11] 阚超豪，丁少华，刘祐良，等. 基于气隙磁场分析的无刷双馈电机偏心故障研究 [J]. 微电机，2017，50（3）：5-8.

[12] He Y L, Xu M x, Xing J, et al. Effect of 3D Unidirectional and Hybrid SAGE on Electromagnetic Torque Fluctuation Characteristics in Synchronous Generator [J].

IEEE Access, 2019, 7: 100813-100823.

[13] Zarko D, Ban D, Vazdar I, et al. Calculation of unbalanced magnetic pull in a salient-pole synchronous generator using finite-element method and measured shaft orbit [J]. IEEE Transaction on Industrial Electronics, 2012, 59(6): 2536-2549.

[14] 谢颖，刘海东，李飞，等. 同步发电机偏心与绕组短路故障对磁场及电磁振动的影响 [J]. 中南大学学报（自然科学版），2017（8）：2034-2043.

[15] Sekharbabu A R C, Rajagopal K R, Upadhyay P R. Performance Prediction of Multiphase Doubly Salient Permanent Magnet Motor Having Nouniform Air Gap[J]. IEEE Transactions on Magnetics, 2006, 42(10): 3503-3505.

[16] 唐贵基，邓玮琪，何玉灵. 不同种类气隙偏心故障对汽轮发电机转子不平衡磁拉力的影响 [J]. 振动与冲击，2017，36（15）：1-8.

[17] 岳二团，甘春标，杨世锡. 气隙偏心下永磁电机转子系统的振动特性分析 [J]. 振动与冲击，2014，33（8）：29-34.

[18] Liu Z X, Zhang X L, Yin X G, et al. On-line Squirrel Cage Induction Motors' Rotor Mixed Fault Diagnosis Approach Based on Spectrum Analysis of Instantaneous Power[J]. Intelligent Control and Automation, 2004, 5:4472-4476.

[19] Concari C, Franceschini G, Tassoni C. Toward Practical Quantification of Induction Drive Mixed Eccentricity [J]. Industry Applications, IEEE Transactions on, 2011, 47(3): 1232-1239.

[20] Daniar A, Nasiri-Gheidari Z, Tootoonchian F. Position Error Calculation of Linear Resolver under Mechanical Fault Conditions [J]. IET Science Measurement & Technology, 2017, 11(7): 948-954.

[21] Nasiri-Gheidari Z, Tootoonchian F. The Influence of Mechanical Faults on the Position Error of an Axial Flux Brushless Resolver without Rotor Windings [J]. IET Electric Power Applications, 2017, 11(4): 613-621.

[22] Bontinck Z, Gersem H D, Schöps S. Response Surface Models for the Uncertainty Quantification of Eccentric Permanent Magnet Synchronous Machines [J]. IEEE Transactions on Magnetics, 2016, 52(3): 1-4.

[23] Tenhunen A, Benedetti T, Holopainen T P, et al. Electromagnetic forces in cage induction motors with rotor eccentricity [C]. IEEE International Electric Machines and Drives Conference, 2003. IEMDC'03, Madison, WI, USA, 2003, 3:1616-1622.

[24] Bradford C E, Rhudy R G. Axial Magnetic Forces on Induction Machine Rotors [J]. IEEE Transactions on Power Apparatus and Systems, 1953, 72(2): 488-494.

[25] BINNS K J. The Magnetic Field and Centering Force of Displaced Ventilating Ducts in Machine Cores [J]. IEEE Part C Monographs of Proceedings, 1961, 108(13): 64-70.

[26] 何玉灵，彭勃，万书亭. 定子匝间短路位置对发电机定子振动特性的影响 [J]. 振动工程学报，2017，30（04）：679-687.

[27] Daniar A, Nasiri-Gheidari Z, Tootoonchian F. Position Error Calculation of Linear Resolver under Mechanical Fault Conditions [J]. IET Science Measurement & Technology, 2017, 11(7): 948-954.

[28] 霍菲阳，李勇，李伟力，等. 大型空冷汽轮发电机定子通风结构优化方案的计算与分析 [J]. 中国电机工程学报，2010，30（06）：69-75.

[29] 杨涛，胡春秀，张洋. 新型汽轮发电机转子槽绝缘结构的研究 [J]. 大电机技术，2008，（03）：15-16.

[30] 傅忠广，任福春，杨昆，等. 弯扭耦合振动模型及重力影响因素初探 [J]. 华北电力大学学报，1998，（01）：67-72.

[31] Sundaram V M, Toliyat H A. Diagnosis and isolation of air-gap eccentricities in closed-loop controlled doubly-fed induction generators [C]. 2011 IEEE International Electric Machines & Drives Conference (IEMDC), Niagara Falls, ON, Canada, 2011:1064-1069.

[32] Drif M, Cardoso A J M. Airgap-Eccentricity Fault Diagnosis, in Three-Phase Induction Motors, by the Complex Apparent Power Signature Analysis [J]. IEEE Transactions on Industrial Electronics, 2008, 55(3): 1404-1410.

[33] Canha D, Cronje W A, Meyer A S, et al. Methods for diagnosing static eccentricity in a synchronous 2 pole generator [C]. 2007 IEEE Lausanne Power Tech, Lausanne, Switzerland, 2007: 2162-2167.

[34] Bruzzese C, Giordani A, Santini E. Static and Dynamic Rotor Eccentricity On-Line Detection and Discrimination in Synchronous Generators By No-Load E.M.F. Space Vector Loci Analysis[C]. 2008 International Symposium on Power Electronics, Electrical Drives, Automation and Motion, Ischia, Italy, 2008:1259-1264.

[35] 吴景丰. 汽轮发电机组常见振动故障诊断的研究 [D]. 大连理工大学，2004.

[36] 张贵强. 350MW 汽轮发电机组振动故障诊断及处理 [J]. 汽轮机技术，2019，61

　　（06）：461-464.

[37] 梁景昌. 汽轮机盘车装置的应用与分析 [J]. 科技创新与应用, 2017,（03）: 127.

[38] 罗清萍. 电动盘车装置的原理与应用实例剖析 [J]. 黑龙江水利科技, 2013,（04）：
　　13-16.

[39] 高殿成. 汽轮机盘车装置的故障分析与处理[J]. 机械工程师, 2011,（07）: 153-154.

[40] 王春暖. 优秀混流式水轮机转轮的应用综述[J]. 水力发电, 2009, 35（07）: 53-56.

[41] Sundaram V M, Toliyat H A. Diagnosis and isolation of air-gap eccentricities in
　　closed-loop controlled doubly-fed induction generators [C]. 2011 IEEE International
　　Electric Machines & Drives Conference (IEMDC), Niagara Falls, ON, Canada, 2011:
　　1064-1069.

[42] 朱文龙. 水轮发电机组故障诊断及预测与状态评估方法研究 [D]. 华中科技大学,
　　2017.

[43] 姚大坤, 邹经湘, 黄文虎, 等. 水轮发电机转子偏心引起的非线性电磁振动[J]. 应
　　用力学学报, 2006（03）: 334-337, 505.

[44] 江志满, 于秋敏. 立式水轮发电机推力轴承瓦周向偏心值的选取 [J]. 东北电力
　　技术, 1996,（4）: 54-58.

[45] 邱家俊, 段文会. 水轮发电机转子轴向位移与轴向电磁力 [J]. 机械强度, 2003,
　　（03）: 285-289.

[46] 贺益康, 周鹏. 变速恒频双馈异步风力发电系统低电压穿越技术综述 [J]. 电工
　　技术学报, 2009, 24（09）: 140-146.

[47] 戈宝军, 张志强, 陶大军, 等. 轴向通风双馈异步发电机的温度场计算 [J]. 中
　　国电机工程学报, 2012, 32（21）: 86-92.

[48] 迟永宁. 大型风电场接入电网的稳定性问题研究[D]. 中国电力科学研究院, 2007.

[49] 贺益康, 胡家兵. 双馈异步风力发电机并网运行中的几个热点问题 [J]. 中国电
　　机工程学报, 2012, 32（27）: 1-15.

[50] 刘其辉. 变速恒频风力发电系统运行与控制研究 [D]. 浙江大学, 2005.

[51] 郭晓明. 电网异常条件下双馈异步风力发电机的直接功率控制 [D]. 浙江大学,
　　2009.

[52] 马宏忠, 李思源. 双馈异步风力发电机气隙偏心故障诊断研究现状与发展[J]. 电
　　机与控制应用, 2018, 45（03）: 117-122.

[53] 胡刚刚, 唐贵基, 葛海涛, 等. 双馈异步风力发电机气隙偏心故障下定子振动特

性分析及监测 [J]. 河北电力技术，2022，（06）：10-15.

[54] 马宏忠，李思源. 双馈异步风力发电机气隙偏心故障诊断研究现状与发展 [J]. 电机与控制应用，2018，（03）：117-122.

[55] 邓秋玲，姚建刚，黄守道，等. 直驱永磁风力发电系统可靠性技术综述 [J]. 电网技术，2011，35（09）：144-151.

[56] Nandi S, Toliyat H A, Li X. Condition monitoring and fault diagnosis of electrical machines-A review [J]. IEEE Transactions on Energy Conversion, 1999, 20(4): 719-729.

[57] Siddique A, Yadava G S, Singh B. A review of stator fault monitoring techniques of induction motors [J]. IEEE Transactions on Energy Conversion, 2005, 20(1): 106-114.

[58] Hachemi B M. A review of induction motors signature analysis as a medium for faults detection [J]. IEEE Transactions on Industrial Electronics, 2000, 47(5): 984-993.

[59] Ye Z M, Wu B. A review on induction motor online fault diagnosis [C]. Proceedings IPEMC 2000. Third International Power Electronics and Motion Control Conference (IEEE Cat. No.00EX435), Beijing, China, 2000, 3:1353-1358.

[60] Nandi S, Bharadwaj R, Toliyat H A. Performance analysis of a three- phase induction motor under incipient mixed eccentricity condition [J]. IEEE Transactions on Energy Conversion, 2002, 17(3): 392-399.

[61] Dorrell D G, Thomson W T, Roach S. Analysis of air-gap flux, current, vibration signals as a function of the combination of static and dynamic air- gap eccentricity in 3-phase induction motors [J]. IEEE Transactions on Industry Applications, 1997, 33(1): 24-34.

[62] 茹扎洪·斯衣迪克江，张新燕，常喜强，等. 风速突变工况下永磁风力发电机静态偏心磁场分析 [J]. 电测与仪表，2017，54（5）：40-44.

[63] 蒋宏春. 机电故障下发电机端部绕组电磁力及振动特性分析 [D]. 华北电力大学（北京），2021.

[64] 诸嘉慧，邱阿瑞. 大型水轮发电机转子偏心磁场的计算 [J]. 大电机技术，2007（3）：1-4，26.

[65] Albanese R, Calvano F, DalMut G, et al. Coupled Three Dimensional Numerical Calculation of Forces and Stresses on the End Windings of Large Turbo Generators via Integral Formulation [J]. IEEE Transactions on Magnetics, 2012, 48(2): 875-878.

[66] Huo F, Li W, Wang L. Numerical Calculation and Analysis of Three-Dimensional Transient Electromagnetic Field in the End Region of Large Water–Hydrogen– Hydrogen Cooled Turbo- generator [J]. IEEE Transactions on Industrial Electronics, 2014, 61(1): 188-195.

[67] Sun Q, Ma C, Xiao S. Analysis of Influence of Uneven Air Gap of Hydrogenerator on Magnetic Field Strength and Rotor Magnetic Pole Stress Change [C]. 2020 IEEE International Conference on Energy Internet (ICEI), Sydney, NSW, Australia, 2020:147-151.

[68] Kim J Y, Sung S J, Jang G H. Characterization and Experimental Verification of the Axial Unbalanced Magnetic Force in Brushless DC Motors [J]. IEEE Transactions on Magnetics, 2012, 48(11): 3001-3004.

[69] Kofic J, Boltezar M. Numerical modelling of the movement in a permanent-magnet stepper motor [J]. IET Electric Power Applications, 2014, 8(4): 155-163.

[70] Da Y, Shi X, Krishnamurthy M. A New Approach to Fault Diagnostics for Permanent Magnet Synchronous Machines Using Electromagnetic Signature Analysis [J]. IEEE Transactions Power Electronics, 2013, 28(8): 4104-4112.

[71] He Y L, zhang z J, Tao W Q, et al. A New External Search Coil Based Method to Detect Detailed Static Air-Gap Eccentricity Position in Nonsalient Pole Synchronous Generators[J]. IEEE Transactions on Industrial Electronics, 2021, 68(8): 7535-7544.

[72] 潘启军，马伟明，赵治华，等．磁场测量方法的发展及应用［J］．电工技术学报，2005（03）：7-13．

[73] 何玉灵，徐明星，张文，等．发电机转子倾斜偏心对绕组相电流的影响［J］．中国工程机械学报，2023，21（02）：95-101．

[74] He Y L, Liu X A, Xu M X, et al. Analysis of the Characteristics of Stator Circulating Current Inside Parallel Branches in DFIGs Considering Static and Dynamic Air-Gap Eccentricity [J]. Energies, 2022, 15(17): 125-139.

[75] Wan S T, He Y L, Tang G J, et al. Investigation on Stator Circulating Current Characteristics of Turbo-generators under Air Gap Eccentricity and Rotor Short-circuit Composite Faults [J]. Electric Power Components and Systems, 2010, 38(8): 900-917.

[76] 诸嘉慧，邱阿瑞，陶果．转子偏心及定子斜槽凸极同步发电机支路的感应电动势

[J]. 清华大学学报（自然科学版），2008，48（4）：453-456.

[77] He Y L, Deng W Q. Stator Vibration Characteristic Identification of Turbo-generator among Single and Composite Faults Composed of Static Air-Gap Eccentricity and Rotor Interturn Short Circuit [J]. Shock and Vibration, 2016, (PT.7): 5971081.1-5971081.

[78] 何玉灵. 发电机气隙偏心与绕组短路复合故障的机电特性分析 [D]. 华北电力大学，2012.

[79] Ilamparithi T, Nandi S, Saturation Independent Detection of Dynamic Eccentricity Fault in Salient-pole Synchronous Machines [J]. Diagnostics for Electric Machines, Power Electronics and Drives (SDEMPED), 2013(2): 336-341.

[80] Knight A M, Bertani S P. Mechanical fault Detection in a Medium-sized Induction Motor using Stator Current Monitoring [J]. IEEE Transactions on Energy Conversion, 2005, 20(4): 753-760.

[81] 万书亭，李和明，李永刚. 气隙偏心对汽轮发电机定转子振动特性的影响 [J]. 振动与冲击，2005．24（6）：21-23，133-134.

[82] Keller S, Xuan T M, Simond J J, et al. Large low-speed hydro-generators-unbalanced magnetic pulls and additional damper losses in eccentricity conditions [J]. IET Electric Power Applications, 2007, 1(5): 657–664.

[83] Perers R, Lundin U, Leijon M. Saturation Effects on Unbalanced Magnetic Pull in a Hydroelectric Generator with an Eccentric Rotor [J]. IEEE Transactions on Magnetics, 2007, 43(10): 3884-3890.

[84] Lundstrom L, Gustavsson R, Aidanpaa J-O, et al. Influence on the Stability of Generator Rotors Due to Radial and Tangential Magnetic Pull Force [J]. IET Electric Power Applications, 2007, 1(1): 1–8.

[85] Zarko D, Ban D, Vazdar I, et al. Calculation of Unbalanced Magnetic Pull in a Salient-Pole Synchronous Generator Using Finite-Element Method and Measured Shaft Orbit [J]. IEEE Transactions on Industrial Electronics, 2012, 59(6): 2536 - 2549.

[86] 宋志强，马震岳. 考虑不平衡电磁拉力的偏心转子非线性振动分析 [J]. 振动与冲击，2010，29（8）：169-173.

[87] Lin W, Richard W, Ma Z Y, et al. Finite-Element Analysis of Unbalanced Magnetic Pull in a Large Hydro-Generator under Practical Operations [J]. IEEE Transactions on

Magnetics, 2008, 44(6): 1558-1561.

[88] 邱家俊，段文会．水轮发电机转子轴向位移与轴向电磁力［J］．机械强度，2003，25（3）：285-289.

[89] Wan S T, He Y L. Investigation on stator and rotor vibration characteristics of turbo-generator under air gap eccentricity fault[J]. Transactions of the Canadian Society for Mechanical Engineering, 2011, 35(2): 161-176.

[90] 何玉灵．汽轮发电机气隙偏心故障分析与诊断方法研究［D］．华北电力大学，2009.

[91] 韩玉峰．汽轮发电机组轴向振动的分析和处理［J］．汽轮机技术，2005，47（1）：59-60.

[92] 何玉灵，孟庆发，仲昊，等．发电机气隙静偏心故障前后定子绕组电磁力的对比分析［J］．华北电力大学学报（自然科学版），2017，44（05）：74-80.

[93] 蔡忠，张权，李海霞．发电机定子绕组端部振动的在线监测［J］．大电机技术，2010，（09）：1-10.

[94] 唐贵基，何玉灵，万书亭，等．气隙静态偏心与定子短路复合故障对发电机定子振动特性的影响［J］．振动工程学报，2014，27（01）：118-127.

[95] 何玉灵，孙凯，孙悦欣，等．气隙轴向静偏心对发电机定子-绕组受载及振动的影响［J］．振动工程学报，2022，35（03）：745-759.

[96] 孙悦欣．发电机三维气隙偏心下定子及其绕组的力学特性分析［D］．华北电力大学，2020.

[97] He Y L, Sun Y X, Xu M X, et al. Rotor UMP characteristics and vibration properties in synchronous generator due to 3D static air-gap eccentricity faults [J]. IET Electric Power Applications, 2020, 14(6): 961-971.

[98] 万书亭，彭勃．气隙静偏心与转子匝间短路下电磁转矩特性区分［J］．中国工程机械学报，2021，19（1）：65-71.

[99] 何玉灵，王发林，唐贵基，等．考虑气隙偏心时发电机定子匝间短路位置对电磁转矩波动特性的影响［J］．电工技术学报，2017，32（07）：11-19.

[100] 康锦萍，李志强，刘晓芳，等．汽轮发电机电磁转矩计算方法的对比［J］．电工技术学报，2009，24（9）：38-43.

[101] 何玉灵，郑文杰，徐明星．双馈异步风力发电机气隙静偏心下电磁转矩特性分析［J］．大电机技术，2023（4）：21-27，34.

[102] 方红伟，夏长亮，修杰．定子绕组匝间短路时发电机电磁转矩分析［J］．中国电

机工程学报，2007，27（15）：83-87.

[103] 何玉灵，王发林，唐贵基，等. 发电机气隙静态偏心对电磁转矩的影响 [J]. 振动、测试与诊断，2017，37（5）：922-927.

[104] 杨向宇，励庆孚. 无刷双馈调速电机稳态运行特性分析 [J]. 西安交通大学学报，2000，34（4）：14-17.

[105] Ogidi O O, Barendse P S, Khan M A. Influence of Rotor Topologies and Cogging Torque Minimization Techniques in the Detection of Static Eccentricities in Axial-Flux Permanent-Magnet Machine[J]. IEEE Transactions on Industry Applications, 2017, 53(1): 161-170.

[106] 吕品. 核电汽轮发电机外部不对称定子电气量与电磁转矩的研究 [D]. 哈尔滨理工大学，2017.

[107] 张文. 定子匝间短路故障对发电机铁芯温升特性影响分析 [D]. 华北电力大学，2022.

[108] 雷欢. 三维气隙静态偏心下发电机定转子的损耗及温度特性分析 [D]. 华北电力大学，2022.

[109] 孙凯. 三维气隙静偏心故障下发电机定子绕组绝缘热响应特性分析 [D]. 华北电力大学，2022.

[110] Artigao E, Honrubia-Escribano A, Gómez-Lázaro E. In-Service Wind Turbine DFIG Diagnosis Using Current Signature Analysis [J]. IEEE Transactions on Industrial Electronics, 2020, 67(3): 2262-2271.

[111] 郭玉杰，李克，石峰，等. 某台汽轮发电机联轴器不对中振动故障的诊断处理 [J]. 轴承，2013（08）：56-58.